U0680938

了凡四训

[明] 袁了凡 ◎ 著

霍振国 ◎ 译注

江苏人民出版社

图书在版编目（CIP）数据

了凡四训 / (明) 袁了凡著 ; 霍振国译注 . — 南京：
江苏人民出版社 , 2022.7
ISBN 978-7-214-26656-9

Ⅰ . ①了… Ⅱ . ①袁… ②霍… Ⅲ . ①家庭道德—中
国—明代②《了凡四训》—译文③《了凡四训》—注释
Ⅳ . ① B823.1

中国版本图书馆 CIP 数据核字 (2021) 第 215968 号

书　　　名　了凡四训
著　　　者　[明]袁了凡
译　　　注　霍振国
责 任 编 辑　胡海弘
装 帧 设 计　凤凰含章
出 版 发 行　江苏人民出版社
地　　　址　南京市湖南路 1 号 A 楼，邮编：210009
印　　　刷　文畅阁印刷有限公司
开　　　本　710 mm×1 000 mm　1/16
印　　　张　14.5
插　　　页　4
字　　　数　275 000
版　　　次　2022 年 7 月第 1 版
印　　　次　2022 年 7 月第 1 次印刷
标 准 书 号　ISBN 978-7-214-26656-9
定　　　价　39.80 元

（江苏人民出版社图书凡印装错误可向承印厂调换）

　　袁了凡先生，本名袁黄，字坤仪，江苏吴江（今江苏苏州吴江区）人，明神宗万历十四年（1586年）进士，做过宝坻知县，对天文、水利、理数、兵备、政治、勘探等都有一定造诣。

　　《了凡四训》是了凡先生在69岁时所作的诫子家训。

　　因此，这篇家训作为立命、修身、治世的教育经典，是了凡先生一生道德学问的涵养和凝聚，他以自己的亲身经历，现身说法，讲述了如何改造命运，心想事成。

　　了凡先生家居生活非常俭朴，却和夫人一起，在家境允许的范围内，力行布施；他个人修身是每天反省改过、诵经持咒、参禅打坐，不管公私事务再忙，早晚定课从不间断；在清心寡欲、无虑无求中祈天立命。就在这种修德养性的过程中，了凡先生为了教育儿子，积淀自己的人生，写下了四篇短文，当时命名为《诫子文》，或称《训子文》。后来为了启迪世人，改为《了凡四训》，这就是后来广行于世的《了凡四训》的由来。

　　了凡先生作此《训子文》，旨在训导儿子，认识命运的真相，明辨善恶的标准，改过迁善的方法，以及行善积德、谦虚谨慎种种的效验。

　　所以这篇家训一共分为四部分：《立命之学》《改过之法》《积善之方》《谦德之效》。

　　由《立命之学》篇，我们知道了"一切福田，不离方寸；从心而觅，感无不通"，安身立命，无非看自己存心何处而已，所谓"命由我作，福自己求"，也如《诗经·大雅·文王》所云："永言配命，自求多福。"

　　由《改过之法》篇，我们明白了改过者，要发三心——耻心、畏心、勇心。而人之过，有从事上、理上、心上改者，因功夫不同，效验亦异；过由心造，亦由心改，如斩毒树，直断其根，不要枝枝而伐，叶叶而摘，要直断其根，从心上彻法底源地改过。

　　由《积善之方》篇，我们清楚了善有真假、端曲、阴阳、是非、偏正、半满、大小、难易，所以为善要明理，否则不仅无益，还可能造业。《易经》曰：积善之家，必有余庆。

善行无穷，不能尽述，从本篇与人为善、爱敬存心、成人之美、劝人为善、救人危急、兴建大利、舍财作福、护持正法、敬重尊长、爱惜物命这行善的十方中，我们不仅找到了为善的下手处，而且如果真能够由此十事而推广之，则万德可以俱备矣。

由《谦德之效》篇，我们懂得了唯谦受福，恭敬顺承，小心谦畏，受侮不答，闻谤不辩，天地鬼神，犹将佑之，无有不发者，是故谦之一卦，六爻皆吉。《书经》曰：满招损，谦受益。《易经》云：天道亏盈而益谦，地道变盈而流谦，鬼神害盈而福谦，人道恶盈而好谦。了凡先生劝人要气虚意下，聚敛谦光，因为福有福始，祸有祸先，此心果谦，天必相之，所谓"凡天将发斯人也，未发其福，先发其慧；此慧一发，则浮者自实，肆者自敛"。还以道者之口云：造命者天，立命者我；力行善事，广积阴德，何福不可求哉？善事阴功，皆由心造，常存此心，功德无量……篇末再次谆谆教诲谦德之效验：人之有志，如树之有根，立定此志，须念念谦虚，尘尘方便，自然感动天地……况谦则受教有地，而取善无穷，尤修业者所必不可少者也。

这四个部分，其实都在讲修心。安身立命、改过修善很重要，而保持这种善根福德更重要。印光祖师说："一分恭敬得一分利益，十分恭敬得十分利益"，"一切恭敬"，才能长久保持善根福德，所以从真实心中存有一份谦德尤为重要。

制定家训或家规自古就是中国家庭教育的一大特点。《了凡四训》中立身、处世、为学、修德、立业的经验总结，被后人誉为家教典范。随着传统文化的复兴，其现在不仅为千万家庭所接受，更被国内外许多企业乃至社会多个层面列为典范教材，了凡先生一生不显，没有成为高官，而声誉日隆，可见其影响之深远。

清朝时期的"中兴名臣"曾国藩对《了凡四训》最为推崇，读后改号涤生："涤者，取涤其旧染之污也；生者，取明袁了凡之言：'从前种种，譬如昨日死；从后种种，譬如今日生也。'"曾国藩还将此书列为子侄必读的第一本人生智慧之书。

近代著名的学者胡适先生则认为，《了凡四训》是研究中国中古思想史的一部重要代表作。

四百年来，这篇家训不仅流传于中国各地，被书香门第奉为"传家之宝"，也对日本政经界产生了深远的影响。

日本著名汉学家、阳明学大师安冈正笃先生，对《了凡四训》推崇备至，他建议日本天皇及历任首相将此书视为"治国宝典"，应当熟读、细读、精读；凡有志执政者，应详加研究。

安冈正笃先生盛赞此书为"人生能动的伟大学问"。这篇中国家训不仅对当时明治时期的日本青少年产生了巨大影响，而且至今仍然深深教化着日本政经界的高层人士。所以，《了凡四训》对一百年来的日本社会，具有深厚的影响力，值得各界有为有识的精英再三研读。

和安冈正笃先生一样，日本著名的企业家、两家世界500强企业的缔造者、"日本经营四圣"之一稻盛和夫先生也对本书倍加赞誉。稻盛和夫在他长达42年的经营生涯中一手创造了两家世界500强企业，却在退休时把个人股份全部捐献给了员工，自己皈依佛门，转而去追求至高财富。他认为，人生就是提升心智的过程。

稻盛和夫早年有幸读到《了凡四训》并将其作为人生指导。他后来在其著作中说道：我邂逅了袁了凡所写的《了凡四训》，得到了顿悟的感觉，原来人生是这样的，《了凡四训》当中写道，每一个人的人生其实事先都已经被上天所注定，大家都有各自的人生，每个人都会按照命运去度过自己的人生。但是人生当中肯定会遭遇到各种各样的经历，在遭遇到每次经历的时候，每个人心中怎么样去想，怎么样描绘自己的愿望，这种想法、信念，会改变一个人的命运。在中国会把它称为"因果报应"，也就是说如果你心中想的是好的事情，你做的事情是善事的话，肯定会得到好报。相反，一个人如果居心叵测，做一些恶事，肯定会得到恶报。每个人要有关怀他人的慈爱之心，这样的话，你的命运肯定会转变，这本书中也写到人的命运虽然是天生就定的，但是并不是无法改变的宿命，而是可以改变的。所以，我得到了启示，从此以后，我就认为，必须要美化、净化自己的心灵。

一位智者说："为人父母者，欲子孙贤孝，不染恶习，宜与子女同诵此书，则一室祥和，传家久远；为人师长者，欲学生品德纯正、学有所成，宜诵读此书，则师道尊严、教育落实；为官者，读诵此书，自能积功累德、为民造福；为商者，熟读此书，则取财有道、累富如法、大吉大利；受刑人熟读此书，则浪子回头，当下转念。"斯言诚哉！

近代佛门高僧印光大师，一生中极力提倡读诵《了凡四训》，并不断地鼓励大家认真研究、实行、讲说，以培福修慧、净化人心。他创立的弘化社，印送《了凡四训》达百万册以上，足见它的重要性。

《了凡四训》篇幅虽然短小，然而寓理内涵深刻，兼融儒释道三家思想。

本次整理，我们聘请相关专业人士，逐段进行了解读，以便我们更好地理解文中内容。相信大家在读过此书后，能够更深刻地体会到了凡先生的人生经验，明白立命安身、修道立德的根本在于内而不在外，正如当代一位大德所说：求人不如求己。明白了，当下去做，从《了凡四训》入手，效法了凡先生，转无福为有福，转病夭为长寿，真正受持此书，改造自己的命运，自利利他，以身劝化，成圣成贤。

——编者谨呈

印光祖师原序

　　圣贤之道，唯诚与明。圣狂之分，在乎一念。圣罔念[1]则作狂，狂克念则作圣。其操纵得失之象，喻如逆水行舟，不进则退。不可不勉力操持，而稍生纵任也。须知诚之一字，乃圣凡同具，一如不二之真心。明之一字，乃存养[2]省察，从凡至圣之达道[3]。然在凡夫地，日用之间，万境交集。一不觉察，难免种种违理情想，瞥尔[4]而生。此想既生，则真心遂受锢蔽。而凡所作为，咸失其中正矣。若不加一番切实工夫，克除净尽，则愈趋愈下，莫知底极。徒具作圣之心，永沦下愚之队。可不哀哉。

　　然作圣不难，在自明其明德[5]。欲明其明德，须从格物致知下手。倘人欲之物，不能极力格除，则本有真知，决难彻底显现。欲令真知显现，当于日用云为，常起觉照，不使一切违理情想，暂萌于心。常使其心，虚明洞彻，如镜当台，随境映现。但照前境，不随境转，妍媸自彼，于我何干？来不预计，去不留恋。若或违理情想，稍有萌动，即当严以攻治，剿除令尽。如与贼军对敌，不但不使侵我封疆，尚须斩将搴旗，剿灭余党。其制军之法，必须严以自治，毋怠毋荒。克己复礼，主敬存诚，其器仗须用颜子之四勿[6]，曾子之三省，蘧伯玉之寡过知非。加以战战兢兢，如临深渊，如履薄冰，与之相对，则军威远振，贼党寒心，惧罹[7]灭种之极戮，冀沾安抚之洪恩。从兹相率投降，归顺至化。尽革先

---

①罔念：谓不思为善。

②存养："存心养性"的省略。保存本心，培养善性。儒家的一种修养方法。

③达道：谓通达的大道。

④瞥尔：突然；迅速地。

⑤明德：美德，光明之德。

⑥颜子之四勿：颜渊克己的四种功夫，即非礼勿视，非礼勿听，非礼勿言，非礼勿动。

⑦罹：遭受苦难或不幸。

心，聿修厥德①。将不出户，兵不血刃。举寇仇皆为赤子，即叛逆悉作良民。上行下效，率土清宁，不动干戈，坐致太平矣。

如上所说，则由格物而致知，由致知而克明明德。诚明一致，即凡成圣矣。其或根器陋劣，未能收效。当效赵阅道②日之所为，夜必焚香告帝，不敢告者，即不敢为。袁了凡诸恶莫作，众善奉行，命自我立，福自我求，俾造物不能独擅其权。受持功过格，凡举心动念，及所言所行，善恶纤悉皆记，以期善日增而恶日减。初则善恶参杂，久则唯善无恶，故能转无福为有福，转不寿为长寿，转无子孙为多子孙。现生优入圣贤之域，报尽高登极乐之乡。行为世则，言为世法。彼既丈夫我亦尔，何可自轻而退屈。

或问，格物乃穷尽天下事物之理，致知乃推极吾之知识，必使一一晓了也。何得以人欲为物，真知为知，克治显现为格致乎？

答曰，诚与明德，皆约自心之本体而言。名虽有二，体本唯一也。知与意心，兼约自心之体用而言，实则即三而一也。格致诚正明五者，皆约闲邪存诚、返妄归真而言。其检点省察造诣工夫，明为总纲，格致诚正乃别目耳。修身正心诚意致知，皆所以明明德也。倘自心本有之真知为物欲所蔽，则意不诚而心不正矣。若能格而除之，则是"慧风扫荡障云尽，心月孤圆朗中天"矣。此圣人示人从泛至切、从疏至亲之决定次序也。若穷尽天下事物之理，俾吾心知识悉皆明了方能诚意者，则唯博览群书遍游天下之人，方能诚意正心以明其明德。未能博览阅历者，纵有纯厚天姿，于诚意正心皆无其分，况其下焉者哉。有是理乎？

然不深穷理之士，与无知无识之人，若闻理性③，多皆高推圣境，自处凡愚，不肯奋发勉励，遵循从事。若告以过去、现在、未来三世因果，或善或恶，各有其报，则必畏恶果而断恶因，修善因而冀善果。善恶不出身、口、意三。既知因果，自可防护身口，洗心涤虑。虽在暗室屋漏之中，常如面对帝天，不敢稍萌匪鄙之心④，以自干⑤罪戾也已。此大觉世尊普令一切上中下根，致知诚意正心修身之大法也。然狂者畏其拘束，谓为着相⑥。愚者防己愧怍⑦，为谓渺茫。除此二种人，有谁不信受。故梦东云："善谈心性者，

①聿修厥德：语出《诗经·大雅》："无念尔祖，聿修厥德。"聿，语气助词。厥，代词。

②赵阅道：赵抃（1008—1084年），字阅道，衢州西安（今浙江衢州）人。景祐元年（1034年）进士，任殿中侍御史，弹劾不避权势，时称"铁面御史"。平时以一琴一鹤自随，为政简易，长厚清修，日所为事，夜必衣冠露香以告于天。年四十余，究心宗教。初在衢州，常亲近蒋山法泉禅师，禅师未尝容措一词。及在青州，政事之余多晏坐，一日忽闻雷震，大悟。乃作偈云："默坐公堂虚隐几，心源不动湛如水。一声霹雳顶门开，唤起从前自家底。"累官至知政事，以太子少保致仕。谥"清献"，苏轼曾为之作《清献公神道碑》。

③理性：本性，道理。

④匪鄙之心：不对的、卑鄙的念头。

⑤干：触犯，冒犯。

⑥着相：佛教术语，意思是执着于外相、虚相或个体意识而偏离了本质。

⑦愧怍：因有缺点或错误而感到不安，惭愧。

必不弃离于因果；而深信因果者，终必大明夫心性。"此理势所必然也。须知从凡夫地乃至圆证佛果，悉不出因果之外。有不信因果者，皆自弃其善因善果，而常造恶因，常受恶果，经尘点劫，轮转恶道，末由出离之流也。哀哉！

圣贤千言万语，无非欲人返省克念，俾吾心本具之明德，不致埋没，亲得受用耳。但人由不知因果，每每肆意纵情。纵毕生读之，亦只学其词章，不以希圣希贤为事，因兹当面错过。袁了凡先生训子四篇，文理俱畅，豁人心目，读之自有欣欣向荣、亟欲取法之势，洵①淑②世良谟③也。永嘉周群铮居士，发愿流通，祈予为序。因撮取圣贤克己复礼闲邪存诚之意，以塞其责云。

文有悬④笔立就、倾泻而出，又复至精至妙者，韩文公《祭十二郎文》⑤是也。文有久已脱稿、日改月更、千锤百炼，至数十年而始为定本者，欧阳文忠公《泷冈阡表》⑥是也。袁了凡先生以韩欧⑦之笔，具韩范⑧之才，将其生平所得，著此四训；以数十年修身治性、日新月盛之阅历体验，又加数十年字锻句炼之润饰，故其文精深而博大，其理中正而精微。

"改过""积善"两篇，是正文；"改过之法"，发挥"诸恶莫作""积善之方"，细讲众善奉行；"立命之学"，是现身说法。

一篇大文，惟谦者肯反躬内省；惟反己能自讼其过；惟自讼，庶⑨改过不吝；惟改过，斯善事真切；惟善真，然后可以立命。故首从"奉母命，弃举业习医""既信孔公数，淡然无求""后听云谷教，转移定数"叙起。此三段，公之所谓"谦则受教有地也"。夫以鹤立鸡群之俊秀，肯弃青紫⑩如敝屣⑪，不独其品之高，而其孝亦可知矣。袁母命子语，宛如《泷冈阡表》"我不能教汝，此汝父之志也"一段语，表太夫人之贤，于此亦可见矣。公之信孔公数，非漫⑫信之。必待试其数，纤悉皆验，然后深信不疑，而遂起读书之念。

---

① 洵：确实，实在。

② 淑：善，好。

③ 谟：计谋，策略，典策。

④ 悬：提。

⑤《祭十二郎文》：唐代文学家韩愈为其侄十二郎所作的一篇祭文。

⑥《泷冈阡表》：宋朝欧阳修在他父亲死后六十年所作的墓表。被誉为中国古代三大祭文之一。

⑦ 韩欧：指唐宋八大家之唐代的韩愈与宋代的欧阳修。

⑧ 韩范："韩"指宋代的韩琦，"范"指宋代的范仲淹。二人同率军防御西夏，在军中享有很高的威望，人称"韩范"。当时，边疆传诵一首歌谣："军中有一韩，西贼闻之心骨寒；军中有一范，西贼闻之惊破胆。"

⑨ 庶：近，差不多。

⑩ 青紫：典出《汉书》卷七十五《眭两夏侯京翼李列传·夏侯胜》。本为古时公卿绶带之色，因借指高官显爵。亦指显贵之服。

⑪ 敝屣：破草鞋。

⑫ 漫：模糊、糊涂之意。

何等谨慎！孔公起数，必待其考校名数皆合，然后再卜终身；使他由目前之不爽[①]，以坚其久远日后之信。何等稳重！

云谷教了凡改过曰："将向来之相，尽情改刷。从前习气如死却，从后日新如重生。"在公听之已了了，而岂常人所能领会？故于"改过之法"一篇中，反覆痛切言之，传"耻""畏""勇"三个方法，讲"事""理""心"三层难易。又恐人自谓无过可改，将蘧伯玉[②]改过一段，以证"人必有过，自不察耳"。云谷教了凡积善，曰"要从无思无虑处感格"、"毋将迎""觊觎"数语，在了凡已尽得其旨矣。仍恐人不穷理，自谓行持。岂知造孽？故于"积善之方"篇，细论深辩之。文分三大段，段每十小股。首叙往事十条，以证因果不爽，为后人之效法；次论精理十六层，以防冒昧承当之错误，终标十大纲，以统领乎万德。公自叙行持[③]，由勉强以臻自然。首誓三千善，历十余年而始克告竣。次许三千，只四年而已满。复许万善，止三年，而以一事圆之。可见初行似不胜其难，行之既熟，自有得心应手之乐。人亦何惮而不为哉？

自"孔公算余"至"世俗之论矣"一段，先将立命一结，"汝之命"承上文，起下六想、六思、改过三小段余波。文虽余尾，而言则愈紧，意则愈切。六退想，就宿命上教之谦德。此文以谦始，以谦终，而末明提一"谦"字，故以谦德之效为终篇。上半篇，写丁、冯、赵、夏四君谦德。读之，如见其人。下半叙"畏岩不逊，遇道者改过"一段，是一篇小立命。道者，宛然一云谷。畏岩何幸遇之？云谷摄淡然无求之了凡易，道者折有求自满之畏岩难。觑得准，打得重，责其心气不平，文安得工？直探骊珠[④]，使其不得不服。既服，而请教焉。教之转变，积善立命，仿佛云谷与了凡语。呜呼！茫茫天下，何处得逢宗匠？如云谷、道者两人乎？即或遇之，亦要受得起这般辣手。庶不负善知识一片善心也。敢不勉哉？"内思闲[⑤]已之邪"，顺接"日日知非"一段，以起下"改过之法"一篇文字，赞叹云谷，归结"立命"本题。

故"四训"不独为千古名言，亦千古妙文也。此略言其段落耳。至于言外之旨，字中之意，非言可尽，细读之自会。

---

①不爽：指没有过失。爽，失之意。

②蘧伯玉：蘧瑗，字伯玉。春秋时期卫国大夫。奉祀于孔庙东庑第一位。

③行持：佛教语。谓精勤修行，坚持不怠。

④骊珠：传说出自骊龙颔下，故名。《庄子·列御寇》："夫千金之珠，必在九重之渊，而骊龙颔下。"

⑤闲：防备。

目录

第 一 篇 立 命 之 学

原文

余①童年②丧父，老母命弃举业③学医，谓可以养生④，可以济⑤人，且习⑥一艺⑦以成名，尔⑧父夙心⑨也。

注释

①余：我。

②童年：年纪小的时候。古代凡是不满二十岁的人，都叫童。

③举业：从前读书人学做八股文章，去考秀才举人，叫作举业。

④养生：养活生命，保养身体，使生命得以延长。此指使生活得以保障。

⑤济：救济。

⑥习：学习。

⑦艺：技艺，俗称本事。

⑧尔：你。是对不客气的人或长辈对小辈使用的。

⑨夙心：向来有的心愿。夙，向来，一直以来。

译文

我在童年时，父亲便去世了，年迈的母亲命我放弃科举功名，改学医，她说："学医可以谋生，也可以济世救人，并且学习一种技艺，借此成名，是你父亲从前的心愿。"

解读

这是了凡先生对自己年少时一段人生经历的自述。了凡先生童年时父亲便已离世，在女性地位极其低下的封建社会，孤儿寡母的生活必然是异常艰难的。也许正是因为生计的艰难，他的母亲才会忍痛要求他放弃科举考试之路。要知道，科举考试，自隋朝设

立，至明朝发展到鼎盛时期，是普通学子进入仕途的唯一途径，"万般皆下品，唯有读书高"，明朝统治者对科举的重视以及明朝科举方法的严密远远超越以往朝代。在这样的背景下，母亲要求自己的儿子放弃科举这一从政之路，改学其他，是极其无奈的。

那么，放弃科举入仕之路，应该去何从呢？母亲给出的建议是学医。为何会建议孩子学医呢？这是母亲出于两方面的考虑作出的决定：一方面，学医之后，便会有一技之长，将行医作为谋生手段，可以安身立命；另一方面，若用心学习，便能悬壶济世，免除他人的痛苦，是一个于人于己都有好处的职业。此外，天下父母无不期望儿女成材，了凡先生的母亲也一样，她希望自己的儿子能够用心学习，精通医道，成为名医，既能赖以谋生，又能济世救人，还能完成亡父夙愿。天下父母的爱子之心，总是竭尽全力地为之计深远！

原文

后余在慈云寺①，遇一老者，修髯②伟貌，飘飘若仙，余敬礼之。语余曰："子仕路③中人也，明年即进学④，何不读书？"

余告以故，并叩老者姓氏里居⑤。曰："吾姓孔，云南人也。得邵子⑥皇极数⑦正传，数该传汝。"

余引之归，告母。

母曰："善待之。"

试其数，纤⑧悉皆验。余遂启读书之念，谋之表兄沈称，言："郁海谷⑨先生，在沈友夫⑩家开馆⑪，我送汝寄学甚便。"

余遂礼郁为师。

注释

①慈云寺：寺庙名，详细地址不详。

②修髯：长须。髯，颊毛，泛指胡须。

③仕路：仕途，官路。

④进学：科举制度中，考入府、州、县学，做了生员，叫作"进学"，也叫作"中秀才"。

⑤里居：家乡，故里。

⑥邵子：邵雍（1012—1077年），字尧夫，自号安乐先生、伊川翁。北宋哲学家、易学家，有"内圣外王"之誉。谥"康节"，后人称"百源先生"。著有《皇极经世》等书，《宋史》有传。

⑦皇极数：来源于《皇极经世》一书，严格说是铁板神数组成部分。《皇极经世》分内篇和外篇，合共十二卷；将天地万物归于天数之中，以数为太极点而论事。

⑧纤：细微的地方。

⑨郁海谷：人名，生平不详。

⑩沈友夫：人名，生平不详。

⑪开馆：指过去先生开设学馆授徒。

译文

后来，有一天我在慈云寺碰到了一位老人，长须飘飘，相貌非凡，神气清秀，看起来像仙人一样。我便非常恭敬地向他行礼，这位老人就对我说："你是官场中的人，如果参加考试，明年便可以考中秀才，为什么不去读书呢？"

我便把家中情况，以及母亲叫我放弃读书去学医的缘故告诉了他，并且请教老人的姓名与家庭住址。老人回答说："我姓孔，是云南人，得到宋朝邵康节先生《皇极数》术的真传。照注定的数来讲，我应该把这个《皇极数》传给你。"

因此，我便带着这位老人回了家，并将情形告诉了母亲。

母亲对我说："好好对待这位老人家。"

这期间，我多次请先生替我推算，试验先生的推算是否灵验。结果孔先生推算的哪怕是很小的事情，都非常灵验。我因此便起了读书的念头，就与表哥沈称商量。表哥说："郁海谷先生在沈友夫家里开馆授学，我送你去那里寄宿读书，非常方便。"于是我便拜郁海谷先生为师。

解读

人的一生总是会遇到很多人、很多事，有时候虽然我们早已规划好了未来，但是，机缘巧合之下，人生可能并不会全然按照我们的规划按部就班地进行，而是会发生或大或小的变化。只是，年纪越小的时候，遇到种种变化，对人一生的影响越大。本段叙述的就是了凡先生在慈云寺遇到了一位长着长长胡须、相貌伟岸的老者，这一次相遇，也成了了凡先生命运改变的契机。

"髯"的本义是指两颊上的长须或者下垂的头发，后来泛指胡须、头发，古时候讲究身体发肤受之父母，所以有些男子有蓄留须髯的习惯。古代的男子很注重自己的仪容仪表，胡须作为生长于面部的须发，自然也成了他们重点关注、美化的部分。《三国演义》中武圣关羽，身长九尺，髯长二尺，丹凤眼，卧蚕眉，仪表不俗，因此有人给了他一个"美髯公"的美称。武当派的创始人张三丰，每每出现都是白髯飘飘，一副仙风道骨的样子。了凡先生幼年遇到的这个老者，也是"修髯伟貌，飘飘若仙"，想必在年少的了凡先生心中，必然是慈眉善目、循循善诱的长者形象。了凡和这位老先生初次见面，便对他礼敬有加，想必这也是这位老先生愿意出言指点一二的原因之一。老先生的话，影响了了凡一生，所以他记忆犹新。老先生问道："你本是仕途中的人物，明年就该进学了，为什么不读书呢？"何为"进学"呢？我们知道，普通学子要想步入仕途需要读书学习，经过一系列的选拔，最后才有可能成为官员，走上政坛。明朝时，各府、各州、各县分别设有府学、州学、县学，要想进入上述学校学习，同样需要进行考试，这种考试被称为"童子试"或"童试"。考试通过后，便能进入上述学校成为生员。进入府学、州学或者县学之中读书学习，这个过程被称为"进学"。

了凡先生听老先生如此说，便将其中缘由告诉了他，并恭恭敬敬地请教老先生的住所名讳。从字里行间就可以看出，了凡先生自小就与人为

善，非常懂礼貌，对长者尊重礼敬，他的这些作为，本身也是他能够得到长者垂青的原因之一。老先生也十分坦诚，对他说，自己是云南人，姓孔，是邵子《皇极数》的传人，并表示要把将此书和这套学问传给了凡。《皇极数》来源于《皇极经世》(又名《皇极经世书》)，记载了宋代学者邵雍毕生钻研《周易》而创造出的一套经天纬地的预测学，是一部运用易理和易教推衍宇宙起源、自然演化和社会历史变迁的著作，其中最著名的是河洛、象数之学。

了凡虽然对这位老先生礼敬有加，但是并没有自作主张，而是把他带回家中，并将实情告知了母亲。母亲也很开明，并未妄下断语，而是秉持着"实践是检验真理的唯一标准"这一原则，说道："好好接待、侍奉这位老先生，看看他所说的是否灵验。"在此也可看出父母对孩子的影响是言传身教、润物无声的，了凡对待老先生的态度和其母对待老先生的态度都是不卑不亢、礼貌周到的。结果，经过验证，老先生的推断——应验，了凡和其母亲对这位孔老先生的信任度自然大幅增加，这也为了凡进学成为生员埋下了伏笔。

原文

> 孔为余起数①：县考童生②，当十四名；府考③七十一名，提学④考第九名。明年赴考，三处名数皆合。复为卜终身休咎⑤，言某年考第几名，某年当补廪⑥，某年当贡⑦，贡后某年，当选四川一大尹⑧，在任三年半，即宜告归⑨。五十三岁八月十四日丑时，当终于正寝，惜无子。余备⑩录而谨记之。

注释

①起数：占卜、推算命运。
②童生：明清的科举制度中，凡是通过了县试、府试两场考核的学子，皆被称为童生。也指未考取生员（秀才）资格之前的读书人，不管年龄大小。
③府考：府试，明、清两朝科举考试程序中，"童试"的其中一关。通过县试后的考生有资格参加府试。府试在管辖本县的府进行，由知府主持。府试通过后就可参加院试。
④提学："提督学政"的简称。古代专门负责文化教育的高级地方行政官，即省的最高学官。
⑤休咎：吉凶；善恶。
⑥补廪：明清科举制度，生员经岁、科两试被录取者，补了官缺，食朝廷俸禄，谓之"补廪"。
⑦贡：指贡生。科举时代，挑选府、州、县生员（秀才）中成绩或资格优异者，升入京师的国子监读书，统称为"贡生"。有拔贡、副贡、优贡等名。
⑧大尹：过去对府县行政长官的称呼。
⑨告归：旧时官吏告老回乡或请假回家。
⑩备：详细地，完全地。

译文

孔先生为我推算命中注定的运数。他说："在你参加县里童生考试时，你会得第十四名，府考会得第七十一名，提学考会得第九名。"到了第二年，果然三处的考试结果与孔先生所推算的完全相符。孔先生又为我推算一生的吉凶祸福，说某年会考取第几名，某年应当补廪生，某年应当做贡生。等到贡生出贡后，在某年会被选为四川省某某县的知县，在知县任上三年半后，便会辞职回家。到了五十三岁那年八月十四日丑时，将会寿终正寝。可惜的是，命中没有儿子。我将这些话都一一记录了下来，并且牢记在心中。

解读

这段仍是了凡先生人生经历的一段自述，话说了凡得遇孔老先生后，孔老先生便为他推演了一番，说了凡县考，考取童生秀才的时候位列第十四名；府考时，位列第七十一名；提学考试（提学就是省级主管教育的官员名称，因此提学考试就是指省考）时，位列第九名。第二年，了凡参加考试，三个名次尽皆应验。这一方面说明了孔老先生造诣深厚，深得《皇极数》真传，并未欺骗了凡；另一方面也为了凡对孔老先生所说之话、所算之命深信不疑奠定了基础，也为此后了凡的际遇及心态的转折埋下了伏笔。

孔老先生对了凡考试名次的预测一一应验后，便为他推算了一生的吉凶。小到考试名次、何时成为廪生、何时成为贡生，大到未来在哪任职、官居何职等职业走向，乃至何时寿终正寝、子嗣情况，无不预测得明明白白。而了凡也因为其他卜辞的一一应验，分外虔诚，将上述安排铭记于心。

廪生，全称廪膳生员，亦称廪膳生，是科举制度中的一种生员名目。明清两代专指由公家供给膳食的生员；明初时，各府、各州、各县的生员每月都会收到国家供给的廪膳，用以补助生活。起初，廪生名额有限，明初时，每个府学限额四十人，州学限额三十人，县学限额二十人，每人每月大概可以获得六斗廪米。府学、州学、县学中的优秀生员，会获得进入京师国子监读书的机会，这些人就是贡生，取选拔人才、贡献皇帝之意。这些贡生在国子监深造毕业后，经由吏部选拔派遣，可能会被派往各地担任知县、县丞等职务。

每个人都对自己的人生充满好奇，也很希望能够拥有预知未来的超能力，可是，若真的拥有了这种能力，或者真的预知了未来，真的会幸福吗？人生在世，的确有很多事情冥冥之中自有安排，不过，若一切都按照命运的安排，如机器般毫无生趣、毫无惊喜地运转，那人如何为人？人生还有什么意义呢？其实，很多时候幸福并不来源于终点，而是在于过程。若生活一眼望得到头，虽然安稳，但毕竟少了些许鲜活。就像我们看电视剧，有时候出于好奇，忍不住先到最后一集看了大结局，这时，再回过头来看前面的内容，难免会觉得兴味索然。孔老先生将了凡何时寿终正寝都精确到了时辰，很难想象，了凡小小年纪就知道了自己的死期，是会更加珍惜光阴，还是会生出一种毫无悬念的乏味之感？

原文

　　自此以后，凡遇考校①，其名数先后，皆不出孔公所悬定②者。独算余食廪米③九十一石五斗当出贡④，及食米七十一石，屠宗师⑤即批准补贡，余窃疑之。后果为署印⑥杨公所驳，直至丁卯年⑦，殷秋溟宗师见余场中备卷，叹曰："五策⑧，即五篇奏议也，岂可使博洽淹贯⑨之儒，老于窗下乎！"遂依县申文⑩准贡，连前食米计之，实九十一石五斗也。余因此益信进退有命，迟速有时，澹然⑪无求矣。

注释

①考校：考试。校，本来为比较的意思。

②悬定：预定，预先推算。

③廪米：廪生应当领取的津贴米粮。但是到了后来，就把米折成了现钱，所以领到的都是现钱。

④出贡：科举时代，凡屡试不第的贡生，可按年资轮次到京，由吏部选任杂职小官。某年轮着，就叫作"出贡"。

⑤宗师：学台的称呼，是一种尊称。过去廪生补贡生，都由学台考定。

⑥署印：代理官职。旧时官印最重要，同于官位，故名。署，代的意思。过去署印有三种：一种叫补缺，就是这个官的缺，由这个人补了。不升官，不犯法，就可以做满一任，或是接连做几任，每一任大概是三年。一种叫署缺，就是一个官缺已经有人补了，但那个补了缺的官员死了，或是由于

别的原因不能到任，或是犯错被调职，或是手上有正在做的事一时不能离开，那他的上司，就得另派一个职别差不多的官员来代替他，这就叫署缺，也可以叫署理。还有一种叫代理，这种没有署理那么长久：署理做得好，有补缺的希望，但代理最多不过做两三个月，只是如果做得好，也有改做署理的希望。

⑦丁卯年：此指公元1567年。

⑧策：古代科举考试的一种文体，由考官列出一条一条的题目，然后考生一条一条地对答。如策论、策问。

⑨博洽淹贯：指学问深通，知识广博。博洽，指学识广博。淹贯，深通广晓。

⑩申文：呈文。

⑪澹然：宁静、淡泊的样子。

译文

从此以后，凡是碰到考试，所考名次的先后，都不出孔先生预先算定的结果。唯独算我做廪生领米粮，领到九十一石五斗的时候应当出贡，哪里知道在我领到七十一石米的时候，屠宗师就批准我补了贡生。因此，私下里我开始怀疑孔先生的推算是否准确。只是没想到后来果然被另外一位代理的学台杨宗师驳回，不准我补贡生。直到丁卯年，殷秋溟宗师看见我在考场中的"备选试卷"，没有考中，替我可惜，并慨叹道："这卷中所作的五篇策论，就如同给皇帝的奏折一样呀，怎么能让这样博识广

学的读书人埋没终身呢！"于是便依从殷秋溟的申文，准我补了贡生。经过这番波折，我又多吃了一段时间的廪米，加上先前所吃的，算起来正好是九十一石五斗。因此我更加相信，一个人的进退、功名、浮沉，都是命中注定的，而走运的迟或早，也都是有一定时间的。所以，我把一切都看淡了，不去追求了。

解读

如前所述，廪生由国家供给膳食、补助生活。文中说，孔老先生经过推演，算出了凡一共会获得九十一石五斗的廪米，然后就能被推荐去国子监成为贡生，也就是"出贡"。这里的九十一石五斗廪米，是用获得的俸米数来形容了凡做廪生的时间，就好比用"一炷香"来形容一炷香燃尽所耗费的时间一样。

其实这依旧是了凡在叙述自己真实的人生经历，真实是最具有说服力的，就像了凡对孔老先生的深信不疑，也是源于他的预测——应验，与真实情况一致。那么，这一次，孔老先生的预测会再度应验吗？

孔老先生预测，了凡会在得到国家供给的九十一石五斗廪米后，被推荐进入国子监，成为贡生。然而，在了凡一共得到了国家供给的七十一石廪米时，也就是孔老先生预测的时间尚未到时，一位姓屠的老师就批准了凡进入国子监，成为贡生。想必是了凡的学习成绩优异，道德修养较好，因此得到了老师的垂青。这件事情发生时，了凡应当是对孔老先生产生了第一次信任危机，毕竟预测眼看无法应验，必然会使得他对孔老先生的推算产生一些怀疑。

但是事情曲曲折折，本来已然定好的事情，却被一位杨姓的署印也就是代理提学所阻，驳回了将了凡推荐为贡生的申请，因此，他继续在原来的学校过了几年廪生时光。直至丁卯年，了凡的试卷被一位名为殷秋溟的宗师看到，殷宗师认为了凡眼界不俗，称赞他："五篇论文就是五篇奏议！"不忍心让了凡这位"博洽淹贯"的儒生老于窗下，因此上申文，申请将了凡补为贡生，获准。事情兜兜转转，最后果然如孔老先生所言，了凡作为廪生，一共领取了九十一石五斗廪米，才成为贡生。

殷宗师是了凡的伯乐，若没有他，不知道了凡这位"博洽淹贯之儒"还要在原来的学校中沉寂多久，更不知这匹千里马是否会落得"只辱于奴隶人之手，骈死于槽枥之间，不以千里称也"的悲惨下场。"博"，就是指博学，是学问广博之意，说明了凡眼界开阔；"洽"是指通达融洽，说明了凡说理清晰、思路明确、思维顺畅；"淹"是指见解深刻透彻，说明了凡的思想很有深度，并非泛泛；"贯"是指脉络清晰、章法严谨。这四个字是对了凡文章的高度评价，也是认为他的论文可以直接作为奏议的根据。"奏议"，是指群臣对皇帝的陈奏建议。考试文章得了这么高的评价，也从侧面反映了了凡的才学。

了凡并未详细记述杨姓代理提学为何驳回了推荐他为贡生的申请，只是说历经了这番曲折之后，孔老先生的预测具有了更强的可信性，让人觉得冥冥之中自有天意，老天自有安排，产生了命运早已注定、能做的只有顺应天意而已的想法。至少了凡是这样想的。

至此，了凡对孔老先生的态度已经完成了从最初相识时的礼敬有加，到此后因孔老先生所言一一应验而深信不疑，再到后来因廪生生涯差点提前结束而对其产生怀疑，到最终补贡之事被驳回，再到试卷翻出再度补贡，因此廪米数量应验而打消了对孔老先生的怀疑的过程，其中的信任是波折式加深的，每经过一事，仿佛就经过了一重考验。直至此时，了凡对生命中的进退、浮沉等等皆有定数的看法已经根深蒂固。在他看来，以上诸事的一一应验至少说明了也许命数真的存在。既然人生的悲愁、凶祸、贫贱早已注定，人什么都改变不了，那最应该学习的就是接受，而不是强求；既然人生的欢喜、吉福、富贵也早已注定，那么人便不需要努力，更不应该贪心争抢，因为该来的总会来，于是了凡的人生态度就变成了"澹然无求"。

"澹然无求"很有些清心寡欲的味道，诸葛亮说"淡泊明志"，俗语有云"海纳百川，有容乃大；壁立千仞，无欲则刚"，以上都是在讲对待外物荣辱时应该不以物喜不以己悲，而非"灭人欲"。试想，若每个人都没有了欲望，那么社会如何进步？若对一切都无所谓，那么是否显得过于冷漠？

了凡接下来的生活如何？会一直这样"澹然无求"，还是有别的奇遇在前方等待？且听下回分解。

原文

贡入燕都①，留京一年，终日静坐，不阅文字。己巳②归，游南雍③。未入监，先访云谷会禅师④于栖霞山⑤中，对坐一室，凡三昼夜不瞑目⑥。

注释

①贡入燕都：补贡的人，应该送到京都的国子监去学习，所以叫贡入燕都。燕，是北方的地名，此指北京。都，是皇帝所住的城，俗话叫京城。因为当时皇帝住在北京，所以叫作燕都，也称燕京。

②己巳：此指公元1569年。

③南雍：就是南京的辟雍，简单些说就叫南雍。古时候皇帝所设立的大学堂，叫辟雍，到了明朝，国子监就是皇帝所设立的大学堂，所以也称作辟雍。

④云谷会禅师：即法会（1500—1579年），明代僧人。嘉善（今属浙江）人，俗姓怀，字云谷。时人称为禅道中兴之祖。

⑤栖霞山：地名，位于今南京市栖霞区。

⑥瞑目：闭上眼睛。

译文

我当选贡生后，按照规定，要到北京的国子监去读书学习。所以，我在北京住了一年。这段时间，我一天到晚静坐不动，也不看文字。到了己巳年，我回到南京的国子监读书。在没有进国子监以前，我先到栖霞山去拜见云谷禅师，这是一位得道的高僧。我

与云谷禅师两人面对面，坐在一间禅房里，三天三夜也没有合过眼。

解读

一切都在按照孔老先生的预测按部就班地发生着，了凡在拿到九十一石五斗廪米后进入燕都，成为贡生。燕都就是北京，北京古代属于燕地，因此明朝人将北京称为燕都。朱元璋建立明朝时，本是定都南京，朱元璋驾崩后，朱元璋的孙子朱允炆继位，史称建文帝。朱元璋的儿子燕王朱棣野心勃勃，发动了靖难之役，起兵攻打建文帝。1402年燕王朱棣在南京登基称帝，改元永乐，史称明成祖。而后，明成祖为强化统治，迁都北京，但因为南京是明朝的龙兴之地，所以南京成为明朝的留都，南京的全部政治机构都原封不动地保留了下来。

由原文可知，了凡成为贡生后，首先去了北京，并在北京居住了一年。这一年中，他每日静坐，不阅读、不学习，非常严格地贯彻了"澹然无求"的人生态度。此时的了凡，对生命自有其定数这一命题深信不疑，这种人生态度也非常真实地反映在了他对待生活、学习的态度之中。

己巳年，了凡回到南京，要进入南京的国子监学习。"南雍"，"南"指南京，如前所述，南京作为陪都，保留了全部行政机构，所以明朝有两个国子监，南京的国子监称为"南雍"，北京的国子监称为"北雍"。"雍"指辟雍，辟雍的本义是指周天子设立的大学。辟雍一般为圆形，四周由水池所围，称为泮水，前门外设有便桥。东汉以后，历代皆有辟雍，作为尊儒学、行典礼的场所。了凡在进入南京国子监学习之前，曾游历栖霞山，碰到了生命中的另一个引路人——云谷禅师。了凡和云谷禅师在禅房内对坐，连续三天三夜没有合眼休息，十分投缘，他的余生也因此次相遇悄然改变。

原文

云谷问曰："凡人所以不得作①圣者，只为妄念②相缠耳。汝坐三日，不见起一妄念，何也？"

余曰："吾为孔先生算定，荣辱③生死，皆有定数④，即要妄想，亦无可妄想。"

云谷笑曰："我待汝是豪杰⑤，原来只是凡夫。"

注释

①作：成为。

②妄念：不切实际或不正当的念头。

③荣辱：光荣与耻辱。指地位的高低、名誉的好坏。

④定数：一定的气数，定命，定理。

⑤豪杰：才能出众，胜过一百个人的叫豪，胜过十个人的叫杰。豪杰与英雄意思差不多。不过英雄偏指懂些武艺的，而豪杰是性情很爽快、度量很宽大的人，不一定会武艺，所以文人也可以称豪杰。

译文

云谷禅师问我："凡人之所以不能够成为圣人，就是因为胡思乱想的念头太多，胡思乱想把清净的心扰得不清净了，从而只能成为一个庸庸碌碌的凡夫。静坐了三天，我发现你一个乱念头都没有起，这是什么缘故呢？"

我回答他说："我的命被孔先生算定了。我命中的荣耀和耻辱，生命的长短，都是注定的数，没有办法可以改变。即使妄想得到什么好处，也是白想。所以，干脆就不想了。既然没有了非分之想，心里自然也就没有乱念头了。"

云谷禅师听了，笑道："我原本还以为你是一个了不得的豪杰呢，没想到，你原来只是一个庸庸碌碌的凡夫而已。"

解读

云谷禅师和了凡对坐三天三夜，发现了凡心思纯净，竟然不曾起过一丝妄念，心中纳罕，便问其原因。云谷禅师的话语透露了两层含义。一是云谷禅师和了凡结下不解之缘的原因：对坐三日，了凡不曾起过妄念。这是对上文的总结，也是对下文的铺垫。了凡是因为坚信命中皆有定数才会"澹然无求"，因为"无求"，才会不生出虚妄、不正当的念头，这是承上。云谷的问必然会得到了凡的答，这是启下。

云谷禅师的话语透露出的第二层含义就是，圣人和凡人的区别就在于是否会被妄念纠缠。在他看来，脱离妄念，身在妄念之外的是圣人；无法摆脱妄念，身在妄念之中，为妄念纠缠、控制的是芸芸众生。

了凡既然已经"澹然无求"到连妄念都不起一丝一毫，自然也不会撒谎骗人。他并没有虚张声势地说自己修为多高，而是实事求是地向云谷禅师道明了其中原委："我这一生都被算定了，每一步都被预测到了，既然生死、荣辱等等皆是命中注定的，既然我什么都改变不了，那也就没有什么能让我起妄念的了！"

这就是一个知道了自己一生命运走向的人的心声呀！生命中，没有什么惊喜，因为一切都已被安排好；生命中，亦无甚追求，因为追求也无用。所以，了凡不起妄念，不是因为他的修为有多高，而是因为生命于他而言就像是过往一样透明，完全没有那个必要。

了凡的答案是云谷禅师始料未及的，于是只能感叹一句："本以为你是一个修为高深、能够主宰命运的豪杰，现在看来，也不过是个任由摆布的凡夫俗子罢了！"由此可见，不同的人出现同一种态度或者做出同一种行为，其背后的原因往往不同，有时候甚至大相径庭。就如云谷和了凡的对话，云谷禅师本以为了凡是个修为深厚的豪杰，可是实际上，了凡只是一个恪守命数的凡夫俗子。这就启示我们，在生活中，对任何事，都不能妄下结论；说任何话、下任何结论之前，都应该广泛求证，以免误解他人或者弄巧成拙。

原文

> 问其故。
>
> 曰："人未能无心，终为阴阳①所缚，安得无数②？但惟凡人有数；极善之人，数固拘③他不定；极恶之人，数亦拘他不定。汝二十年来，被他算定，不曾转动一毫，岂非是凡夫？"

注释

①阴阳：古代哲学概念，是古人对宇宙万物两种相反相成的性质的一种抽象概括。《易经》中说：

"无极生太极，太极生两仪，两仪生四象，四象生八卦。"两仪即"阴阳"二种数理性质。

②数：气数，命运。凡是讲起课算命的，不论什么事情，都有阴阳之分。一切推算的方法，都是从阴阳中变化出来的。所以，也可以说阴阳就是气数。

③拘：拘束，约束。

译文

听了云谷禅师的话，我不明白，便请教他这话怎么讲。

云谷禅师道："一个凡人，不可能一点胡思乱想的心都没有，如果那样就成佛菩萨了。既然有一颗胡思乱想的心，那就会被阴阳所束缚。一个人会被阴阳束缚住，就是被气数束缚住。会被气数束缚住，又怎么能说没有数呢？虽然说数是一定的，但是只有平常的人才会被数所束缚。如果是大善之人，数就拘不住他了。因为极善之人，尽管命中注定要吃苦，但是因他做了极大的善事，这大善事的力量就能让他由苦变成乐，由贫贱短命变成富贵长寿。而极恶的人，数也是拘束他不住的。因为极恶的人，尽管命中注定他要享福，但由于做了极大的恶事，这大恶事的力量会使他的福变成祸，富贵长寿变成贫贱短命。你这二十年来，被孔先生把命算定了，不能动弹一丝一毫。这样看来，你如果不是一个凡夫，那又是什么呢？"

解读

不过，此时的了凡对云谷禅师的心理变化浑然不知，他既没有妄加揣测云谷禅师问他不起妄念的缘由，因此也就无法理解云谷笑着说的那句"我待汝是豪杰，原来只是凡夫"的真正含义，于是便"问其故"。

云谷禅师也饶有耐心地对了凡做了解释。在云谷禅师看来，凡夫俗子都有一颗胡思乱想的意识心，这颗心一刻不停地思考、计算甚至妄想，因此人就无法摆脱"数"，就必然会被阴阳规律束缚，就无论如何都抵达不了"无数"的境界。从这段回答可以看出，云谷禅师本来将眼前这个对坐三天三夜的人，看作已达"无数"境界的豪杰，谁知道，他正是因为被定数的执念所困，才会不思不想，"澹然无求"。他的无求并非来源于"无数"，而是来源于接受自己身在"数"中的命运，不争取、不改变，形同冢中枯骨。因此，了凡表现出的

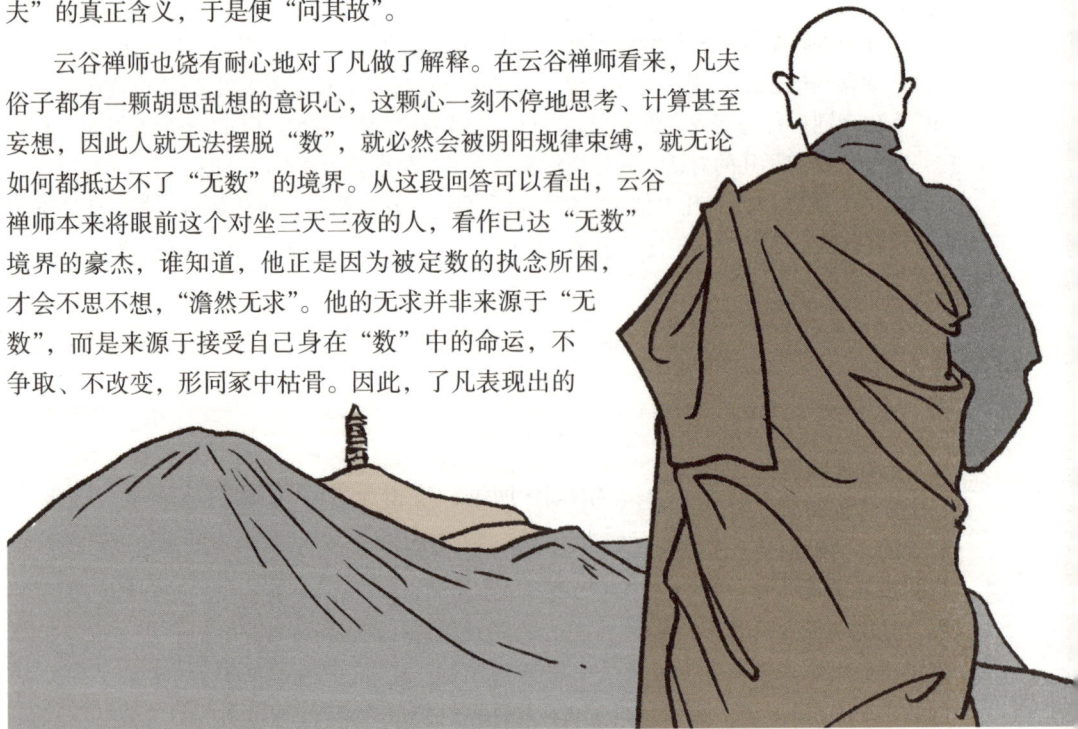

不思不想的"澹然无求"并非云谷所强调的"无数",而是一直生活在"命运有定"的执念中,以"我什么都不再想了"来消极应对罢了!

在云谷禅师看来,凡夫俗子才会按照命运的安排,像个行尸走肉一般亦步亦趋,不思变通。若是大善之人,就能超脱"数"的界限,超越生命的定数,通过自己的行为,谱写生命的变数;若是大恶之人,也能挣脱"数"的界限,超越生命的定数,生命亦会因为他的所作所为而发生改变。了凡二十多年来,都困在孔老先生的预测之中,被"数"所拘,未曾行善,亦未曾作恶,所以他的生命还是按照那个轨迹,按照孔老先生的推测,毫无变化地运行着,是完完全全、彻彻底底的凡夫俗子。

于了凡而言,孔老先生的预测就是一座山,压在他的身上,让他无心看风景,既看不到"横看成岭侧成峰",更看不到"远近高低各不同",只因为他对孔老先生推算的深信不疑,就一直迷迷惘惘地生活在了这个原本可以走出去的山中。

原文

> 余问曰:"然则数可逃乎?"
> 曰:"命由我作,福自己求。诗书所称,的①为明训。我教典②中说:'求富贵得富贵,求男女得男女,求长寿得长寿。'夫妄语③乃释迦④大戒,诸佛菩萨,岂诳语欺人?"

注释

①的:的确,确实。

②典:此指佛经。下边所说的"求富贵得富贵,求男女得男女,求长寿得长寿",就是佛经里头的话,《楞严经》《法华经》里都有说到。

③妄语:虚妄不实的话;假话。

④释迦:释迦牟尼佛。代指佛教。

译文

我就问云谷禅师:"按你这样说起来,究竟这个数,能不能逃得掉呢?"

云谷禅师道:"命运其实并不是一定的,都是由自己决定的;福分也一样,都要由自己去求才能得到。自己行善,自然会有福;自己行恶,自然也就折福了。过去诗书里面所说的,的确都是金玉良言。我佛教中的经书里说:'一个人想要求得富贵,就会得到富贵;想要求得儿女,就会得到儿女;想要求得长寿,就会得到长寿。'这几句经文的意思,是说一个人只要肯做善事,命运就不能束缚他,命里本来没有富贵的也可以得到富贵了,命里本来没有儿女的也可以得到儿女了,命里本来是短命的也可以得到长寿了。假话,是佛家的大戒。难道佛菩萨还会说假话来欺骗人吗?"

解读

身在此山中的了凡，过去二十年中皆是按照命运的安排，亦步亦趋地生活着，出于被命运安排的无奈，他安静淡然，无欲无求。现在，他突然听到了一种全然不同以往的论调，有人告诉他，只有凡夫俗子才会安心做命运听话的傀儡，那些豪杰大善，早就超脱了"数"的束缚。了凡面对眼前的智者，不禁发出了"然则数可逃乎？"的疑问。随着这一问题的提出，本书渐至佳境。"逃"，是超越、跳脱的意思，人可以超越原本的定数吗？

面对了凡"数可逃乎？"的疑问，云谷禅师从诗书、佛典两个方面给出了解答。云谷禅师并不否认命运的存在，不过他认为人的命运是可以自己掌控的，是可以通过自身行为加以改变的。了凡在遇到云谷禅师之前，只知道命中有定数，他早已通过孔老先生之口得知了自己的死期、一生的富贵、此生的后嗣情况，并且认为这一切都不能改变，因此便有些无奈地开启了"澹然无求"的生活。因此，对于了凡来说，云谷禅师的一番话，就像是当头棒喝一般，将他从浑浑噩噩中敲醒，让他开始重新认知生命、生活。

越是修为高的人，越能深入浅出，云谷禅师对了凡提问的回答就是很好的例子。云谷禅师并未用晦涩的语言，也没有用玄妙的理论，而是从了凡读书人的身份入手，首先用诗书中的明训，对了凡循循善诱。他说："命由我作，福自己求"，也就是说人的命运都是自己创造的，人的福泽都是靠自己争取的。这一观点本身就是对了凡原本秉持的"命皆有定"的观点的冲击。云谷禅师为使了凡更容易接受这一观点，特意选用了诗书中的说法，可谓煞费苦心。接着，云谷禅师回归佛教徒的身份，引用佛典中"求富贵得富贵，求男女得男女，求长寿得长寿"的说法，继续向了凡阐述人生的定数和变数。富贵、男女、长寿三个方面，正是了凡所关心的，也是孔老先生为他算命主要推测的三个方面。这三点可以说是"对症下药"："求富贵得富贵"对应了凡补贡、当选四川一大尹，在任三年半等；"求男女得男女"对应了凡"惜无子"；"求长寿得长寿"对应了凡"五十三岁八月十四日丑时，当终于正寝"。这三句一出，了凡便会本能地对其产生兴趣。云谷禅师不愧是高僧大德，他的回答并非到此为止，而是以"夫妄语乃释迦大戒，诸佛菩萨，岂诳语欺人？"的反问，来增强语言和观点的可信度。到此时，了凡对云谷禅师所讲的道理，已经产生了浓厚的兴趣，并将这番道理听到心里去了。

原文

> 余进曰："孟子言'求则得之'，是求在我者也。道德仁义可以力求，功名富贵，如何求得？"

译文

我听了以后，心里还是不明白，又进一步问道："孟子所说'凡是求起来，就可以得到的'，是说在我心里可以做得到的事情。若是不在我心里的事，那么怎能一定求得到

呢？譬如说道德仁义，那全是在我心里的，我立志要做一个有道德仁义的人，自然我就能成为一个有道德仁义的人，这是我可以尽力去求的。若是功名富贵，那是不在我心里头的，是在我身外的，要别人肯给我，我才可以得到。倘若旁人不肯给我，我就没法子得到，那么我要怎样才可以求到呢？"

解读

了凡果然对云谷禅师的话产生了极大的兴趣，只是对其真正含义不甚了了，因此便再次开口请教云谷禅师。这次提问了凡引用了孟子的话，他说："孟子言'求则得之'，是求在我者也。"这句话出自《孟子·尽心上》，原文是"求则得之，舍则失之，是求有益于得也，求在我者也"，意思是说，积极寻求就能得到它，舍弃之后就会失去它，这样的积极寻求之所以有助于得到，是因为我们寻求的东西原本就存在于自身之中。其实，这句话还有后半句，和了凡的提问亦十分契合，那就是"求之有道，得之有命，是求无益于得也，求在外者也"，意思是说，积极寻求一样东西时有途径、有办法，但是是否能够得到却要看命运的安排，这样的积极寻求之所以无益于得到，是因为我们寻求的东西存在于自身之外。因此，了凡所说的"道德仁义"对应《孟子》中"求则得之，舍则失之，是求有益于得也，求在我者也"；了凡所说的"功名富贵"对应《孟子》中"求之有道，得之有命，是求无益于得也，求在外者也"。从这个问题可以看出，了凡自认为理解了孟子的观点，并按照他的理解将人的诉求分成了"求在我者"这类可以力求

的，譬如道德仁义，只要严于律己、慎独自省，那么终会达到目标；"求在外者"这类无法力求的，譬如功名富贵这类身外之物，本就存在于自身之外，并非通过严于律己、慎独自省就能求来的，仿佛更要依靠命运的安排。

这是到目前为止，了凡根据云谷禅师的回答和自己过去学习的知识，对命运这一宏大命题的领悟，他的领悟是否准确？云谷禅师又会怎样回答"如何求得功名富贵"这一问题呢？且看下文。

原文

云谷曰："孟子之言不错，汝自错解耳。汝不见六祖①说：'一切福田②，不离方寸③；从心而觅，感无不通。'求在我，不独得道德仁义，亦得功名富贵，内外双得，是求有益于得也。若不返躬内省④，而徒向外驰求⑤，则求之有道，而得之有命矣，内外双失，故无益。"

因问："孔公算汝终身若何？"

余以实告。

注释

①六祖：此指被尊为禅宗第六祖的慧能大师。他得到了五祖弘忍的衣钵，继承了东山法脉并建立了南宗，弘扬"直指人心，见性成佛"的顿教法门，对中国佛教以及禅宗的弘化具有深刻的意义。

②福田：佛教用语中，佛教以为供养布施，行善修德，能受福报，犹如播种田亩，有秋收之利。田，在此不是种五谷菜蔬的田地，而是指心。心里常想着行善，做积功德的事情，功德就会像田里的谷物菜蔬一样渐渐变大。功德变大，福分也就会越多。

③方寸：指心，即心灵之地。

④返躬内省：回过头来检查自己的过失。躬，自身。省，检查，反省。

⑤驰求：奔走追求。驰，奔跑的意思。

译文

云谷禅师说："孟子的话说得不错，但是你理解错了。你没看见六祖慧能大师曾说：'所有的福田，都决定在各人的心里。福田离不开心，心外没有福田可寻，所以种的是福还是祸，全在于自己的内心。只要从内心里去求福，没有感应不到的！'能向自己的内心去求，那求得的就不只是心内的道德仁义，就是身外的功名富贵，也是可以求到的。心内的仁义道德，身外的功名富贵，这两方面都可以得到。这就是说，求是有益处的，但得向心里去求。一个人命中如果有功名富贵，就是不求也会得到；若是命里没有功名富贵，就算是用尽了方法也求不到的。所以，一个人若不能自我检讨反省，而只是盲目地向外面追求名利富贵，那么就算你有很好的求的办法，能不能得到也只能听天由命了。如果你一定要求，不但身外的功名富贵可能求不到，而且可能因为过分乱求、过分贪婪

而不择手段，导致把心里本有的道德仁义也都失掉了，这就是内外双失了。所以，乱求是毫无益处的。"

因此，云谷禅师又开导我，问我道："孔先生给你算命，你这一生一世到底怎么样？"

我就把孔先生算我某年考得怎么样，某年有官做，何时会死的话，老实详细地告诉了云谷禅师。

解读

了凡果然并未真正领会孟子的话，也未能真正领悟命运这一宏大主题。因此云谷禅师说"孟子之言不错，汝自错解耳"。那么，了凡的理解错在何处呢？云谷禅师并未直接指出，而是引用六祖在《坛经》中的话语，指出了了凡的错解之处。禅师六祖，法号慧能，是佛教禅宗祖师，他主张"直指人心，见性成佛"。了解了六祖的基本主张，我们再回过头来看"一切福田，不离方寸；从心而觅，感无不通"这句话。"方寸"指的就是人心，也就是说人要修身就必须修心，所有的福祉都是由心而来、从心而觅的，只要将心修好，那么不仅可以求得道德仁义，亦可以求得功名富贵。

我们都知道，《西游记》中的孙悟空本领超群，上可大闹天宫，下可直捣地府，在人间亦能斩妖除魔，他的老师是菩提祖师，本领自是比孙悟空要强上百倍。那么，菩提祖师的修行地在哪里呢？书中写道："此山叫作灵台方寸山，山中有座斜月三星洞，那洞中有一个神仙，称名须菩提祖师。"这其实是一个非常简单的字谜，"灵台""方寸"都是指心，"斜月三星洞"，一个斜钩、三个点，亦是一个"心"字，所以《西游记》中神秘莫测、本领超群的菩提祖师，就是在不断修心呀！由此也可看出，佛家、儒家不谋而合地都十分重视修心。

回答中，云谷禅师首先指出了凡对孟子关于"求于内"和"求于外"的理解有误，然后用六祖佛语从侧面指出，所有福报都要内求于心，而非外求于物。这段回答是对上文的补充解释，直接提出了"求在我，不独得道德仁义，亦得功名富贵"的观点。也就是说，了凡的错误在于把道德仁义当作了内求于心可得，把功名富贵当作了不可内求于心而得；实际上，无论道德仁义还是功名富贵都应当向自己内心去寻求，而非向外部寻求。也就是说，内因才是决定因素，外因是随着内因的改变而变化的，所以从内而求才是从根本而求。

当然，云谷禅师也承认道德仁义和功名富贵有所不同，就客观内外角度而言，道德仁义这种德行修养是在内的，而功名富贵这种生活享受是在外的。虽然从客观上来讲二者有所不同，但是就主观角度而言，二者都应当向心而求。向心向内既能求得内在德行修养的提高，又能求得外在生活质量的提升，是"内外双得"的，这样的积极寻求是对得到大有裨益的。

最后，云谷禅师紧紧围绕孟子所说的"求则得之，舍则失之，是求有益于得也，求在我者也；求之有道，得之有命，是求无益于得也，求在外者也"，从向内求的反面——向外求的角度，阐述了向外求而得的原因以及向外求的严重后果，是通过反例来重申向内求、反躬内省才是求取正途。

"反躬内省"就是说人要常常回过头来，反思一下自己的思想和言行，是否存在过失。正如上学时，老师非常强调改错，甚至会说，如果不改错，相当于没做题。同样，如果我们每天浑浑噩噩向前，不知反省，那么就无法真正了解自己的思想和言行，也就无法发现思想言行中的错误，不知错自然不会改错，不改错自然不会进步，那么心何以修、性何以养呢？反躬自省是我国的优良传统，《论语》一书记载了曾子的言论，他说："吾日三省吾身：为人谋而不忠乎？与朋友交而不信乎？传不习乎？"其实，历史上那些建立赫赫功业的伟人，大都有反躬自省的习惯。晚清重臣曾国藩为了更好地修身养性，便开始写日记，"凡身过、口过、意过皆记之"，他的日记如实记录了自己所犯的行为错误、言语失误，甚至并未落到行动上的心念之过都一一记下，持之以恒地写下了两百余万字的日记，终于完成了年轻时定下的目标，成为"内圣"之人。

然而，有些人，戚戚于贫贱，汲汲于富贵，非但不能反躬内省，反而要徒劳无功地向外驰求，到头来注定是南辕北辙、缘木求鱼。也许有人会说，不对呀，有的人天天想着一夜暴富，并未修身养性，但是人家就是运气好，买彩票中了大奖，这不就是向外求而得吗？其实，这就属于云谷禅师所说的"求之有道，而得之有命"的情况。这彩票本就是他命中该中的，即使他不向外求也会得到的；若他命中没有，即使再如何努力向外寻求，都是不可能得到的。且看看买彩票的芸芸众生，中彩票的凤毛麟角，这种惊心动魄的对比，已然说明了一切。所以，此处所说的"求得"，指的是命中没有，但通过不断地向内向心，反躬内省，最终得到的情况。也就是说，了凡按照命运的安排，成为廪生也好，补禀贡生也罢，都不是他求得的，而是属于"得之有命"的范畴。好在了凡并未胡乱向外求取，而是心静如水，安之若素，所以并未"内外双失"。

云谷禅师指出了凡对孟子所言的理解不当之处，并从正反两方面论证了"求在我，不独得道德仁义，亦得功名富贵，内外双得，是求有益于得也"之后，便开始将话题引向了凡自身，问他孔先生给他算命的时候，对他的终生做了何种预测。了凡是个坦诚之人，因此便如实相告了。

云谷禅师为何会发出此问？接下来他又会对命运提出怎样的看法？这些看法又会如何影响了凡呢？且看下文。

原文

云谷曰："汝自揣①应得科第否？应生子否？"

注释

①揣：揣测，估计。

译文

云谷禅师听了我的话，又问我道："你自己想想，你觉得自己应该考取这样的名次吗？应该有儿子吗？"

解读

本段与上文一脉相承，也是云谷禅师向了凡抛出的问题。不过，这次云谷禅师是问他，你自己认为自己该不该考取功名，该不该有儿子。虽然都是提问，但是角度明显不同，这一问，根本不是为了得到一个多么完美的答案，而是启发式地、循循善诱地引导了凡跳出孔老先生的语言，从自身出发思考人生，反省过去的经历，引导他谈一谈自己对于功名、人生等问题的看法。

封建社会后期，受儒家思想的影响，对一个男性的基本要求就是对朝廷忠诚、对父母孝敬，忠和孝是一个人最基本的品质，也是一个男子最关注、最关心的两件事。第一问"应得科第否"对应的是为国尽忠，第二问"应生子否"对应的是为母尽孝。云谷禅师的两个问题，看似平常，看似不经意，实则十分切中肯綮，发人深思。

原文

> 余追省良久，曰："不应也。"

译文

我反省过去的所作所为，想了很久才说："我不应该考得功名，也不应该有儿子。"

解读

这两个问题果然引起了了凡的深思，他躬身自省了许久，才回答说："不应该考取功名，也不该有子。"其实，追省良久这个行为本身，就是向心、向我而求的表现，必得认真反省过去的言行举止，才能从内心得出自己是否应该考取功名、是否应该有子的答案。除了自省之外，这个回答也再次体现出了凡坦诚真实的性格特点，他不虚伪、不掩饰、不做作，可以坦然地面对自己的内心，是很难能可贵的。这也是云谷禅师愿意点拨、教诲他的原因。

原文

> "科第中人，有福相，余福薄，又不能积功累行①，以基②厚福。"

注释

①积功累行：积累功德与善行。
②基：根基。此处作动词，成为……的根基。

译文

"因为有功名的人，大多有福相。我的相薄所以福也薄，又不能积功德积善行，成为厚福的根基。"

解读

了凡用"不应"二字回答完云谷禅师的问题后，并未停住，而是非常坦诚、非常详细、非常清晰地分析了自己不应考取功名、不应有子的原因。这个分析本身一则说明他的回答的确是经过用心思考的，并非随口而来，亦非敷衍了事；二则说明他是非常有勇气的，敢于直面自己的修养、性格、行为，能够承认自己的不足，直面自己的弱点，这恰恰是对自身弱点不足进行弥补改善的前提，由此可见，了凡的确"孺子可教"。

这一段是了凡对自己作出"不应得科第"判断的原因分析，在他看来，能够考中科第，为国尽忠的人，必定是很有福相的，必然是能够造福于民的。可是，他自己天生相薄福薄，并且也从未通过积累功德、践行善举来修福积福，因此不该得科第。从这个回

答中可以看出，了凡正在一点一点地走出"宿命论"的迷雾，虽然未曾"积功累行，以基厚福"，但是能够说出这种话，就证明了他已经开始意识到人是可以"积功累行，以基厚福"的。不过，这种想法在此时只是模模糊糊地存在于他的思想之中，还未成为他奉行的原则、恪守的信条。

原文

"兼^①不耐烦剧^②，不能容人。"

注释

①兼：并且。
②剧：繁杂细碎的意思。

译文

"别人有些不对的地方，也不能包容。"

解读

在上一段自我剖析中，了凡只说自己天生相薄福薄，且没有积功累行修福积福。这种剖析和反省虽然足够坦诚，但只是总体而论，并未具体说明。在这一段中，了凡对自己进行了更加具体且严厉的剖析和反省。他说自己"不耐烦剧，不能容人"，也就是性情急躁，缺乏容人之量。我们常说"事缓则圆"，又说"宽容是人的美德"，与人相处之时，若棱角过于分明、脾气过于急躁，是很容易产生纠纷、形成恩怨的。且为官之人，上对天子，下对百姓，中有同僚，间杂情理法度，事情必然是千头万绪，性情急躁不能容人，必然也会难以为他人所容，的确不适合科第。

原文

"时或以才智盖^①人，直心直行，轻言妄谈。凡此皆薄福之相也，岂宜科第哉！"

注释

①盖：遮盖，超越。

译文

"有时候我还自尊自大，认为自己的才干、智力盖过别人。心里怎么想就怎么做，随便乱谈乱讲。像这样种种举动，都是薄福的相，怎么能考得功名呢！"

解读

这段了凡主要从行为举止方面反省、剖析了自己不应得科第的原因。了凡认为自己才智盖人，所以在日常行为中难免恃才傲物，常常"直心直行，轻言妄谈"。"直心直行"，就是随心所欲，由着自己的性子，只顾自己痛快，不顾及他人感受。日常生活中，这类人通常很让人反感，就算是学富五车、才高八斗都不能弥补这种随心所欲给人带来的不适感。"轻言妄谈"，是指言语随便，不谨慎，不考虑后果。有句话说，"天子之怒，伏尸百万，流血千里；布衣之怒，伏尸二人，流血五步"，地位越高的人，越应该谨慎，越应该懂得控制自己的情绪，因为地位越高的人，其情绪波动或者不谨慎所带来的后果往往越严重，这是他的地位所带来的影响力。所以为官之人，应当老成持重，"轻言妄谈"乃是大忌。有时候，不经意的一句话，就可能引发非常严重的后果。

到此为止，了凡运用"总—分—总"的形式，将自己不应得科第的原因在总体上归结为了相薄福薄，在具体行为和性格上，归结为了"不能积功累行""不耐烦剧，不能容人"和"直心直行，轻言妄谈"三个方面。

原文

"地之秽者多生物，水之清者常无鱼。"

译文

"喜欢干净，本是好事，但是不可过分，过分就成怪脾气了。所以说越是不清洁的地方，越会多生出东西来，很清洁的水反而养不住鱼。"

解读

本段了凡开始剖析反省自己"不应有子"的原因，他并未直接从自身讲起，而是用十分常见的现象打比方，来引入这一话题。"地之秽者多生物"，就是说，大地之上，越是污秽之处，往往营养越丰富，就越有利于五谷杂粮的生长，这其中暗含着大地能"容污秽"之意，不管是明写的"秽"，还是暗表的"容"，都大有深意。"水之清者常无鱼"，往往越清澈的水中越没有鱼愿意生活其中，水太清澈，鱼的形迹，分毫毕现，给渔人捕鱼提供了便利，却会损及鱼儿性命，因此水清无鱼。或者说，水过于清澈，缺少鱼儿生长所必需的营养物质，甚至连水草都没有，所以鱼就无法在这过于清澈的水中生活。这个"清"和前面的"秽"相对，若按第二个意思解，也就暗含了"不能容"之意。这句话非常巧妙，既能与前文所说的"不能容人"相互照应，又能引出下文不应有子的第一个原因。

原文

"余好洁，宜无子者一。"

译文

"我过分地喜欢清洁，就变得不近人情，这是我没有儿子的第一个原因。"

解读

了凡有洁癖，这是他剖析总结出的自己不应有子的第一个原因。"好洁"二字和前段中的"秽""清"遥相呼应，是由此及彼，由物及人。其实，喜欢清洁、爱好整齐，本是非常良好的习惯，可凡事过犹不及，爱好清洁过了度，就成了洁癖，这种人往往对他人的容忍度很低，会用自己对于清洁和整齐的要求来要求别人，很难与人有亲密互动。

原文

"和气能育万物，余善①怒，宜无子者二。"

注释

①善：喜欢，容易。

译文

"天地间，要靠温和的日光，和风细雨的滋润，才能生长万物。我常常生气发火，没有一点和育之气，怎么会生儿子呢？这是我没有儿子的第二个原因。"

解读

本段是了凡对自己不应有子的第二方面原因所进行的剖析，他经常生气、比较易怒，为人不和善圆柔。看似易怒和无子之间并无直接联系，但是加上第一句的"和气能育万物"，再引出善怒无子，就顺理成章了。天地万物都是在一种和合的状态下，才能正常地生长、发育，不管是某些养分的缺失还是过剩，都会对它们的生长发育造成不利影响，人也一样。善怒说明怒气过多，怒气多的人眼中自然有许多难容之事。现代医学也已经证明了，易发怒生气、情绪波动较大之人，得冠心病的概率要大于其他人。

原文

"爱为生生之本，忍为不育之根，余矜惜①名节，常不能舍己救人，宜无子者三。"

注释

①矜惜：爱惜。

译文

"仁爱，是生的根本，若是心怀残忍，没有慈悲，就像果子没有果仁一样，怎么会长

出果树呢？所以说，残忍是不能生养的根由。我只知道爱惜自己的名节，不肯牺牲自己，去成全别人，积些功德，这是我没有儿子的第三个原因。"

解读

了凡是读书人，因此他懂得的道理并不少，只是很多时候不能够身体力行。本段的"爱"指"仁爱"，仁爱是儒家十分推崇的道德观念，内涵十分丰富，但本质上都是在讲与人为善、推己及人；"忍"在此处是残忍、残酷的意思，也就是没有仁爱之心，不能心怀慈悲。了凡先是用"爱为生生之本，忍为不育之根"总结概括了一种普遍适用的道理，那就是仁爱之心是生命产生的根本，而狠心残忍、没有仁爱之心则是无法产生后代的根源。接着将这一普遍适用的道理引到自己身上，"余矜惜名节，常不能舍己救人"，我是一个爱惜名节的冷漠之人，所以在别人需要帮助的时候往往不能施以援手，更不能舍己救人，这是了凡总结的自己不应有子的第三个原因。

原文

"多言耗气，宜无子者四。"

译文

"说话太多容易伤气，我又多话，伤了气，因此身体很不好，哪里会有儿子呢？这是我没有儿子的第四个原因。"

解读

前面三段了凡主要从性格、行为特点方面总结了自己不应有子的原因，这段中，了凡将视角转向身体本身，从生理角度来对自己不应有子的原因进行剖析和总结。他认为自己好说话，从中医养生的角度来说，说话多是非常耗损精气的，精气的正常化生对各项生命活动都有重要意义，因此精气不足的人身体肯定不会有多好。在本段中，了凡就将自己不宜有子的第四方面的原因总结为了"多言耗气"。

原文

"喜饮铄①精，宜无子者五。"

注释

①铄：销毁，损耗。

译文

　　"人全靠精、气、神活命，我爱喝酒，酒容易消散精神。一个人精力不足，就算生了儿子，也是不长寿的。这是我没有儿子的第五个原因。"

解读

　　这一段，了凡从生理当中的饮食习惯上总结了自己不应有子的原因。他说自己"喜饮"，这里的"饮"指饮酒。了凡喜欢喝酒，饮酒过度会严重影响身体健康已经成为现代社会的共识，喜欢喝酒的了凡，估计身体状况不会太好，用他的话说就是"喜饮铄精"，这是他认为自己不宜有子的第五个原因。

原文

　　"好彻夜长坐，而不知葆元毓神①，宜无子者六。"

注释

①葆元毓神：葆，同"保"。毓，同"育"。保养元气，培育精力的意思。

译文

　　"一个人白天不该睡觉，晚上又不该不睡觉；我常喜欢整夜长坐，不肯睡，不晓得保养元气精神，这是我没有儿子的第六个原因。"

解读

这一段，同样是从生活习惯方面对自己不应有子的原因进行剖析总结。万物有时，人若想要保持身体健康，生活习惯应当与自然规律相合。晚上是睡觉的时候，健康的生活方式应当是早睡早起，可是了凡却"好彻夜长坐"，经常整夜整夜不睡觉，长坐不眠。这样的生活方式会破坏人体的阴阳平衡，损耗元气精神，不知保养、损耗身体的人，确实不易有子。

原文

"其余过恶尚多，不能悉数。"

译文

"除此之外，我还有很多其他的种种过失与罪恶，说也说不完。"

解读

本段是一个节点，上述几段中了凡分别从性格特点、行为方式和生活习惯等心理和生理方面，将自己不宜有子的原因总结为"好洁""善怒""矜惜名节，常不能舍己救人""多言耗气""喜饮铄精"和"好彻夜长坐，而不知葆元毓神"六个方面。在云谷禅师循循善诱的追问之下，了凡对自己性格、行为和生活习惯等方面展开了深刻的剖析，并且十分有条理、非常客观、极其坦诚地将自己的反思告诉了云谷禅师。进行了这些深刻反省之后，了凡仍觉不够，说自己"其余过恶尚多，不能悉数"。单单这一点，大多数人就做不到。

自古以来，讳疾忌医之人比比皆是，连承认自己身上"有病"的勇气和坦诚态度都没有，如何能治好病呢？因此说，坦然面对过往，发现自身的种种不足，是改造命运的第一步。深刻剖析总结自己身上的不足之后，才能针对这些不足之处一一进行改正，才能不断地完善提升自身的修养心性。这就是向内向心而求。在有定数的生命中，寻求改变，命运改变了，身外的功名富贵、后代子孙自然而然地就会到来。我们说的"你若盛开，清风自来"，便是此意。

原文

云谷曰："岂惟科第哉？世间享千金之产者，定是千金人物[1]；享百金之产者，定是百金人物；应饿死者，定是饿死人物。天不过因材而笃，几曾加纤毫[2]意思。即如生子，有百世之德[3]者，定有百世子孙保之；有十世之德者，定有十世子孙保之；有三世二世之德者，定有三世二世子孙保之；其斩焉[4]无后者，德至薄也。"

注释

①千金人物：指能够承受拥有千金财富的福报的人物。后面"百金人物"，比照解释。

②纤毫：细微的意思。

③百世之德：指积累百代的善行或功德。

④斩焉：斩，断绝的意思。焉，语气词。

译文

听了我的话，云谷禅师说道："照你这样说来，何止是科第你不应该拥有，恐怕还有很多东西也不是你应该得的吧。能够享有价值一千金产业的，一定是一个能够承担一千金福报的人；能够享有价值一百金产业的，一定是一个能够承担一百金福报的人；应该饿死的，一定是应该遭受饿死报应的人。上天不过是根据各人的福报对待他，何曾另外增加一丝一毫其他的东西呢？就像生孩子，积累了百代功德的人，一定会有一百代的子孙，来保住他的福；积累了十代功德的人，一定会有十代的子孙，来保住他的福；积了三代或是两代功德的人，一定会有三代、二代的子孙，来保住他的福；那些只享有一代的福，到了下一代就断绝子孙的，是因为他功德太薄或是积的罪孽太多了。"

解读

云谷禅师引导了凡对自己不宜科第、不宜有子的原因进行深刻反省剖析之后，便开始点拨他，为他解读命运的奥义。这一段乍看上去仿佛也在说命运有定，其实结合前文便可知道，云谷的本意是在劝说了凡积善行德，告诉他命运并非来自上天的安排，而是源于自己的言行举止所积累的福德，也就是说命运是掌握在自己手中的，人是应当向善的。

"人非圣贤，孰能无过？过而能改，善莫大焉。"我国的传统文化是很宽厚包容的，并没有极具完美主义倾向地要求出现"天生完人"，而是非常强调修身养性、不断完善。那么如何能够不断完善自身呢？最好的办法就是反省、改错，不断向善。反省能够让人清醒地认识自己，对自己的长处短处优点缺点明了于心，然后再有的放矢地改正缺点、弥补不足，发挥长处和优点，人就能不断获得提高与完善了。可以说，改过自新是最好的修行，也是最大的善。佛家说"放下屠刀，立地成佛"，就是此意。

云谷禅师从科第、富贵和后代子孙三个方面说明了积善行德的重要性。"岂惟科第哉？"是在说科第功名之事，不过云谷禅师并未详细分析积善行德对科第功名的重要性，而是用一句反问，把话题引到了富贵之上。

云谷禅师认为积善行德会影响人的财富，他说："世间享千金之产者，定是千金人物；享百金之产者，定是百金人物；应饿死者，定是饿死人物。"从正反两个方面阐述了积善行德对财富积累的影响。人世间，那些能够享受"千金之产"的大富之人，是因为他们广积善行、广施善缘，为自己积下了厚福，使自己成了"千金人物"。那些能够享受"百金之产"的较富之人，是因为他们在生活中也注重积善行、施善缘，虽然所积所施并未到达大富之人的程度，但是同样为自己积下了福祉，成了"百金人物"。那些连饭都吃不饱的人，并不是命运不肯垂青于他，而是他自己不能善待命运，未曾为自己积善行德，以致相薄福薄，把自己糟蹋成了"饿死人物"。

"天不过因材而笃，几曾加纤毫意思"，有些人自己不积德行善，因此挨饿受冻，与富贵无缘，却偏偏要说是命运弄人。其实，上天是最公平的，上天只是秉持着进善惩恶的朴素规律来对人，并没有自己的好恶偏向，也从不会刻意加重、减轻什么。所以，与其怨恨上苍，不如多问问自己，言行举止有何欠妥之处需要纠正改善。

为了更好地说明这个道理，云谷禅师又以后代子孙为例，进行了详细的分析。他说："即如生子，有百世之德者，定有百世子孙保之；有十世之德者，定有十世子孙保之；有三世二世之德者，定有三世二世子孙保之；其斩焉无后者，德至薄也。"封建社会，将子嗣之事看得很重，多子多孙就是多福。那些德行深厚的家族，都是有传承的，家风家规家学一脉相传，一脉相承。俗语中所说的"富不过三代"，只是因为他们的福德没有修行到能够传承百世、十世的程度而已。

原文

"汝今既知非，将向来①不发科第②，及不生子之相，尽情改刷③。"

注释

①向来：先前的意思。

②不发科第：从前取得科第，叫作发科发甲，所以不发科第，就是没有取得科第。

③改刷：改正、改过之意。就如碰到不洁净的东西，把它洗刷洁净。

译文

"你既然知道自己的错处，那就应该把你之前不能得到功名和没有儿子的种种福薄之相，尽心尽力改得干干净净。"

解读

本段中，云谷禅师第一次直接用言语表达了命运可以改变的意思，他对了凡说："既然你现在已经知道了自己过去的错误之处，那么就应当努力改变自己一直以来不能取科第功名、无法有子嗣后代的福薄之相，而且要改就要改得彻彻底底、干干净净。"

首先，这是云谷禅师首次直接用言语表达"尽情改刷"命运之意。其次，云谷禅师为了凡指明了改变的方向，要改什么呢？当然是改了凡经过深刻自省所剖析出来的自己的不足之处，总结起来就是福薄之相，分开来看就是"科第功名"和"子嗣后代"。这也从侧面说明了，云谷禅师对了凡的自我剖析、反思是十分满意的，因此才会让他按照这个方向加以正正。

一个有智慧的人，必然能够进行正确的自我认知，这也是掌握自己命运的前提条件。试想，若一个人根本不知道自己的优点缺点，不清楚自己的性格特征，那么他又如何能够自我改正呢？就像纸上谈兵的赵括，就是因为只懂兵书，缺乏实战经验，且对自己缺乏清醒的认识，才导致了长平之战数十万赵卒被秦军坑杀的惨败。可以说，躬身自省是改刷福薄之相的前提，而改刷则是自省的目的，要想主导自己的命运，这两个方面是缺一不可的。

那么，应当如何改刷"不发科第，及不生子之相"呢？且看下文。

原文

> "务要①积德，务要包荒②，务要和爱，务要惜精神。"

注释

①务要：一定要，务必。
②包荒：包容荒秽的意思，就是要包容一切，不揭穿旁人的短处。

译文

"一定要积德，一定要包容一切，一定要对人和气慈悲，一定要爱惜自己的精神。"

解读

云谷禅师在上段提出，既然了凡深刻反省了自己过去的种种过失，那么就应当竭尽全力地加以改正，这样便能改变自己不发科第、不生子的福薄相。本段和上段紧密相连，云谷禅师针对了凡反省出的种种过失，在宏观层面为他指明了"积德""包荒""和爱""惜精神"的改过之法。

"务要积德"是云谷禅师提出的第一个改过之法，也是一个总领性的方法，是针对了凡"不能积功累行，以基厚福"提出的。人之一生无非是言行举止、心性修养，要积德就要从日常生活中的一言一行做起，心怀善意，不恶语伤人，不做伤人之举，与人为善，助人为乐。看到别人情绪低落，能够好言劝慰；看到他人有难处，能够在自己的能力范围内施以援手。积德绝不是烧香拜佛，而是在心底存善念，在行动上做善事，在言语上说善言。

"务要包荒"是云谷禅师提出的第二个改过之法，是引导其开阔心胸，学会包容。这一点主要是针对了凡"不耐烦剧，不能容人"提出的。一个人的包容度是其度量的体现。一个小肚鸡肠，眼中只有自己的人，是难以包容别人的；一个吹毛求疵，只会盯着别人缺点的人，也必定难有包容之心。能够包容的人必然是内心平和的，能够客观冷静地看待世间诸事、诸人。北京潭柘寺弥勒殿的一副楹联，写的是："大肚能容，容天下难容之事；启齿便笑，笑世间可笑之人。"这副对联既惟妙惟肖地描摹了弥勒佛慈眉善笑、大肚能容的特点，又将其加以延伸，成为劝人宽容大度、胸怀开阔的箴言。

"务要和爱"是云谷禅师提出的第三个改过之法，主要是针对了凡"直心直行，轻言妄谈""善怒""矜惜名节，常不能舍己救人"等过错提出的。"和"就是平和，不过激、不易怒，能够与外物他人和谐相处；"爱"就是仁爱，有慈悲心、有恻隐心，能够对别人的喜怒哀乐感同身受。所以"和爱"是讲自己与他人、与外物的相处原则。我们每个人都不应该与他人、外物对立，而应该身在其中，与之和谐一体。仁者是能够推己及人的，所以仁者爱人。只有放下成见、放下对峙，才能真正做到和善爱人。如何能够做到仁爱平和呢？《论语·雍也》篇中写道："夫仁者，己欲立而立人，己欲达而达人。"也就是说，想要自己立足，也要让别人立足；想要自己通达，也要让别人通达。和爱，绝不是单枪匹马单打独斗，更不是恃才傲物孤芳自赏，而是心中除了自己还有别人，"己所不欲，勿施于人"。

　　"务要惜精神"是云谷禅师提出的第四个改过之法，主要是针对了凡"多言耗气""喜饮铄精""好彻夜长坐，而不知葆元毓神"等不良生活习惯提出的。古人十分注重养生，认为精气是一个人全部生命活动都必须依托的基本物质，而说话多、好饮酒、夜不眠等不良习惯，都会损耗人的精气，精气不足必会导致精神不济，长此以往必会损及身体健康，所以要想长寿，必须"惜精神"。

原文

> "从前种种，譬如昨日死；从后种种，譬如今日生。此义理再生之身①。"

注释

①义理再生之身：指精神再生的生命。

译文

　　"从前的一切一切，譬如昨日，已经死了；以后的一切一切，譬如今日，刚刚出生。能够做到这样，就是你重新再生了一个义理道德的生命了。"

解读

　　云谷禅师从"积德""包荒""和爱""惜精神"四个方面点拨了凡改过之后，又教他如何对待过去、未来以再生义理之身。

　　李白在《宣州谢朓楼饯别校书叔云》一诗中写道"弃我去者，昨日之日不可留"，陶渊明在《归去来兮辞》中写道"悟已往之不谏"，这就是古人对待过去的态度，也就是云谷禅师主张的"从前种种，譬如昨日死"。过去的已经过去，无法重回，无可改变，因此，要把从前的种种当作已然死去一样，不再追悔。这是在教了凡"放下"，只有放下了曾经的错误，不耿耿于怀，才能迎接全新的今日。其实，不仅仅是昨日的错误，过去的辉煌、苦痛、成绩、失败，一切都是应该放下的，不然是腾不出双手拥抱今天的。若执

着于过去，不肯放下，那么最后伤害的也只有自己而已。

从前，有一只小猴子，它不小心被树枝划伤了，伤口流了很多血，疼极了。小猴子见到小狐狸，就对狐狸说："小狐狸，小狐狸，我受伤了，好疼啊。"边说边用手扒开伤口，让小狐狸看。小狐狸看见，很心疼，赶忙安慰它，小猴子觉得狐狸很关心自己。小猪来了，小猴子对小猪说："小猪，小猪，我被树枝划伤了，流了好多血。"边说边用手扒开伤口，给小猪看。小猪看到伤口，也很心疼小猴子，也安慰它，同情它……就这样，小猴子一次又一次地扒开伤口，一次又一次地获得安慰，不过这些安慰并没有让伤口愈合，而是让伤口再难愈合。终于有一天，伤口感染了，化脓了，小猴子死了。老猴子说："伤害小猴子，让伤口不能愈合的就是小猴子自己呀！"是呀，若它能将伤口包扎好，忘掉这个伤口、这些疼痛，那它的伤口或许早就痊愈了，它也就能成为一个没有伤口的全新的小猴子了。所以说，人千万不能执着于过去，否则就会像小猴子一样，害死自己。把昨天交给昨天，让它们随着日落死去吧！

若能放下过去，一切归零，那今天就会是一个全新的开始，就能获得一个全新的、再生的义理之身。成语"不破不立"，也是此意。毕竟，陶渊明已经告诉过我们，"知来者之可追"。最早的开始永远是现在，犹豫、彷徨、懊悔，除了耽误时间，并无其他用处。

原文

"夫血肉之身，尚然有数；义理之身，岂不能格天[1]。太甲[2]曰：'天作孽，犹可违；自作孽，不可活。'"

注释

[1]格天：感动上天。也可以理解为人清净、诚恳的心，可以与天相通。

[2]太甲：商汤的嫡长孙，太丁之子，叔父仲壬病死后继位，由四朝元老伊尹辅政，后病死，共在位二十三年。此指《尚书》中的一篇文章的标题名，文章写的是伊尹辅佐太甲执政的事。

译文

"我们这种血肉之身，尚且有一定的数。哪有这种符合义理之身，反倒不能感动天的道理？《尚书·太甲》篇里说：'上天降给你的灾祸，或许你还可以避开；一个人要是自己作了孽，那就一定会受到报应，不可能再舒舒服服地活在这世界上了。'"

解读

本段仍旧围绕义理之身展开，原文说："夫血肉之身，尚然有数；义理之身，岂不能格天。"要明白这句话，就首先要弄清楚"血肉之身"和"义理之身"这一组相对概念。所谓血肉之身，就是指凡夫俗子的平凡之躯、平凡之心。凡夫俗子与得道高人的最大区别在哪里呢？那就是凡夫俗子被欲望驱使，成为欲望的奴隶，在妄念与执着中所说的所有话语、所做的所有行为，都脱离不了定数，因此一生的祸福吉凶都可被精确推测。可以说凡夫俗子相信命运，亦不知不觉地屈从着命运。而义理之身则不然，义理之身是超脱了执着与妄念的纯净的道德之身、道德之心。修炼出义理之心、拥有义理之身的人，物我两忘，无牵无着，早就超脱了定数，这种人可以靠着自己的修为转危为安，趋吉避凶。摆脱血肉之身的贪欲妄念，不断改正自身的不足缺点，从自私自利到摆脱小我，不再将目光盯在自己的私利之上，而是以大公无私的胸怀，为百姓、为社会造福，那么，就能够修出一颗义理之心，修成一个义理之身。"格天"是感通上天之意，因为义理之身的积善行德、大公无私，所以能够感通上天，超越定数，改变命运。

因此，义理之身共有两个特点。一是纯净无碍，就是六祖慧能所描述的那种至真至诚、无牵无着、物我两忘的境界，也就是："菩提本无树，明镜亦非台。本来无一物，何处惹尘埃？"二是大义无私，因其纯净，所以没有私欲，能够超脱小我，言行举止无不在积福积德，因此这样的道德生命、义理之身能够感通上苍。血肉之身和义理之身的区别，正如司马迁在《报任安书》中所写："人固有一死，或重于泰山，或轻于鸿毛，用之所趋异也。"

太甲是商汤的嫡长孙，在伊尹的支持下继承王位，成为殷商的第四任君主。太甲继位后，伊尹一连写下数篇文章，教导太甲遵照祖先的法制，努力做一位明君。在《肆命》一文中，伊尹专门论述了如何区分是非曲直，何事当为，何事不当为；在《徂后》一文中，伊尹为太甲讲述了商汤时期的法律制度，引导太甲遵照祖先法制行事，不能背弃祖训，为所欲为。起初，太甲很受用，基本都能按照伊尹的教导行事。三年之后，太甲得意忘形，认为自己身为君主，应当拥有决定一切的权力和统治群臣的权威，因此对伊尹的教导心生不满，开始恣意妄为。他不听伊尹的规劝，肆意破坏祖宗法制，且残忍暴虐，竟然效仿夏桀的恶行对付百姓，使得怨声载道。伊尹一再规劝无果，便将太甲放逐到了商汤坟墓所在的桐宫，令其反省，自己摄政当国，这个历史事件被称为"伊尹放太甲"。太甲在桐宫闭门思过，三年之后，伊尹将其迎回亳都，归还政权。太甲重新当政后，修身立德，诸侯臣服，百姓安宁。《尚书》记载，太甲重新执政后，对伊尹心存感激，因此以"天作孽，犹可违；自作孽，不可活"表达自己的悔意，同时表达对伊尹的感谢。

"天作孽，犹可违；自作孽，不可活"这句话，很多人都知道，但是人们几乎不知道它出自一位改过自新的君王之口，也很少有人能够真正理解其中的深意。上天按照规律运行着，它客观公正，无偏无私，因此难免有"作孽"之时，难免有不善之举。不过，天命并非一成不变，因此它作的孽，行的不善，是可以改变的，改变这种天定命运的关键就在于积善行德。所以，前半句仍是在强调，命运可以改变，可以自己掌握、自己主宰。而"自作孽，不可活"是站在当时当下，劝人向善的。也就是说，一个人如果执迷不悟，不断作恶，那么他就是在自寻死路，是必然要自食恶果的。

也有人把"天作孽，犹可违"中的"天"理解为不受人力控制的自然灾害，认为这句话是在说，老天降下自然灾害，人们众志成城，互帮互助，就可以将这种灾害的危害降到最低。若每个人都心存善良，保持淳朴，那么整个自然环境亦会好转，从这个角度来说，我们不仅可以降低灾害的危险，而且可以避免某些灾害的发生。就像新冠肺炎疫情，可以说是不受人控制的"天作之孽"，但是我们可以通过有效的管理、周密的安排，将传染风险降到最低，将疫情对社会经济的危害降到最低，这就是所谓的"天作孽，犹可违"。

原文

"诗云：'永言配命，自求多福。'"①

注释

① "诗云"两句:诗,指的是《诗经》。"永言配命,自求多福",永,是恒常之意;言,是"念";配,是"合";命,是"天道"。意思是说人要时常反省自己做的事,是否符合上苍的意思。这样做,自然就会有很大的福报了。福是自己求的,一切全靠自己。

译文

"《诗经》上也讲:'人应该时常反省自己的所作所为是否合乎天道。这样,很多福报,不用求,自然就会有了。因此,求祸求福,全在自己。'"

解读

这里的"诗"指《诗经》。《诗经》是我国古代诗歌的开端,也是我国最早的一部诗歌总集,书中收集了西周初年至春秋中叶的300多篇诗歌。先秦时期,《诗经》被称为《诗》,或取其整数称为《诗三百》;西汉时期,其被尊为儒家经典,开始被称为《诗经》,并沿用至今。在内容上,《诗经》分为《风》《雅》《颂》三部分。《风》是周代各诸侯国的民歌;《雅》又分为《小雅》和《大雅》,是周王直接统治地区的正声雅乐;《颂》又可分为《周颂》《鲁颂》和《商颂》,是周王庭和贵族宗庙祭祀的乐歌。孔子曾修订此书,并将其宗旨归纳为"无邪",他教育弟子要常常诵读《诗经》,将其作为立言、立行的标准。

"永言配命,自求多福"一句选自《诗经·大雅·文王》。这首诗是《大雅》的第一

篇，主旨是赞颂周王朝的开创者周文王顺应天命、建功立业、为周朝创立奠定基础的丰功伟绩。"永言配命，自求多福"一句的本意是说，周文王顺应天命，因此上天才降下福祉保佑文王，护佑周王朝。

云谷禅师劝说、引导读书人了凡，因此引用了读书人必读的《尚书》《诗经》等书籍，一来是想说明天命可违、命运可改的道理；二来是想告知了凡该如何改过自新，"永言配命，自求多福"就是改过之法。"永"就是"永远，经常"的意思，"配命"就是反省一下，自己的所作所为、所思所想所言是否"上合于天命"，合于天命的义理之身，是能够感通上天的。这仍是劝人积善行德、不断向善之意，因为天命无私，若能把自己的内心修炼得如同上天一般，抛却私利杂念，平等对待所有的事情和所有人，那么上天必能感通，这样一来，即使不求福，福祉也会降于其身。因此，"永言配命，自求多福"同样是在劝导了凡通过不断修身修心，自然而然地身在福中，不知不觉地积累福祉。

原文

> "孔先生算汝不登科第，不生子者，此天作之孽，犹可得而违；汝今扩充①德性，力行善事，多积阴德。"

注释

①扩充：放大的意思。

译文

"孔先生算定你不能考取科第，没有儿子，这是上天制定的定命，还是可以避免的。你现在要将本来就有的道德天性，扩充起来，尽量多做一些善事，多积一些阴德。"

解读

云谷禅师先后引用《尚书》《诗经》，向了凡说明了命运可改、可由自己掌握的道理，然后又为他指明了积德行善的改过之法，可是，应当如何具体地积德行善呢？本段给出了答案。云谷禅师认为积德行善主要有两个方面：在内是提高道德修养，修炼本心，不断发掘、扩充天生就有的道德天性；在行为这一外在表现上，则是随着内心修养的不断提高、道德天性的不断扩充，来真心实意地多行善事。而且，不论是对内"扩充德性"还是对外"力行善事"，都要做到"多积阴德"，如此便可向心而求，内外双得。

那么何为"阴德"呢？所谓阴德，就是积德行善时真心实意，不求名利，不张扬，不作秀，这样所积之德才是真正的德。若稍微做点好事就生怕人不知，四处宣扬，沾沾自喜，这样未必是好事，最起码不如真心实意，脚踏实地，但凭本心，不求人知的好。因为一个心思纯净、不好名利的人，必然是低调的、真善的，待福报越积越多，越积越厚，便能改变自己的命运，甚至帮助更多的人改变命运了。

在现在这个纷繁复杂的社会中，人也越发复杂，有的人唯恐别人不知道自己做了好事，更有甚者，根本没做好事，却想让别人宣传自己做了好事，这些都不是真正的善，甚至是伪善，非常不可取，应该摒弃。

原文

"此自己所作之福也，安得而不受享乎？《易》为君子谋①，趋吉避凶。若言天命有常②，吉何可趋，凶何可避？开章第一义③，便说：'积善之家，必有余庆④。'汝信得及否？"

注释

①谋：替人打算的意思。

②有常：有定数，有规定。

③开章第一义：开章，指书的开头。第一义，指《易经》在开头"坤卦"里就讲到了"积善之家，必有余庆"。

④余庆：多余的福报。

译文

"这就是自己所造的福。自己造了福，自然会有好报，别人是不能夺走的，自己又怎么会不能享受这种福分呢？《易经》这部书，都是讲的天道人道，处处警诫人要小心谨慎，勿做坏事，都是替君子打算的，告诉他要避开凶险的地方、凶险的事情，向着吉祥的地方去。如果说上天给人的命是有定数的、不能够改变的，那么又怎么能向着吉祥的地方去呢？又怎么能避开凶险呢？所以《易经》在开头就说：'积善之家，必有余庆。'意思就是说，一个人只要能专做善事，积累功德，就可以享有长久的福报；不但是自己有福，多余下来的还可以传给子孙享有。这个道理，你相信吗？"

解读

有人说，这世上有三样东西是别人抢不走的：一是吃进胃里的食物，二是藏在心中的梦想，三是读进大脑的书。其实自己身体力行，用善言善行积累下的福报，也是别人抢不走的，只有自己才能享受得到。通过"扩充德性，力行善事"就能达到多积阴德的效果，阴德积多了，福气自然就来了。这福气完全是通过自己不断修炼、不断践行而积累下来的，就算是再穷凶极恶的强盗也无法将其抢走。因为它虽然看不到摸不着，但只要积累了，就会无处不在地跟随在自己身边，保佑自己，安享此福。

这里的"易"指《易经》，是我国传统经典之一，相传系周文王姬昌所作，分为《经》《传》两个部分。《经》主要是六十四卦和三百八十四爻及对其进行解释说明的卦辞、爻辞，一般用作占卜。《传》则是孔门弟子对《周易》经文的注解和对筮占原理、功用等方面的论述，共有七种十篇，统称《十翼》。汉武帝即位后，为加强中央集权制，采纳了董仲舒"独尊儒术"的建议，效仿先秦与汉景帝把道家黄帝与老子的著作称经的做法，也把孔子儒家的著作称为"经"。《周易》和《易传》被称为《易经》，或直接称为《易》。自此以后，《周易》《易经》《易》混合使用，有称《周易》，有称《易经》，有称《易》，其实含义一致，均指六十四卦及《易传》，一直沿用至今，仍然没有严格区分。有的学者为了区分《周易》经传之不同，称六十四卦及卦爻辞为《周易古经》，称注释《周易古经》的十篇著作（《易传》）为《周易大传》。《周易》是我国传统思想文化中自然哲学与人文实践的理论根源，是古代汉民族思想、智慧的结晶，被誉为"大道之源"。《周易》的内容极其丰富，对中国几千年来的政治、经济、文化等各个领域都产生了极其深刻的影响。关于"周易"一词，有很多不同的解释，但是接受度较高的有两种。一是认为《周易》是周代的占筮之书；另一种则认为"易"乃变化之意，因此将《周易》当作一本以变化为主题的古籍。

云谷禅师借由《易经》一书，再次向了凡阐述天命变化，命运可改、可控的道理。"《易》为君子谋，趋吉避凶"，在云谷禅师看来，《易经》这本书是一本宝典，它可以教给君子趋吉避凶的方法。既然这本书能够教人趋吉避凶的方法，那就说明吉是可以趋近的，凶是可以避免的，也就隐含了命运是可以改变的这一命题。

若天道有常，无可改变，那么无论如何也做不到趋吉避凶。

人是不断变化的，多行一善，就多积一福；多行一恶，就多损一福。在这样的加加减减中，凡俗之人，一般不会大幅度偏离有常的天命，所以，这类人的命运一般可以被预测，而且较为准确。孔老先生为了凡算命后，他淡然无求，既不作恶，也不行善，因此一直循着既定轨迹运行，就会愈加显得预测之准确。但是，世界上的大善大恶之人，因其行善或者作恶太多，以致其运行轨迹已经远远偏离了既定轨迹，所以这类人是不会被命运所拘的，这与前面的内容是一致的，也是相互照应的。

了凡身为读书人，《易经》又是群经之首、设教之书，所以了凡必然读过《易经》，说不定还是烂熟于心的，但是其中的真意，他却未能全然明了。直到此时，云谷禅师以《易经》为例，向他阐述命运可变之理，他才恍然大悟，原来"其中有真意"，只是自己视而不见。本段中，云谷禅师继续以《易经》为例，引导了凡积善改命。不过，云谷禅师并未直接说教，而是循循善诱地问了凡："《易经》的开章第一义就说，能够积善行德的家族，必定有余庆，你信不信呀？"经过云谷禅师的指点，了凡应当能够发现《易经》这本书中藏着自己视若无睹的人生真谛。这也是我们日常生活中常常遇到的现象，有些话说了太多次，我们自己可能都听烦了，但是未必真的懂得。直到某一天，某个情景，或者某人的一句话，才会让我们恍然大悟——原来金子早就在那里了，只是当时我们把它当成一句再寻常不过的话罢了。

提起"积善之家，必有余庆"，不由让人想起了《红楼梦》。《红楼梦》中王熙凤和女儿巧姐同为金陵十二钗中的人物，巧姐的《红楼梦曲》便为《留余庆》："留余庆，留余庆，忽遇恩人；幸娘亲，幸娘亲，积得阴功。劝人生，济困扶穷，休似俺那爱银钱、忘骨肉的狠舅奸兄！正是乘除加减，上有苍穹。"是说王熙凤因为接济刘姥姥而积有阴德，在贾家败落时，刘姥姥挺身而出，救巧姐出火坑的故事，是曹雪芹借题发挥的劝世行善之作。试想，若王熙凤并未接济刘姥姥，那么巧姐如何出得火坑，又如何会有此余庆呢？

原文

> 余信其言，拜而受教。因将往日之罪，佛前尽情发露①，为疏②一通③，先求登科，誓行善事三千条，以报天地祖宗之德。

注释

①发露：抒发，倾诉。此指把过去的罪愆在佛前表白出来。
②疏：疏表，相当于现在的"报告书"或"祈祷文"。
③一通：古代以擂鼓三百三十六槌为一通，也指公文一件。此取后者。

译文

我相信了云谷禅师的话，并向他拜谢，接受他的指教。因此我把过去所有的罪恶过失，不管轻的重的，大的小的，一股脑地全在佛菩萨面前说了出来，以求改过；我又写

了一篇疏文，祈告上苍，先祈求自己能够考取功名，同时还立誓做三千件善事，以报答天地神祇及历代祖宗对我的大恩大德。

解读

"余信其言"，只简短的四个字，却透露着大智慧，也是了凡能够改变命运、脱离推算的关键。"余信其言"这四个字的核心在于"信"，了凡听到了善言，能够从善如流，深信不疑，然后身体力行，这就是其改变命运的关键了。

古往今来，无数活生生的案例已经证明了，一意孤行、刚愎自用是不会有好下场的，而广纳善言、从谏如流不仅可以造福自己，而且能够造福百姓，还可以流芳百世。前者如西楚霸王项羽，后者如海纳百川的唐太宗。

项羽是楚国名将项燕的孙子，身为武将，项羽所向披靡，神勇无敌，赢得了古人"羽之神勇，千古无二"的高度称赞。早年，项羽跟随叔父项梁在吴中起义，项梁去世后，他率领大军渡河救赵王歇，还在巨鹿之战中大败秦军主力。秦朝灭亡后，项羽自称西楚霸王，而后和汉王刘邦展开了长达四年的楚汉争霸。楚汉之战中，刘邦屡屡败退，项羽本有机会杀死刘邦，但他始终不肯完全相信亚父范增，听从范增的建议除掉刘邦，在鸿门宴上，犹豫不定，放走刘邦，最终反被刘邦所灭，兵败垓下，

乌江自刎。如今《霸王别姬》的经典曲目犹在，虞姬舞剑唱起"汉兵已略地，四面楚歌声。大王意气尽，贱妾何聊生！"的离歌时，不知道鸿门宴那日项庄舞剑的身影是否再次浮现于霸王的眼前？这就是不信他人言，一意孤行的惨痛代价呀！

杰出的政治家、战略家、军事家，唐王朝的第二任皇帝唐太宗李世民则与西楚霸王项羽形成了鲜明对比。玄武门之变后，李世民即位，改元贞观，吸取隋炀帝拒谏亡国的教训，尽力求言，从谏如流，扩大谏官权力，鼓励群臣积极进谏，批评自己的决策和过失。魏徵一生进谏两百余次，曾多次在朝堂上直陈太宗过失，多次陷九五之尊李世民于窘境之中，但李世民却能够自始至终从善如流，并在魏徵亡故后，发出了"夫以铜为镜，可以正衣冠；以史为镜，可以知兴替；以人为镜，可以明得失。魏徵没，朕亡一镜矣！"的感慨。唐太宗在位期间积极听取群臣的意见，对内以文治天下，虚心纳谏，厉行节约，劝课农桑，使百姓能够休养生息，国泰民安，开创了中国历史上著名的贞观之治。这就是信人善言，从善如流的结果！

了凡听了云谷禅师一席话，深以为然，受益颇多，心有所悟，因此"信其言"。他内心对云谷禅师自然十分敬仰、感激，因此便"拜而受教"。一个"拜"字便将了凡尊师重教的态度表现得淋漓尽致。得孔老先生的教诲时，了凡也是如此礼敬有加，由此可见，这是他对待老师、长者的一贯态度，既礼貌又敬重，这一拜是其内心真诚感念的真实流露。"信其言"和"拜而受教"是了凡对云谷禅师及其教诲的态度，不过，把这些想法态度落到实际上，最终还是要看行动，否则就是随便说说的空话。

此后，了凡做了两件事：一是在佛陀面前将往日的种种罪过和盘托出；二是专门作了一通疏文，来表达自己忏悔的真诚和改过的决心。了凡经过云谷禅师的点拨，真心忏悔，诚心改过，并许下了第一个愿——求登科。登科又称登第，指在科举考试中通过最后一关，考中进士。在了凡原有的命数中，本来是不能登科的，现在他求登科，若能成功，就可以有力证明命运可改。登科在古代是极其光荣的事情，登科之后便是进士，这是天下读书人都向往的出身，唐朝孟郊所作的《登科后》一诗，就用极其轻快的语言表达了他登科后的无限喜悦，全诗如下："昔日龌龊不足夸，今朝放荡思无涯。春风得意马蹄疾，一日看尽长安花。"

当然，明白了命运可变，向内向心而求的了凡，并没有把改变命运、祈求登科的愿望寄于外物，而是"誓行善事三千条，以报天地祖宗之德"。为了登科，愿意行三千条善事，代价不小，由此可见了凡想要改命登科的决心。

原文

云谷出功过格①示余，令所行之事，逐日登记，善则记数，恶则退除，且教持准提咒②，以期必验。

注释

①功过格：过去记录功过的一种表格形式。初指道士逐日登记行为善恶以自勉自省的簿格，及后流行于民间，泛指用分数来表现行为善恶程度，使行善戒恶得到具体指导的一类善书。

②准提咒：佛教准提佛母说的一种咒文，为古印度梵文。

译文

听我立誓要行三千条善事，云谷禅师就把一种功过格给我看，要我按照功过格所定的方法去做，把我所做的事，不论善恶，每天记录在功过格上。做了善事就记录在"功"字一格的下面；做了恶事，就记在"过"字一格的下面。同时，看恶事的等级，还要把"功"扣掉，即小功抵小过，大恶扣大善，一大恶抵十小善，一大善抵十小恶，都通过这张表来加减，体现善恶多少。又叫我念"准提咒"来加持，希望我所求的事，可以得到效验。

解读

"行善事三千条"不能成为一句空话，因此云谷禅师就在具体操作层面指导了凡用功过格这一工具记录自己的善行和恶行。功过格是自记善恶功过的一种簿册，善言善行为"功"，记"功格"；恶言恶行属"过"，记"过格"。功过格本是程朱理学学者逐日登记行为善恶以自勉自省的簿格，后由僧道推行流行于民间，泛指用分数来记录行为善恶，使行善戒恶得到具体指导的一类簿册。具体做法是分列功格（善行）、过格（恶行）两项，奉行者每夜自省，将每天行为对照相关项目，给善行打上正分，恶行打上负分，只记其数，不记其事，分别记入功格或过格。月底作一小计，每月一篇，装订成本，每月如此进行，年底再将功过加以总计。所谓"善则记数，恶则退除"，即将功过相抵，累积之功

或过，转入下月或下年，以期勤修不已。这是一种非常适合操作的、能够及时反馈恶行善举的修行方式。

云谷禅师指点了凡修身立德改命之法，也是从内在修为心境与外在行为举止两方面入手的。云谷禅师先向了凡展示了功过格，并让他用功过格来记录自己每日行动中的善行恶行，通过"善则记数，恶则退除"的方法，不断通过外在之行动来修炼内在的善念、修为。之后云谷禅师又为了凡推荐了另一种修行方法——念咒，希望了凡能够通过念咒恢复内心的清净。从前文的论述中，我们已经知道，要想改变、把握命运，就要向心向内而求，因此修身必须先修心。心该如何修呢？念咒就是让人保持心地清净的一种有效方式。"咒"不是通常意义上的语言，读书人在念咒的过程中，可以把念头更多地集中在咒上，不会有意无意地去揣度咒语之意，这样一来，心中的杂念便会减少，人便会随着念咒的氛围不断放空内心，更容易达到澄净无尘的境界，所以云谷禅师教了凡念咒而不是念经，也算是因材施教，用意颇深。

原文

语余曰："符箓家①有云：'不会书符，被鬼神笑。'此有秘传，只是不动念也。执笔书符，先把万缘②放下，一尘③不起。从此念头不动处，下一点，谓之混沌开基④。由此而一笔挥成，更无思虑，此符便灵。凡祈天立命，都要从无思无虑处感格⑤。"

注释

①符箓家：指那些以"画符"为专业的人士。符，是一种用朱笔写在黄纸上用来镇压邪魔，或是烧化了，把灰和在水里一同吞下肚去，用来治病的东西。符有各种样子，不同的符有不同的用处。箓，指一种与符相似的"图形"，作用与符一样。符箓连用，概解为符。

②万缘：指人心中所起的各种各样的众多念头。

③尘：本指灰尘，此指人心中不好的念头。

④开基：开创，开始。

⑤感格：指感于此处而达于彼处。

译文

云谷禅师对我说："画符箓的专家曾说：'一个人如果不会画符，是会被鬼神耻笑的。所以，要学会画符。'画符有一种秘密的方法传下来，就是画符时不起一丝的念头。当执笔画符的时候，首先要把所有的念头放下，不能有一丝杂念，因为有了一丝的念头，心就不清净了。当所有念头不起的刹那，用笔在纸上点下一点，因为完整的一道符，都是从这一点画起，所以这一点是符的根基所在。从这一点开始，一直到画完整个符，若没起一丝别的念头，那么这道符就会很灵验。不但画符不可以夹杂念头，凡是一个人心有

所求，祈祷上天保佑，或是想改变命运，都要从没有妄念上去下功夫，这样才能感动上天，使之明白自己的愿望。"

解读

天下之事，一通百通，念咒和书符，要想灵验，只有一个秘诀，那就是"不动念"，"把万缘放下，一尘不起"，要用本心，用真心。本段中，云谷禅师借由书符之事，再度重申保持心地清净的重要性。云谷禅师说："有些符箓家曾经说过，人若不会画符，是会被鬼神取笑的。那么画符的秘诀是什么呢？其实很简单，但是要做到也很难，那就是不动妄念，保持心灵的清净。画符的时候，拿起笔来，就要目空一切，一尘不起，到达这种清净状态后，开始下笔点点，就像是天地之间混沌初开一样。然后继续保持心灵清净，没有妄念，随心而画，一笔而成，画出的符就特别灵验。"

云谷禅师将心灵清净状态下画符点下的第一笔称为"混沌开基"，所谓"混沌"，是指天地未分时世界上的气、形、质浑然一体的迷蒙状态。庄子写过这样一则寓言：相传，南海天帝名倏（shū），北海天帝名忽，中央天帝名帝江也就是混沌，南北中三位天帝关系十分要好，他们志趣相投，因此常常聚会。中央天帝混沌最是热情好客，每次倏、忽结伴而来，他总是殷勤招待。倏、忽二帝觉得混沌至情至性，每次都这么热情招待，便十分感动，想要报答他的深情厚谊。他们二人商量说："天地之间，人人都有眼耳口鼻七窍。人生双目，以便欣赏天地美景；人生双耳，以便聆听万物之声；人长一口，以便尝尽人间美味；人长一鼻，以便闻到花草清香。混沌这么好的一个人，却没有眼耳口鼻，那他的人生得失去多少乐趣呀！我看，咱们不如送他一份大礼，替他凿出七窍，让他享受一下人世间的美景妙音，品鉴一下人世间的花香美味。"倏、忽二人一拍即合，便马不停蹄地找来了斧和凿，叮叮咚咚地替混沌凿起了七窍。倏、忽二人第一天为混沌凿出了一只眼睛，第二天凿出了第二只眼睛，又用了五天时间依次凿出了双耳、双鼻和嘴巴，七天之后，倏、忽终于为混沌凿出了七窍。他们开心极了，迫不及待地想拉着混沌一起欣赏美景，品尝美味，聆听妙音……可是，任由倏、忽二人百般呼叫，混沌始终没有回应，原来他已经死了……尽管混沌死了，不过他七窍已开，于是世界不再是混沌一片，而是天地分开，一片清明景象。也许，正是因为凿开七窍令混沌被眼耳鼻舌身意所扰，失去了本心，内心不再清净，才导致了他的死亡。正如老子所言，"五色令人目盲；五音令人耳聋；五味令人口爽；驰骋畋猎，令人心发狂；难得之货，令人行妨"。

云谷禅师将心诚则灵的理念由念咒、画符扩展到了更加广阔的范围之中，他认为不仅念咒、画符要保持心灵的清净才能灵验，只要是祈祷上天鬼神或者想要改变命运，都必须保持心灵的纯净，不断消除妄念，保持无思无虑的状态，在这样的状态下才能与上天发生感应，才能感动上苍。

远古时期，生产力低下，古人跳傩戏或者占卜之前，都要举行盛大的仪式，这盛大的仪式一方面是为了显示祭祀的庄重严肃，另一方面就是为了让人心存敬畏，保持心灵的纯净。古代帝王举行重大祭祀之前，总是要斋戒沐浴，甚至闭关。斋戒也好，沐浴也好，都是要通过身体的清爽洁净来不断寻求心灵的清净，摒除杂念之后，心灵清净时再诚心祭祀。这是对祖先神灵的敬畏，也是对自我内心的修炼。

原文

"孟子论立命之学，而曰：'夭寿不贰①。'夫夭寿，至贰②者也。当其不动念时，孰为夭，孰为寿？"

注释

①夭寿不贰：见《孟子·尽心》。指短命与长寿，并没有分别。夭，短命。贰，不一样，有分别。

②至贰：绝对不一样。

译文

云谷禅师又说："孟子谈到了立命的道理，他说'生命的长与短，并没有什么分别'。这话看起来是不通的，短命与长寿本是完全不同的相反的概念，那么孟子为什么说它'不贰'呢？要知道，当一个人完全没有念想时，心里又哪来的'短命'与'长寿'之分呢？只有心里有了'短命'与'长寿'的念头，才会有'短命''长寿'的分别。"

解读

本段云谷禅师用《孟子》中的话，讲述心灵清净、不动妄念时的状态。人若在此状态下，最根本的表现就是没有分别心，就算外物再有差别，看在他的眼中都毫无分别，因为他心思纯净，眼中没有对立，亦没有矛盾，诸事万物在他心中都是统一的、和谐的。

"夭"就是短命，"寿"就是长寿，"夭寿不贰"用大白话来说就是，短命和长寿不是对立的，而是统一的。在一般人眼中，短命和长寿就像是两个极端，是极其不同的，孟子为何会说"夭寿不贰"呢？因为在人心思纯净、没有妄念的时候，根本就不会区分短命、长命，因此短命也好、长命也罢，就没有分别了。仔细想想，所谓短命、长命，是因为对比才出现的对立概念，若没有这种对比，心中没有分别，而是保持平常心，那如何会有这组对立观念呢？人的分别心有时候很可怕。看到达官贵人就笑脸相迎，溜须拍马；看到贩夫皂隶就满脸厌恶，嗤之以鼻。这是分别心太强，是非常不可取的。不论寿命是长是短，都要保持心灵的纯净，多行善事，不要因为寿命短而自暴自弃，也不要因为寿命长而自命不凡，这样才能做到夭寿不贰。

原文

"细分之，丰歉不贰，然后可立贫富之命；穷通①不贰，然后可立贵贱之命；夭寿不贰，然后可立生死之命。人生世间，惟死生为重，曰夭寿，则一切顺逆皆该②之矣。"

注释

①通：发达。
②该：包括。

译文

"把'立命'细细分开来讲，就是要把富足与贫乏看得一样，这样才可以把本来贫困的命转变为富足的命，把本来富足的命变为更加富足长久的命；要把处在穷困和发达时也看得一样，这样才可以把本来低贱的命变成富贵的命，把本来富贵的命变成更加发达尊荣的命；对于生命的长与短，也要看得没有两样，不要认为我的命中注定短命，便趁还活着的时候糟蹋自己，随便造恶，而命中注定长寿的人，不要认为自己命还长就胡为乱来，这样才能把命中注定的短命转为长寿，把本来命中注定的长寿变得更加健康长寿。人生在世，只有生与死最是重要，所以这人生的'夭'与'寿'，也就是人生的最大事件了。说到这个，那么人生中所有的顺境与逆境，像上面说的丰与歉、通与穷，也就都可以包括在里面了。"

解读

云谷禅师以孟子的立命之学为引，然后将立命细分为立贫富之命、立贵贱之命和立生死之命三个部分。首先，云谷禅师认为要做到"丰歉不贰"才能立"贫富之命"。

众所周知，我国古代经历了漫长的农业社会，粮食收成是决定生活在农业社会的百姓能否过好光景、是贫贱或是富贵的关键所在，因此云谷禅师就提出了"丰"和"歉"

这组概念。"丰"就是"丰收"，丰收之年，收成好，能吃饱，有余粮，久而久之，便能富起来，所以此处的"丰"即"富"；"歉"就是"歉收"，年景不好，收成不好，不仅存不下余粮，可能连肚子都填不饱，因此这里的"歉"就是"贫穷"。"丰歉不贰"有两层含义。一个方面是说，有大智慧的人，不论丰收还是歉收，不论自己是贫贱还是富贵，都能够淡然处之，体会生命本原的乐趣，不会因为贫贱而怨天尤人、忧心忡忡，也不会因为富贵而得意忘形、沾沾自喜。另一个方面是说，在对待贫贱之人和富贵之人的态度上，要消除分别心，做到一视同仁。不要因为这些身外之物而看不起贫贱之人，亦不要因为这些身外之物而谄媚富贵之人。做到这些，才算得上"丰歉不贰"，才能够"立贫富之命"。

封建社会是一个等级制度较为森严的社会，尤其是明朝，重农抑商，商人地位最低，读书人地位较高，而为官之人地位最高。在这样一个极其看重身份地位的时代当中，如何来通过自己的作为，改变地位，立贵贱之命，想必是很多人关心的。为了解答这个问题，云谷禅师提到了"穷"和"通"这组概念。"穷"就是处境恶劣，志不得伸；"通"就是通达，志向得以施展。那么如何算是"穷通不贰"呢？其实孟子早就告诉我们答案，那就是"穷则独善其身，达则兼济天下"。意思就是说，就算处境恶劣，志向不能施展，也不要自怨自艾，更不要怨天尤人，而是要不断地提升自己，洁身自好，修炼好个人品格；若通达得志，就应当胸怀天下，造福百姓。这句话一直被视为中华文化的精髓所在，体现了中华文化儒道互补的风格，"穷则独善其身"是黧然淡然的道家出世之举，"达则兼济天下"是以苍生为己任的儒家入世情怀。以上是从对己的角度来理解"穷通不贰"，从对人的角度来说，仍旧是要心灵纯净，不存分别心，做到对达官显贵和贩夫走卒一视同仁，不因达官显贵地位高而屈从，也不因贩夫走卒地位低而颐指气使。

仓央嘉措在《地空》一诗中写道，"世间事 / 除了生死 / 哪一件事不是闲事"，云谷禅师也说"人生世间，惟死生为重"，立生死之命是立命之根本，也是超越于立贫富之命、立贵贱之命之上的，内涵最丰富、范围最广阔的统领性问题。生死就是孟子所说的"夭寿"，富裕、通达等一切顺境，贫困、穷窘等一切逆境，无不在生死的覆盖之下，因此只要能够看破生死，做到"夭寿不贰"，便能立生死之命了。

生和死、寿和夭看似对立，实则统一。真正能够立命之人，不会因为自己寿命短而埋怨上苍，也不会因为自己寿命长而肆意挥霍青春。他们珍惜时光，追求心灵清净，做好人，做好事，因此可以将原本的短命变为长命，将原本的长命延长得更长。

佛陀前世曾割肉喂鹰，求取佛道。相传帝释天寿命将近，担心没有仁慈的大菩萨住世，佛法会没落，听闻人间有一萨波达王，广修善法，持戒完满，就想试探其心，于是化身为鹰，追赶毗首羯磨化身而成的鸽子。鸽子为求活命便飞到了萨波达王的袖中，求他救下自己，免遭大鹰猎食。老鹰却说："你若救了鸽子，我便会因此丧命，你哪有什么好生之德？"萨波达王道："我愿用同样重量的肉来换取鸽子的生命。"于是他取出一秤，把鸽子放在秤的一边，然后开始用刀割取自己的肉，可是，萨波达王割了许多肉，这杆秤却始终无法平衡。最终，萨波达王闭上双眼，跳进秤中，秤砣终于平衡。为救鸽子，萨波达王割尽身上之肉，这就是夭寿不贰，视死如生。

原文

"至'修身以俟①之',乃积德祈天之事。曰修,则身有过恶,皆当治而去之;曰俟,则一毫觊觎②,一毫将迎③,皆当斩绝之矣。到此地位,直造④先天之境,即此便是实学⑤。"

注释

①俟:等候,等待。

②觊觎:非分的想法,希望得到不应该得到的东西。

③将迎:送往迎来。

④造:达到。

⑤实学:真正的、实在的学问。

译文

"至于孟子所说的'修身以俟之',就是说自己要时时刻刻修养德性,不要让自己造恶,而命运能不能够改变,那就是积德的事、求天的事了。既然说到'修'字,那么对于身上所有的过失、罪恶,都应该像医治病

症一样，把他们统统去除掉。而说到'俟'，就是说等到修的功夫深了，命自然会变好的，不可以有一丝一毫的非分之想，也不可以让心中的念头乱起乱灭。凡是这种胡思邪念，都要完完全全斩掉它，断绝它，不能存留一丝一毫。能够做到这种地步，那就可说是已经到了先天不动念头的境界了。能做到这种功夫，就已经是实实在在的学问了。"

解读

"修身以俟之"是孟子所言，原文是"夭寿不贰，修身以俟之，所以立命也"。本段仍是在讲立命之法。要想改变命运，就要做好打持久战的准备，万不能存在侥幸心理。要随时随地修正言行举止中的错误，不断地改过，其余的，就要交给时间，静心以待，也就是"俟之"。只要做到无论寿命长短态度始终如一，随时随地修身养性，那么立命改命便是水到渠成之事。只要心思纯净，不存妄念，不存侥幸，坚持行善积德，终有一天会有效果。这种立命改命不是强求来的，也不是从外物中得来的，而是自己修来的，也就是云谷禅师所说的"积德祈天之事"。

前文引用《孟子》中的"修身以俟之"，所以云谷禅师就重点解释了一下何为"修"，何为"俟"。云谷禅师首先阐述了如何"修"。"修"是修正、改正的意思。修正、改正的对象就是人身上存在的恶，这恶无论是存在于言行举止中还是存在于思想意识中，都应当像治病一样，尽皆改正，全部去除。也就是说，修身，重在去除、修正身上存在的过恶。接着云谷禅师向了凡阐释了"俟"的真谛。云谷禅师所倡导的"俟"有两个禁忌，一是忌"觊觎"，二是忌"将迎"，要斩断觊觎和将迎，再修身以俟之，才能立命改命。

所谓觊觎，是指想要得到本不该得到的东西，或者渴望得到不属于自己的东西，是一种非分的企图或者愿望。为立生死之命而修身以俟，必然要经过一个极其漫长的过程，修身本该保持心灵的纯净，排除杂念，修改过恶，若等待之时没有耐心，心急火燎，只想着福报早日到来，命运赶紧改变，那就是功利心过重，妄念执着。就像是想要握住一把沙，越想握得住，越是握得紧，沙子就越会从指缝间流走，最后什么都留不下。因此，修身之时，最为关键的一点就是不要功利，正所谓"但行好事，莫问前程"，往往积累的福德越多，得到的福报也越多。当然，现在的了凡还未到达无所求的境界，他只是完成了"命运由人算定"到"命运可以改变"的转变，现在所求的是原本命中没有的功名、儿女。有所求自然也需不断修身，不过，更应该把这个"求"当作一种目标的指引，而不是行善积德的动因。

所谓将迎，指的是心中之念的起与灭。修身之时应当保持心灵的空净，不该让心中的念头乱起乱动，应该踏踏实实地一个错误一个错误认真改正，而不应兴起而来，兴尽就罢，三天打鱼，两天晒网，更不应该心存侥幸，妄想通过机巧骗人骗己。要知道修身立命，除了日复一日地耐心改过行善之外，根本没有其他途径，更别说捷径了！

将觊觎和将迎全部斩绝，需要的是真功夫。若真能做到，那么这个人必然已经达到心灵纯净、德性淳朴的境界。

云谷禅师认为，若人真的能够将觊觎之心和将迎之意全部斩绝，那么他就到达了不动妄念的至高境界，是返璞归真的真正学问。这段话，一来是告诉了凡，人是可以斩断

觊觎之心和将迎之意，恢复本心的；二来也是在说，其实修身修心，都是在不断寻求那颗无分别、无妄念的赤子本心。

原文

"汝未能无心，但能持准提咒，无记无数，不令间断，持得纯熟，于持中不持，于不持中持，到得①念头不动，则灵验矣。"

注释

①到得：等到，到了。

译文

云谷禅师接着说："你所有的行为，还都是有心而为，还不能够做到自然而然、不着痕迹的地步。这种功夫，不是短时期内能够做到的。但只要你能够念准提咒，不管念了多少遍，不要去记，也不要去数，只要不间断地一心念下去。等念到极其熟练的时候，自然会做到口里在念，但自己不觉得自己在念，就是佛经中说的'持中不持'；在不念的时候，心中也在不知不觉地念，就是佛经中说的'不持中持'。如果念咒能念到这个地步，那么念的咒，自然也就没有不灵验的了。"

解读

在云谷禅师看来，虽然了凡能与他对坐三天三夜不起妄念，但他是因为相信一切皆由命注定，因此随遇而安，淡然无求才不起妄念，并不是因为修为高深达到了"无心"的境界才不起妄念。因此，本段中，云谷禅师就将从有心到无心、保持念头不动的方法传授于了凡。云谷禅师传授给了凡的方法是念准提咒。

"无心"，就是无念，也就是没有分别心、没有妄想心、没有执着心，就是控制、消除自己的念头，回归本真自然的淳朴之境。要想修炼到这种地步，是必须下苦功夫的，因此云谷禅师建议了凡念准提咒，并要日日坚持，不能停断。因为了凡是一个十分勤奋且非常实在的人，因此云谷禅师告诉他念咒的时候无须计数。但对于刻苦程度和诚实程度都赶不上了凡的普通人来说，在修炼的第一个阶段是要计数的。因为不计数，无法知道自己念了多少遍，容易偷懒导致无法达成目标。待到能够主动克服身上的惰性时，就到达了凡现在的境界了，这时就无须计数这一外在的提醒作为修炼的监督了。因为计数本身离不开意识的参与，有意识参与就说明心中仍然存有念想，因此计数念咒是不可能达到无心的状态的。待到能够自主念咒，脱离计数这一外在提醒时，就不要再计数了。每天不间断地念咒，一直念下去，念到十分纯熟的时候，即使不念也会有一个声音不断在心中回响，即使在念，仿佛也无须刻意去想，这就到达"于持中不持，于不持中持"的境界了。这种状态下，已然不再需要意识心的参与，一切都是自然而然，不刻意、无妄念、无分别，便是无心之境。这时候，心中无限虔诚，万事皆能灵验。

到此为止，云谷禅师对了凡的教导就告一段落了。遇到孔老先生，到栖霞寺得遇云谷禅师，这两件事都对了凡的人生产生了十分重大的影响。前者让他以为"一切皆为命中注定，所能做的无非淡然无求"；后者教导他"一切皆是向心向内而求，只要不断修身修心，积善行德，那么便可改变命运"。那么，了凡对人生的体悟发生重大变化之后，会让他的人生发生怎样的变化呢？且看下文。

原文

余初号学海，是日改号了凡。

译文

我起初号学海，从那一天起改号了凡。

解读

听罢云谷禅师的一番教诲，了凡竟然改了自己的号。他原来的号是"学海"，可见他是一个喜好读书、学习之人，但是"学海"之名，口气有些大，俗话说"学海无涯"，他虽喜欢在学海中游弋，但这个名给人一种刻意之感。"了凡"则不同，"了"是明了洞悉之意，是他听罢云谷禅师教诲之后，对人生、对命运有了全新认知，明晰了改变命运之法，十分切题应景。

古时候，一般人家的孩子只有名，从小叫到大；穷苦出身的，则可能连名都没有，像明朝的开国皇帝朱元璋，在发迹之前就没有大名，只根据生日有个"重八"的小名，和现在说的"老二""老三"类似。不过，诗书之家或者是达官显贵，则非常重视姓名，有些还有家谱排序，一般孩子出生之时就已拟好了名字。待到男子长到二十岁行冠礼，女子长到十五岁行笄礼，就代表他们已经成年了，需要受到社会的尊重。此后，同辈人直呼其名显得不恭，于是一般会由父母或师长为他们取一个与本名意义相关的别名，这个别名就是"字"，又称"表字"，用来在社会上与别人交往时使用，以示相互尊重。因此，古人在成年以后，名字只供长辈和自己称呼，自称其名表示谦逊，而字才是用来供社会上的人称呼的。三国时期，刘关张三人桃园三结义，就各有表字。刘备，名备，字玄德；关羽，名羽，字云长；张飞，名飞，字翼德。北齐的文学家颜之推认为，人名用于区别彼此，相当于代号，而字则是一个人德行的体现，并且大部分人的名与字在意义上彼此关联。

古时候，有些人除了名、字之外，还有"号"。号是人的别称，所以又叫"别号"。号的实用性很强，除供人呼唤外，还用作文章、书籍、字画的署名。比如，东晋的陶渊明，号五柳先生，因此将自己的自传称为《五柳先生传》。封建社会的中上层人物，尤其是文人雅士，很喜欢给自己取号。因为号一般是自己起的，不像姓名、表字那样要受家

族、宗法、礼仪以及行辈的限制，可以自由地抒发和标榜使用者的志向和情趣。比如李白，字太白，号青莲居士；苏轼，字子瞻，号东坡居士，世称苏东坡。

古时候，有些人在称名、字、号之外，还会以官爵、地望作为尊称。杜甫因为曾经担任过检校工部员外郎一职，因此世称杜工部，他被保留下来的 1500 余首诗歌大部分集于《杜工部集》中。屈原因为担任过三闾大夫一职，而被尊称为三闾大夫。唐宋八大家之一的柳宗元，因是河东（现山西运城永济一带）人，因此世称柳河东、河东先生，又因其官职终于柳州刺史，因此又被尊称为"柳柳州"。

原文

盖悟立命之说，而不欲落凡夫窠臼^①也。从此而后，终日兢兢^②，便觉与前不同。前日只是悠悠放任^③，到此自有战兢惕厉^④景象，在暗室屋漏中，常恐得罪天地鬼神；遇人憎我毁我，自能恬然^⑤容受^⑥。

注释

①窠臼：窠，指鸟巢。臼，舂米的器具。窠臼喻指现成的格式，老套子。
②兢兢：小心谨慎。
③放任：没有拘束，随随便便。
④战兢惕厉：惧怕谨慎；警惕，戒惧。
⑤恬然：安逸舒服的样子。
⑥容受：接受。

译文

因为听了云谷禅师的话，我明白了立命的道理，而不想与寻常的凡夫一样落了俗套。从那以后，我就整天小心谨慎，时刻存有一种敬畏之心。我就觉得，与从前相比，自己有了很大不同。以前只是糊糊涂涂、随随便便、无拘无束的。到了现在，自然就有了一种小心谨慎，既惧怕又恭敬，时刻恐防有危险到来的景象。即使在黑暗的内室无人之处，我也常常恐怕得罪了天地鬼神。碰到讨厌我、诋毁我的人，我也能够舒舒服服地接受了，不再与别人计较和争论。

解读

　　了凡听了云谷禅师的一番教诲之后，心中颇有感触，体悟了立命之学，因此就把自己的号从"学海"改成了"了凡"。"了"是了解、体悟之意，"凡"是凡夫俗子、平凡之意。他明白，在遇到云谷禅师之前，自己就是一个凡人，只知道一切都是命中注定，因此就在自己的命运中画地为牢，圈住了自己。现在，他知道，命运是可以改变的，因此就不愿意再像凡夫俗子那样理解命运，如木偶一般过完一生，他要抛下凡人之见，用实际行动改换命运。改名号一事，显示了他改变命运的决心。

　　了凡是一个行动力极强的人，体悟了道理，他就去践行。从前的了凡，"或以才智盖人，直心直行，轻言妄谈"，言语行动都十分随心所欲，根本不顾及别人的想法，可是自此以后，他便与之前判若两人，"终日兢兢"。"兢兢"是一个形容词，形容人小心谨慎的样子。由心直口快、直言直行，到小心谨慎，是非常大的改变。形象一点说，就像是从任性而为的张飞变成了不敢多说一句话、不敢多走一步路的林黛玉一样。对行为、心态进行了巨大的调整之后，他对人生的感受、整个人的状态也发生了天翻地覆的变化：曾经是"悠悠放任"，也就是每天浑浑噩噩的，糊里糊涂，过一天算一天，根本没有什么自主的意识，人生没有方向和目标，也没有太多追求，只是一味地信天知命。改过之后，他每天"自有战兢惕厉景象"。"战"就是"战战"，形容恐惧的样子；"兢"就是"兢兢"，是一种小心谨慎的状态形貌。"战战兢兢"一词出自《诗经·小雅·小旻》，原文是"战战兢兢，如临深渊，如履薄冰"，每天就像是走在深渊边上、站在薄冰之上那样小心谨慎。"惕"与战战兢兢意思相近，是戒惧、小心谨慎的意思。《周易》一书用"朝乾夕惕"来形容一天到晚勤奋谨慎，没有一点疏忽懈怠。"厉"则是严肃的意思。"战兢惕厉"四个字非常形象，和"悠悠放任"的随意形成了鲜明的对比。

　　更重要的是，他这种状态，无论人前人后，都一以贯之，即使"在暗室屋漏中"亦"常恐得罪天地鬼神"。了凡之谨慎严肃，已经由外在的行动，深入了内心，达到了"慎独"的程度。慎独是儒家非常重要的一个概念，是对一个人道德修养、品德操守的高标准考验，也是个人风范的最高境界。慎独要求人在闲居独处无人监督的时候，也要谨慎从事，自觉遵守各种道德准则，只有心中对礼仪、天地、自然心存敬畏时，才可能做到。《大学》一书写道："诚于中，形于外，故君子必慎其独也。"《中庸》一书写道："莫见乎隐，莫显乎微，故君子慎其独也。"可见，慎独的人表里如一，从不自欺欺人，不管有没有他人在场，始终能够慎言慎行、自重自爱，是脱离了外在功利心的对内在精神的高级追求。曾子病危之时，众多弟子侍奉病榻之前，弥留之际的曾子开口道："把我的脚摆正，把我的手摆正。《诗经》上有云'战战兢兢，如临深渊，如履薄冰'，我一生小心谨慎，修身养性，就算现在行将就木，也不能违礼犯错。人生在世，一定要勤勉、要小心呀！"

　　从前的了凡"不耐烦剧，不能容人"且"善怒"，改过之后，"遇人憎我毁我，自能恬然容受"。这是了凡心理状态和性格上的巨大变化，他变得心胸开阔了，能容人了，就算是面对别人的憎恶或者诋毁，也能平静坦然地接受。这是因为他找到了内心的平静，不再似以往一般心浮气躁，一点委屈都受不得。苏轼在《留侯论》中写道："古之所谓豪

杰之士者，必有过人之节。人情有所不能忍者，匹夫见辱，拔剑而起，挺身而斗，此不足为勇也。天下有大勇者，卒然临之而不惊，无故加之而不怒。此其所挟持者甚大，而其志甚远也。"只有志向高远、心胸开阔的人，才能做到大智大勇。有无故加之而不怒的心胸境界，了凡的修为的确精进许多。

原文

到明年^①礼部^②考科举。

注释

①明年：第二年。据查证，此时为公元1570年。

②礼部：中国古代官署，管理全国学校事务、科举考试及藩属和外国之往来寻事。与吏部、户部、兵部、刑部、工部合称六部。

译文

我遇见云谷禅师的第二年，到礼部去考科举。

解读

从本段开始，了凡向我们叙述了他与云谷禅师分别后的一些经历。本段所说的就是，与云谷禅师分别后的次年，了凡参加了礼部举行的科举考试。礼部是我国古代的官署之一，北魏最早设置了礼部，隋朝将中央行政机构划分为吏部、户部、礼部、兵部、刑部、工部六个部门，礼部的主要职责是掌管五礼之仪制和学校贡举之法，因此礼部兼有现代教育部的职能。礼部的长官是礼部尚书。在明朝礼部是一个独立的机构，直接受皇帝领导。

原文

孔先生算该第三，忽考第一，其言不验，而秋闱^①中式^②矣。

注释

①秋闱：指科举制度中的乡试。乡试定在秋天的八月举行，所以乡试的考场，就叫秋闱。又因为恐怕有人私底下进出作弊，便用一种有刺的棘树，插在围墙上面，所以也叫作棘闱。

②中式：考中。

译文

孔先生算我的命，应该考第三名，哪知道忽然考了第一名，孔先生的话开始不灵了。

孔先生没算我会考中举人，哪知到了秋天乡试，我竟然考中了举人。这都不是我命里注定的，云谷禅师说，命运是可以改造的，这话我更加相信了。

解读

在认识云谷禅师之前，孔老先生曾经为了凡算命，算得他在此次考试中应位列第三，可是，考试成绩出来，他却得了第一名。此前孔老先生的预测次次灵验，到此，终被打破。这说明，经过了凡对自己言行举止的修正，他的命运已经悄然发生了变化。原本命中该得第三，但因他积善行德，这次考试得了第一。这是云谷禅师告诉他"命运可变"之后，他第一次真实地体验到了命运的改变。而后，在秋闱考试中，了凡考中了举人。这也是他命中本没有的，了凡命中原本只能成为秀才，也就是只能成为生员，并不能通过京城秋闱，成为举人。原本不可能的事情成为可能，估计了凡先生那个曾经以为无望的"科举中进士"之愿，也随着秋闱中式再度觉醒了。

原文

然行义①未纯②，检③身多误：或见善而行之不勇，或救人而心常自疑；或身勉为善，而口有过言；或醒时操持④，而醉后放逸；以过折功，日常虚度。

自己巳岁⑤发愿，直至己卯岁⑥，历十余年，而三千善行始完。

注释

①行义：躬行仁义，做应该做的事。

②未纯：指勉强，不能自然而然。

③检：省察。

④操持：把持之意。

⑤己巳岁：此指公元1569年。

⑥己卯岁：此指公元1579年。

译文

我虽然把过失改了许多，但是碰到应该做的事情，还是不能一心一意地去做，即使做了，依然觉得有些勉强，不太自然。自己检点反省，觉得过失仍然很多。例如看见善，虽然肯做，但是还不能够大胆地向前拼命去做。或者是需要救人时，心里面常怀疑惑，救人之心不坚定。自己虽然勉强做善事，但是常说犯过失的话。有时我在清醒的时候，还能把持住自己，但是酒醉后就放肆了。虽然常做善事，积了些功德，但是过失也很多，拿功来抵过，恐怕还不够，光阴常是虚度。

自从己巳年听了云谷禅师的教训，我发愿心要做三千件善事，一直到己卯年，经过了十多年，方才把三千件善事做完了。

解读

了凡是一个勇于自省的人，也是一个善于总结的人，此处第一段就是了凡对自己开始改过之后一段时间言行举止的反思。他反思的时候，也是先从总体表现及原因入手，然后再具体分析自己的数种行为，言辞十分恳切。

首先，了凡从心理方面对自己改过自新的种种作为进行了反思，他认为自己"行义未纯"，也就是说，践行道义的时候，心思不纯净，有妄念；断恶修善时不纯粹，夹杂着许多其他的心思。这其实是和前文中的"无心"相互照应的，真正的修行应当是"无心"的，发乎自然，返璞归真，不是刻意为之，夹带许多私心杂念。这单凭能够践行道义这一点，和他之前"不能积功累行，以基厚福""矜惜名节，常不能舍己救人"相比，已然是巨大的进步了。但他是有愿的，想要改命的，因此对自己的要求就比较高，希望能够做到尽善尽美，常常会将自己的行为心思与云谷禅师开示的种种原则进行对比，对比之后发现不足，再度进行改正。然后，了凡从行为方面对自己改过自新的种种作为进行了反思，他认为自己"检身多误"，也就是说，他认真反思了自己的种种行为之后，认为行为中还是有很多失误，距离云谷禅师所说的境界还有差距。在从心理和行为两个层面对自己的改过经历进行总体反思、概括之后，他又将自己行为上的具体过失总结为了以下四种，那就是"见善而行之不勇""救人而心常自疑""身勉为善，而口有过言"及"醒时操持，而醉后放逸"。

"见善而行之不勇"，就是说做好事的时候，不能做到尽心尽力、勇往直前，往往会有些犹豫，有些迟疑，不能做到坚决果断。改过的过程中，了凡肯定是有意识地去做好事的，而且他想要中科举、育子嗣，在佛祖面前许下了做三千件善事之愿。做好事这个行为很重要，做好事时的心理状态也很重要。就像前面所说的念咒、画符，都是心无杂念之时，顺心由性而为，最灵验。行善事，不应该有功利心，否则就是向外求；应该发自真心地想要做好事，抱着"只问耕耘，不问收获"的心态去做，才能"无心插柳柳成荫"。

"救人而心常自疑"，就是说看到别人有困难，帮助人的时候，常常心生疑虑。这个疑虑可能来自两个方面：一个是不确定这个人是否真的需要帮助，毕竟社会中，用假苦难博取真同情的恶性事件层出不穷，所以犹疑不定也正常。另一方面，这个疑虑可能来自自己本身，是对自己是不是真的能够为别人提供帮助而心生疑虑。毕竟有句话说"帮人帮到底，送佛送到西"，若援助之手伸出，却无法将需要帮助之人彻底拉出泥泞，那么对自己、对他人，是不是都不好呢？也许这就是了凡"救人而心常自疑"的原因吧，若真如此，那就说明仍是杂念太多，无法辨别他人真伪，亦无法认清自己。

"身勉为善，而口有过言"，很容易理解，就是行为上勉勉强强能够做些善事，但是嘴巴往往不听使唤，还是改不掉原先"轻言妄谈"的毛病，常常会在言语上犯错。儒家主张，君子应当谨言慎行，"良言一句三冬暖，恶语伤人六月寒"，"病从口入，祸从口出"，语言向来都是极具杀伤力的武器。

三国时期的杨修，聪明过人，机警无双，最终却死于"话多"。杨修曾经担任主簿一职，当时相府大门正在修建，刚刚建好屋椽屋桷，曹操就亲临视察。曹操视察后，未置可否，只让人在门上题了个"活"字就离开了。众人不解，杨修知道后，便立即令人将此门拆除了。别人问他原因，他得意扬扬道："门中有'活'便是'阔'，丞相这是在说门建得大了。"

有一次，有人向曹操进献了一杯奶酪，曹操吃了一口，就在杯盖上写了个"合"字，给大家传看，众人都大惑不解。待奶酪传到杨修手中，他二话不说便吃了一口，并说道："丞相写的字，就是让我们一人吃一口啊！"

曹操长期屯兵在外，前有马超据守无法进攻，想要收兵返回都城，又怕蜀兵耻笑。正犹豫不决之时，侍从端上了一碗鸡汤，曹操看着碗中的鸡肋，若有所思。正在此时，夏侯惇前来禀请夜间口号，曹操随口说道："鸡肋！鸡肋！"杨修听说后，便令士兵收拾行装，准备撤兵。夏侯惇听说后，十分吃惊，跑来向杨修请教。杨修说："鸡肋鸡肋，弃

之可惜，食之无味。据此来看，魏王很快就要下令返回都城了。因此令人先行收拾行装，以免仓促错乱。"曹操本就心烦意乱，夜中巡视，见士兵都在准备行装，十分吃惊。得知是杨修参透自己的口号后，勃然大怒，以扰乱军心之罪，斩杀了杨修，并将他的头颅挂在了辕门之外。杨修之死，完全是因为口舌之快呀！不能不引以为戒，谨言慎行。

"醒时操持，而醉后放逸"，也很容易理解，就是不喝酒的时候，理智仍在，因此能够让自己的言行合于礼法规矩；但了凡"喜饮"，喝酒之后，往往会失态，行为放浪不受约束，容易激动，惹是生非。

经过了凡一番认真仔细的反省剖析，他平日善行积累的功德，和平时恶行犯下的罪过，竟然功过相抵了，一种虚度光阴的空虚之感油然而生。

"己巳岁""己卯岁"都是指年份，所用的是天干地支纪年法。我国自古便有十天干与十二地支，简称"干支"，甲、乙、丙、丁、戊、己、庚、辛、壬、癸十天干和子、丑、寅、卯、辰、巳、午、未、申、酉、戌、亥十二地支相结合，共组成六十种组合，一周期六十年为一甲子。其中十二地支又和十二生肖相对，即子鼠、丑牛、寅虎、卯兔、辰龙、巳蛇、午马、未羊、申猴、酉鸡、戌狗、亥猪。我国历史上许多事件，都以事件发生时的天干地支纪年命名，比如戊戌变法，就发生于1898年，因当年是戊戌年而得名。

原文

时方从李渐庵①入关，未及回向②。庚辰③南还。始请性空、慧空④诸上人⑤，就东塔禅堂回向。遂起求子愿，亦许行三千善事。辛巳⑥，生男天启。

注释

①李渐庵：人名，生平不详。

②回向：佛教的一种修行功夫。指自己所修的功德，不愿自己独享，而将之转归与法界众生同享，以拓开自己的心胸，并且使功德有明确的方向而不致散失。

③庚辰：此指公元1580年。

④性空、慧空：佛门法师德号，生平不详。

⑤上人：指有道德学问的出家人。

⑥辛巳：此指公元1581年。

译文

当时，我刚刚与李渐庵先生从关外回来，还没有来得及把所做的三千件善事的功德进行回向。到了庚辰这一年，我从北京回到南边，方才请了性空、慧空等有道的大和尚，在东塔禅堂完成了这个回向的愿心。那时，我起了求得儿子的心愿，也立愿做三千件善事。到了辛巳年，便生了儿子天启。

解读

　　了凡曾许愿要做三千件善事，他每日谨记，日日行善，历经十余年，才将这一心愿达成。完成所许之愿后，需要回向，但因为他随着李渐庵在军中从事，因此回向之事就耽搁了。直到庚辰年，了凡才从北京返回南方，于是邀请性空、慧空等大德，在东塔禅堂回向。至此，行善三千求科举一愿终得圆满。

　　根据孔老先生的推算，了凡命中无科举，亦无子。而后了凡机缘巧合得遇云谷禅师，懂得了立命改命之法，他日日自省、躬身实践，终于改变了自己的命运，考中了举人，且所发之愿也已圆满。亲身实践就是最有说服力的证据，有了这次通过改过自新、行善积德求得科举的成功经历，了凡便又起了求子之愿。和上次一样，他为求子，亦许下了行三千善事的愿。没想到，在辛巳年，也就是许愿的次年，了凡就有了自己的第一个孩子，了凡为他取名天启。了凡两次诚心以求，真心发愿，改过自新，都是未待完成三千善事之时，愿望就成真了。

原文

　　余行一事，随以笔记；汝母不能书，每行一事，辄用鹅毛管，印一朱圈于历日之上。

我每做一件善事，随时都用笔记下来；你母亲不会写字，每做一件善事，都用鹅毛管，印一个红圈在日历上。

解读

《了凡四训》本是了凡写给自己儿子袁天启的训文，是想用自己的亲身经历，教育儿子袁天启认识命运、明辨善恶、改过向善的书籍，因此最初名为《训子文》。后来为了启迪更多的人，才改名为《了凡四训》。文中"汝母不能书"一句中的"汝"指的就是他的长子袁天启。

本段说的是了凡为了完成所许的行善三千之愿，每日记录，和前文提到的功过格相似。了凡是读书人，识文断字，他每做一件善事就会随手记下；但是他的妻子，也就是天启的母亲并不会写字，所以她每每做一件善事，就会用鹅毛管，在日历上印一个红圈。这是生活中的小细节，但是从这个细节可以看出，了凡夫妇皆是行善积德之人，而且行善积德时，记录的形式可以不拘一格，可根据自己的实际情况加以变通，无须恪守定式。

原文

> 或施食贫人，或放生命。

译文

或是送食物给穷人，或放生，都要记圈。

解读

那么，如何做才算是行善呢？了凡在本段列举了两项，一是向贫困之人布施吃食，二是放生。现在也有许多人会许愿放生，尤其是买鱼或者买龟，有些地方甚至因为放生乌龟造成了物种入侵，这不是放生行善，反倒是作恶。所以，放生是一种形式，重要的是心诚，是心怀慈悲。有的人穿着皮草去放生，这样的人有慈悲心吗？有好生之德吗？没有买卖就没有杀害，与其非要买捕捉而来的动物放生，倒不如少买些皮草制品，让那些动物少受些苦难。

南北朝时期，南梁的开创者梁武帝萧衍，在位四十八年，随着年龄的增长，开始怠于政事，沉溺佛教。南梁官员郭祖深曾形容道："都下佛寺五百余所，穷极宏丽。僧尼十余万，资产丰沃。"在大修寺庙之外，梁武帝为显示自己对佛法的虔诚，曾四次舍身出家。普通八年，也就是公元 527 年的三月八日，萧衍第一次前往同泰寺舍身出家，然而国不可一日无君，在大臣的劝谏下，他于三日后返回，下令大赦天下，改年号大通。大通三年，也就是公元 529 年的九月十五日，梁武帝第二次到同泰寺舍身出家，他脱下帝袍，换上僧衣，开坛设讲，拒绝大臣请其回宫。群臣只得效仿民间还俗时向寺庙拿钱赎身的办法，于二十五日，捐钱一亿，向"三宝"祷告，请求赎回"皇帝菩萨"，二十七日梁武帝萧衍还俗。大同十二年，也就是公元546年的四月十日，梁武帝萧衍第三次出家，这次群臣用两亿钱将其赎回。太清元年，也就是公元547年的三月三日，梁武帝萧衍第四次出家，在同泰寺住了三十七天，四月十日朝廷出资一亿钱将其赎回。太清二年，也就是公元548年，"侯景之乱"爆发，梁武帝被囚在建康台城，待遇一日不如一日。次年某日，萧衍躺在台城皇宫净居殿，嘴里发苦，索要蜂蜜不得，在发出了两声"嗬！嗬！"的声音后，于饥渴交加中离世，享年八十六岁。

这个历史上真实发生的故事，对我们理解何为"善事"，有强烈的启发意义。

原文

一日有多至十余者。

译文

有时一天多到十几个红圈呢！也就是代表一天做了十几件善事。

解读

本段叙述了了凡夫妇行善事的频率，有时候一天之中就会在日历上画上十多个红圈，也就是说，每天竟然能做十余件善事。了凡前次许愿行善三千，用了十多年才完成心愿，计算下来，每天所作善事不足一件；这次许下行善三千以求子的心愿，做善事的频率比上次大大提高，一方面说明他对行善能够完成心中所愿十分坚信，另一方面也说明经过十余年的修行，他的修为已经大大提高，该过行善的毅力、决心都比前次有大幅度提高，是其认真修行的一种必然成果。

原文

至癸未①八月，三千之数已满。复请性空辈，就家庭回向。九月十三日，复起求中进士愿，许行善事一万条，丙戌②登第，授③宝坻④知县。

注释

①癸未：此指公元1583年。
②丙戌：此指公元1586年。
③授：本指教授的意思。此处可做补缺解释，就是补了宝坻县知县的缺。
④宝坻：县名，地处北京、天津、唐山三大城市的中心腹地。是著名的"京东八县之一"。经济发达，文化昌盛，民风淳朴，风光秀丽，素有"宝地"之称。

译文

到了癸未年的八月时，我所许下做三千件善事的誓愿才做完。我又请了性空和尚等，在家里上供回向众生法界。到了那年的九月十三日，我又发了求考中进士的誓愿，许愿做一万件善事。到了丙戌年那一年，我参加科举考试竟然考中了，吏部让我补了宝坻县知县的缺。

解读

本段主要叙述了凡第二次完成所需之愿及第三次许愿。我们知道，了凡第一次许愿求科第，用了十余年才完成了行善三千之愿，那么他第二次许愿求子，用了多久完成行善三千之愿呢？从庚辰年许愿，到癸未年完成，共计四年时间，也就是说，了凡仅用了四年时间就完成了以前十余年才能完成的行善三千之愿。发愿完满之后，了凡再次邀请性空等人，在家中做了回向。

癸未年九月十三日，了凡再次发愿，希望能够中进士，这次他所发之愿是行善一万，比前两次求科第、求子嗣之愿的行善三千足足多了两倍多。我国古代科举制度中，通过最后一级中央政府朝廷考试者，称为进士。进士亦是对我国古代科举殿试及第者的称呼。元、明、清时，贡士经殿试后，及第者皆赐出身，称为进士，其中一甲三人赐进士及第，二甲赐进士出身，三甲赐同进士出身。进士，是明清读书人的终极追求和无上荣誉，难怪了凡要许下行善一万之愿，求中进士。

果不其然，许愿之后三年的丙戌年，了凡就中了进士，并被授予了宝坻知县一职。宝坻现位于天津，离北京不远。在孔老先生为他推测的命数中，他本应去距离京城甚远的四川做知县，这是他断恶行善之后，命运发生的另一个实实在在的变化。而且，这些变化都是在他尚未完成所许之愿时完成的，可谓求仁得仁，感应很快。

原文

> 余置空格一册，名曰"治心篇"。晨起坐堂^①，家人^②携付门役^③，置案上，所行善恶，纤悉必记。夜则设桌于庭，效赵阅道焚香告帝^④。

注释

①坐堂：指做官的坐在堂上办公事，或是审问案子。
②家人：此指自己身边的下人。
③门役：看门人。
④帝：指上天。

译文

在做宝坻县知县的时候，我平时便准备了一本小册子，册中有一格一格的空格子，我称之为"治心篇"。早晨起来坐堂或审问案子的时候，我便叫当差的下人拿了这本"治心篇"交给看门的人，放在公事案桌上，将一天中所做的善事恶事，哪怕是极细小的，都一一记在这本"治心篇"上。每到晚上，我便仿照宋朝的赵阅道，在庭院里摆了香桌，将每天所做一切焚香祷告天帝。

解读

本段讲述了凡宝坻赴任之后，依旧坚持断恶修善。知县为一县之长，主理全县大小事务，了凡到任之后，不仅没有放松警惕，反而更加严格要求自己，谨慎行权，造福百姓。他特地准备了一本空白的册子，并为这本册子取名"治心篇"，每日记录自己的善行恶念。

每天一早起床到县衙办公，家中的仆人就会将这本册子交给县衙内的门役，门役把册子放在了凡的办公桌上，以备其实时记录自己的言行举止思想中的善与恶，他记录时，只求实事求是，不论善恶大小。每天处理完公务，回到家中，了凡都会无比虔诚恭敬地在庭院之中摆上桌案，效仿赵阅道，把一天中所做之事如实告知天地鬼神，不敢有丝毫隐瞒。随身携带"治心篇"记录自己的善行恶念，是了凡对自己言行举止的自我监督；每夜"效赵阅道焚香告帝"，是了凡虔诚地请求天地鬼神监督自己的言行举止。以上都是

了凡深刻自省、敦促自己断恶行善的手段。通过这些行之有效的手段，了凡日日践行行善修心的诺言，得益于上述种种漫长且虔诚的修行，了凡最终才能冲破命运的枷锁，谱写自己的命运之歌。

原文

> 汝母见所行不多，辄①颦蹙②曰："我前在家，相助为善，故三千之数得完；今许一万，衙中无事可行，何时得圆满③乎？"

注释

①辄：常常。

②颦蹙：指皱紧眉头忧愁的样子。

③圆满：佛教语。谓佛事完毕，没有缺陷、漏洞。

译文

你的母亲见我所做的善事不多，常常皱着眉头对我说："我以前在家里，帮助你做善事，所以你所许做三千件善事的愿心能够完成。现在你许下了做一万件善事的愿心，在衙门中又没有什么善事可做，这要等到什么时候，才能够圆满完成呢？"

解读

上段叙述了凡通过"治心篇"和"焚香告帝"的方式进行自我约束、自我反省，断恶修善，本段叙述的则是了凡妻子对他修身行善的监督与敦促。"汝"指了凡之子天启，"汝母"指天启的母亲也就是了凡的妻子。了凡之妻可谓贤妻，在了凡未为官之时，和他一起断恶行善，用鹅毛笔在日历上圈红记录。在了凡为官之后，因为无法接触外界，不能与之一起行善，便主动担当起了凡断恶行善监督官的角色。她常常皱着眉头对了凡说："原先有我帮你，你许下的行善三千之愿才得以完成。现在许下了行善一万的愿，在衙门中又少有善事可做，什么时候才能完成所许之愿呢？""蹙"是一个动词，有皱起、收缩之意；"颦"亦是皱眉之意，一般用于形容美人皱眉，成语有"东施效颦"。《红楼梦》中的黛玉有两弯似蹙非蹙罥烟眉，因此贾宝玉为她取"颦颦"二字相称，所以有时黛玉会被唤作"颦儿"。

原文

> 夜间偶梦见一神人，余言善事难完之故。神曰："只减粮一节，万行俱完矣。"

译文

在你母亲说过这番话之后，晚上睡觉我偶然做了一个梦，看到一位天神。我就将一万件善事不易做完的缘故，告诉了天神，天神说："只是你当县长减钱粮这件事，你的一万件善事，已经足够抵充圆满了。"

解读

俗话说："日有所思，夜有所梦"，妻子的劝诫了凡听在耳中记在心里，因此晚上就做了与之相关的梦。了凡梦到一位神人，于是他便将自己许下行善一万之事，及实现此愿的难处如实告诉了神人。没想到，天神却说："你为官之后，为百姓减轻钱粮负担，就这一件事，就已惠及众人，圆了行善一万之愿。"古时候将官员称为"父母官"，这就说明，身为知县，既负有领导百姓的责任，又负有爱护百姓的义务。为官之前，了凡的影响力有限，做一件好事不过惠及一人、数人；为官之后，他的种种举措，却会影响一县百姓，出台一项有益百姓的好政策，所行之善就比单纯地做一万件善事还多。因此，为官之人必须慎之又慎，因为他们的言行举止影响力太大。

了凡四训

原文

盖宝坻之田，每亩二分三厘七毫。余为区处[1]，减至一分四厘六毫，委[2]有此事，心颇惊疑。

注释

①区处：整理、处分之意。

②委：确实。

译文

原来，宝坻县的田地，老百姓每亩要还二分三厘七毫的田税。我觉得百姓赋税出得太多，所以我把全县的田赋清理了一遍，将老百姓每亩应该还的钱粮减到一分四厘六毫。这件事的确是有的。不过我心里边觉得颇为惊诧和疑惑，怎么一件小事情，就会被神明知道？这一件事情怎么就可以抵得上一万件善事呢？

解读

本段详细记述了袁了凡赴任知县后，减轻农民负担，减少赋税之事。在了凡赴任宝坻知县一职之前，宝坻的田赋是每亩二分三厘七毫。了凡赴任之后，觉得按照这样的比率收税，百姓负担太重，因此就将田赋由每亩二分三厘七毫降到了每亩一分四厘六毫，这是实实在在的事情，但是了凡"心颇惊疑"。了凡的惊疑主要来源于两方面：了凡之惊在于，他做了这件事，并未告知天神，天神如何得知？可见处处有神灵，不得不谨慎小心，恭敬从事。了凡之疑在于，他只做了降低赋税一事，田赋从每亩二分三厘七毫降到每亩一分四厘六毫，降低幅度的确不小，但这样的功德真的大到足以抵偿行善一万之愿吗？

田赋是我国旧时政府对拥有土地的人所课征的土地税。我国田赋制度起源于夏、商、周的"贡、助、彻"三法，而战国时期鲁国的"初税亩"（前594年）和秦简公"初租禾"（前408年）的实行则为封建社会的田赋制度奠定了基础。此后，田赋之名虽累经变换，有时称租，有时称税；收税方式也多有变迁，有时收实物，有时收银钱，但历来都是封建王朝的主要收入。2006年1月1日，我国废止《农业税条例》。这意味着，在我国沿袭两千多年之久的农业税的终结。作为政府解决"三农"问题的重要举措，停止征收农业税不仅减轻了农民负担，增加了农民权利，体现了现代税收"公平"原则，而且十分符合"工业反哺农业"的趋势。

了凡为百姓降低田赋，使得全县百姓都获得了实实在在的好处，减轻了他们的负担，是一件惠及万民的大好事。

原文

适①幻余禅师②自五台③来，余以梦告之，且问此事宜信否？师曰："善心真切，即一行可当万善，况合县④减粮，万民受福乎！"

注释

①适：正好，刚好。

②幻余禅师：生平不详。禅师，和尚的尊称。

③五台：五台山。位于山西省忻州市，位列中国佛教四大名山之首。

④合县：全县。合，全部，整个。

译文

那时候恰好幻余禅师从五台山来到宝坻，我就把梦告诉了禅师，并问禅师，这件事可以相信吗？幻余禅师说："做善事要存心真诚恳切，不可虚情假意，企图回报。那么就是只有一件善事，也可以抵得过一万件善事了。况且你减轻全县的钱粮，全县的农民都得到你减税的恩惠，千万的人民因此减轻了重税的痛苦，而获福不少呢！"

解读

了凡因妻子的劝诫，而为自己无法日日行善，早日完成行善一万之愿忧心，因此梦到了天神，天神对他说，他为百姓降低田赋之事，可抵行善一万之善。了凡对此既惊且疑，想不明白。刚好碰到幻余禅师从五台山而来，路过宝坻，便将所做之梦一五一十地告知了幻余禅师，向他请教，问梦中之言能否相信，若能信，那了凡行善一万之愿就完成了；若不能信，他仍需为完成行善一万之愿而日日记录、缓缓实现。幻余禅师从道理和实情两个方面对他的疑惑进行了解答，他首先从道理上来解，说"善心真切，即一行可当万善"，也就是说，只要行善之心真实、恳切，没有分别，没有执着，那么就算只做了一件善事，也可以抵得过一万件善事。然后，幻余禅师又从实情本身来为了凡解惑，他说："况合县减粮，万民受福乎！"就是说：你为全县百姓降低田赋，造福的何止万民呀！

了凡虽然还未能明白，只要真心行善，没有分别心，那么做一件善事就能修下和做一万件善事一样功德的道理。但是，他的确设身处地地为全县百姓着想，心存善念地为百姓减轻了田赋，因此单单就事而论，他这一个善举，惠及万民，也是可以抵得上一万件善事的。

古时候，我国的法制并不健全，虽然有"王子犯法与庶民同罪"之说，但这种说法更多地体现了法治理想，而不是现实。那时候，我国很大程度上是人治社会，因此百姓都期盼能够遇到青天大老爷。碰到积德行善的父母官，比如袁了凡这样的，百姓的负担就会降低，生活也能轻松些；若是碰到了恶官，那百姓就不得不在正常的赋税之外被搜刮更多，生活也会苦不堪言。古时官员有很强的权威性、很大的影响力，他做一件好事，就可能惠及万民；他做一件坏事，就可能会累及万民。这是其他行业都比不上的，因此有人说"公门好修福"。正因为如此，对官员的品德修养就有很高的要求。现代社会，职业愈发多样，科技的发展让传播方式愈加多样、快捷，拥有如古时官员一样影响力的人也愈来愈多。这些人，更应当审慎地对待自己的影响力，因为他犯一个错，就可能会被放大一百倍；他做一件好事，就能够影响许多人。

原文

吾即捐俸银，请其就五台山斋僧①一万而回向之。

注释

①斋僧：就是请出家的比丘来吃斋饭。请僧的斋菜，多为一大碗，里面含有几样素菜，混在一起，习称"罗汉菜"。

译文

听了幻余禅师的话，我立刻把自己所得的俸银捐了出来，请幻余禅师在五台山请一万位法师吃斋，作为自己完成所许之愿的回向。

解读

了凡听罢幻余禅师一番入情入理的分析解答，十分认可他所说的话。便当机立断地把自己的俸禄拿出来交给了幻余禅师，请他用自己的俸禄到五台山上去"斋僧一万"，作为自己完成所许之愿的回向。所谓斋僧就是请僧人吃斋饭。五台山位于今山西省忻州市，西南距省会太原230公里，与浙江普陀山、安徽九华山、四川峨眉山一起，被称为"中国佛教四大名山"。五台山并非一座山，它是坐落于"华北屋脊"之上的一系列山峰群，东台望海峰、南台锦绣峰、中台翠岩峰、西台挂月峰、北台叶斗峰环抱整片区域，顶无林木而平坦宽阔，犹如垒土之台，故而得名。据传，五台山共有寺庙128座，现存寺院47处，台内39处，台外8处，其中多敕建寺院，历史上有许多皇帝前来参拜，其中较为著名的寺庙有：显通寺、塔院寺、菩萨顶、南山寺、黛螺顶、广济寺、万佛阁等。

原文

孔公算予五十三岁有厄①，余未尝祈寿，是岁②竟无恙，今六十九矣。

注释

①厄：灾难。
②是岁：此指了凡先生五十三岁那一年。

译文

孔先生给我算命，说我命中到五十三岁时会有灾难。我虽然没有向上天祈求长寿，但是到了五十三岁那一年，我竟然没有一点病痛。现在，我已经六十九岁了。

解读

前文中，孔老先生曾为了凡算一生之命，算定他命数中无科第、无子，本该在五十三岁寿终正寝。此后，了凡遇到云谷禅师，经过云谷禅师的开示，了凡懂得了断恶修善、行善积德、向心而求便能立命改命，此后，了凡先后求科第、求子，无不应验，只是他从未求长寿，却"是岁竟无恙"。"是岁"指的就是他五十三岁，命中本该去世的那年，"无恙"就是无病无灾，一切安好。而后，了凡竟健健康康地一直活到了写此文章时的六十九岁。前面也说过，做到"夭寿不贰"是最重要的，因为生与死囊括了人世间的一切顺境、逆境，若能做到"夭寿不贰"，那就真正做到了没有分别心。向心向内而求，的的确确给了凡的命运带来了十分直观、十分根本的改变。

原文

> 书①曰："天难谌②，命靡常③。"又云："惟命不于常④。"皆非诳语。

注释

①书：指《尚书》。
②谌：相信。
③靡常：不是固定的。靡，不，没有。常，恒常，固定。
④惟命不于常：惟，发语词，无意义。于，介词，表某方面。全句意思是指"命运不是固定不变的"。

译文

《尚书》中说："天道是难以确信的，而命运也是没有定轨的。"又说："人的命运不是固定的。"这些话，都不是骗人的假话。

解读

了凡断恶行善、修身修心之后，再看原来熟读的经典，感悟便不同了。本段中，了凡引用《尚书》中"天难谌，命靡常"之言，表达自己对于天命、命运的看法，可见命由己立、命由己造的观念已深入其心。

《尚书》又称《书》《书经》，是我国第一部古典文集和最早的历史文献，以记言为主，是一部涵盖了自尧舜到夏商周两千余年的历史文献。《尚书》分为《虞书》《夏书》《商书》《周书》。战国时期总称《书》，汉代改称《尚书》，因其为儒家五经之一，因此又被称为《书经》，现在留存于世的版本中，真伪参半。《尚书》之名的来历，认可度较高的有以下三种说法：一种说法认为，"上"即上古之意，《尚书》即"上古之书"；第二种说法认为，"上"乃"至高无上、尊崇"之意，认为《尚书》是"至高无上之书、众人尊崇之书"；第三种说法，因书中记载的多为臣下奏对"君上"的言论，故将"尚"理解为"君

上、君王"之意。

"天难谌，命靡常"，"谌"是相信的意思，"靡"是没有的意思，"天难谌，命靡常"的意思就是：不能轻信天道，人的命运也非常数，并非一成不变。人的命运是可以通过积善行德来改变的，只要不断向心而求，向内而求，那么天道就会有所感应，命运也会悄然改变。

经典之所以为经典，就是因为它能够经受住时间的考验，是许多人躬身实践、验证无虞的，亦是常读常新的。经典之中蕴藏着人生的智慧，若能认真体悟、躬身实践，那么必然会受益无穷。这是了凡求子得子、求科举得科举，断恶修善，修身修心，虽未求长寿却得长寿后，以自己的亲身经历体悟到的最真诚、最简单的道理，那就是经典之中的教训，都是实实在在的，"皆非诳语"。

原文

吾于是而知，凡称祸福自己求之者，乃圣贤之言。若谓祸福惟天所命，则世俗之论矣。

译文

我也因此才知道，凡是说一个人的祸福，是要自己去求才能获得的，这实在是圣贤之言。若是说一个人的祸与福，都是上天注定的，那只不过是世间庸俗之人的论调罢了。

解读

圣贤和凡人有何区别？凡人因循命运，认为一切皆是天注定，或浑浑噩噩、得过且过，或毫无顾忌、破罐破摔，以致善无所积，恶日有增，到头来，还会说，一切都是命，半点不由人。圣贤则不同，圣贤知道命运可以自己掌握，他们身处困境之时，也能自我勉励，自我鞭策，不屈不挠；身处顺境之时，也能谨慎小心，戒骄戒躁，因此圣贤掌握自己的命运、改变自己的命运，并以一己之力，开示众人，教他们自我立命之道。

原文

汝之命，未知若何？即命当荣显①，常作落寞②想。

注释

①荣显：荣贵显达。

②落寞：寂寞，冷落凄凉。常用于形容人寂寞的心境或者状态。

译文

你的命，不知道究竟怎么样。但即使你命中应该荣贵发达，你也还是要有常常不得意的想法。

解读

了凡年少时遇到了孔老先生，孔老先生早就将他一生之命算定，了凡因此淡然无求，不行善亦不作恶，所以处处皆验。后来，了凡遇到了云谷禅师，云谷禅师循循善诱地将自我立命之说开示于他，了凡通过身体力行，感悟到了命由我立、命由我造之理。了凡求子得子之后，并未替儿子算命，既然命由己造，那么就无须在意命运中的定数，只要行善积德、修身修心便好。因此，了凡教育儿子道："即命当荣显，常作落寞想"，就算你命中注定荣华显耀，那也不应沾沾自喜，也还是要谦虚知礼、谨慎恭敬，常想想若落寞不得志了，该当如何自处。这是了凡教育儿子，无论命运如何，都要断恶修善、修身积德。

原文

即时当顺利，常作拂逆①想。

注释

①拂逆：指违背，违反。

译文

就算碰到顺当吉利的时候，也要常常当作不称心、不如意来想。

解读

了凡教育儿子如何对待荣华显耀之后，又教育他如何面对顺境。他对儿子说，就算你现在事事顺利、如意，也不该掉以轻心、粗心大意，还是应当谨慎小心，想想若是身处逆境、遇到困难了，该如何面对、处理。

春秋时期，吴王夫差继位后，为洗雪其父阖闾败给越王勾践的耻辱，励精图治，吴国国力大增。在夫椒之战中，夫差大败越国，攻破越国都城会稽，迫使越国屈服。越王勾践及其夫人为保全性命，不得不来到吴国，成为夫差的奴隶。此后，夫差又于艾陵之战打败齐国，全歼十万齐军；于黄池之会与中原诸侯歃血为盟。越王勾践卧薪尝胆、坚韧不拔，假装低眉顺眼地侍奉夫差，骗取夫差的信任；还从越国源源不断地运来金银美女，贿赂吴国太宰伯嚭。一路顺遂的夫差，在伯嚭的巧言令色之下，逐渐放松了对勾践的防备，竟然认为其真心归服，不听伍子胥的劝谏，放其归越。勾践归国后，不忘会稽之耻，逐渐恢复国力。趁夫差举全国之力赴黄池之会时，越军趁机攻入吴国，杀死吴太子。夫差与晋国争霸成功，夺得霸主地位后匆匆赶回。公元前473年，越国再次兴兵，吴国被灭，夫差自刎。夫差之败，原因颇多，但与其长期身处顺境，放松警惕，大意轻敌，有着必然的关系。

原文

即眼前足食，常作贫窭①想。

注释

①贫窭（jù）：贫穷。窭，本义指贫穷得无法备礼物，亦泛指贫穷。

译文

就算眼前有吃有穿，还是要当作没钱用，没有房子住想。

解读

了凡教育儿子谦虚、谨慎地面对荣华显耀和顺境之后，又教育他做人要节俭，就算眼前丰衣足食，也要节俭度日，常想想若没钱花、没房住该如何自处。孟子认为大丈夫的标准之一就是"富贵不能淫"，也就是人在富贵之中，更要节制、节俭，不能挥霍，这和了凡教育儿子"即眼前足食，常作贫窭想"有着异曲同工之妙。

深受人民爱戴的周恩来总理，在担任总理的二十六年间，只穿了三双皮鞋，一双凉鞋。鞋底磨坏了，就换底换掌，从不要新鞋新衣，只要原来的衣服鞋子还能用，他就缝缝补补接着穿。尽管周总理的许多照片都是风流倜傥、衣服笔挺整洁，但其实外套里面的衣服基本上都有补丁。因为周总理习惯穿中山装，中山装穿在外边，只能看到里面衣服的领口、袖口，所以，过一段日子，周总理就会将袖口、领口换一下，而其他部位却打着许多补丁。周总理有一件蓝白条的睡袍，上面一共打了几十个补丁。老一辈革命者为了百姓披肝沥胆，自己却始终保持着艰苦朴素的作风，让人敬佩不已。

原文

即人相爱敬，常作恐惧想。

译文

就算旁人喜欢你，敬重你，还是要常常小心谨慎，作恐惧想。

解读

本段了凡又教儿子与人相处之道。其实与人相处，我们决定不了别人，只能不断完善自己，所以了凡对儿子说："即人相爱敬，常作恐惧想。"就算别人对你爱护、尊敬有加，你也要常常自省，自己何德何能让人尊敬爱护；要常怀恐惧之心、敬畏之心，不要把别人对自己的好认为是理所应当的；别人对自己好，自己更要谦虚谨慎，这样才能对得住别人，也才能让别人继续喜欢自己、敬重自己，万万不能恃宠而骄。

原文

即家世望重①，常作卑下②想。即学问颇优，常作浅陋③想。

注释

①望重：名望显赫。

②卑下：低下，卑屈。

③浅陋：指见闻狭隘，见识贫乏。

译文

就算你家世代有大声名，人人都看重，还是要常常当作卑微想。就算你学问高深，还是要常常当作粗浅想。

解读

本段了凡继续教育儿子做人要谦虚谨慎，就算自己家家世显赫，亦不能骄傲自满、目中无人，要常作地位卑下之想。这一点，在现代社会尤为难得。不论前些年闹得沸沸扬扬的"我爸是李刚"，还是因为涉嫌轮奸案被刑拘的李天一，都是因为自己家里有人掌权，便以特权阶级自居，目中无人，视法律为儿戏。尽管这些人最终都受到了应有的制裁，但这些使得群情激愤的恶性事件，也在为这个世界敲响警钟，警示这些不遵纪守法、高傲自满、自以为高人一等的人，要有一颗平常心，别忘了常作卑下想。

除此之外，了凡还教育儿子，就算成绩优异、才高八斗，也不要恃才傲物，一定要谦虚谨慎，常作学问浅陋之想。傲慢之人最容易故步自封，谦虚之人才能始终保持进步。

原文

远思扬①德，近思盖②父母之愆③；上思报国之恩，下思造家之福；外思济④人之急，内思闲⑤己之邪。

注释

①扬：宣扬，传播。

②盖：隐藏，遮盖。

③愆：过失。

④济：帮助。

⑤闲：防范。

译文

从远处来看，你要想到如何去传扬祖先的遗德；从近处看，你要想到如何去弥补、遮掩父母所犯的过失，免于暴露。向上讲，你应该要想着报答国家的恩德；向下讲，你应该要想着为一家造福。对外来讲，你应该要想着救济别人的急难；对内来讲，你应该要想着如何防范自己的邪念。

解读

了凡教给儿子对人、对事的态度之后，又将视角放到了儿子自身的修养之上，对他说做人一定要孝、忠、善、自省。这是对儒家"修身齐家治国平天下"主张的继承和发扬。

"远思扬德，近思盖父母之愆"，是孝。古代不像现在这样都是小家庭，古时候一个大家族往往是生活在一起的，十分注重家族传承，因此说"百善孝为先"。如何做才能算得上孝呢？往大了说，往远了看，就是说话做事的时候，要时刻谨记传扬祖先的德行；往小了说，往眼前看，就是说话做事的时候，要能够想着弥补父母的过失。

"上思报国之恩，下思造家之福"，是忠，亦是孝。封建社会强调"忠君爱国"，现代社会虽不再需要"忠君"，但依旧需要传承爱国思想。国家是每个人坚强的后盾，国家富强，人民才会幸福，因此要时刻爱国，有能力的时候还要想着报国。钟南山院士八十岁高龄仍旧奔波在抗击疫情一线，就是因为他有一颗拳拳爱国、报国之心，是所有后辈学习的榜样。"下思造家之福"，家庭是社会的细胞，家庭和谐了，社会才能稳定。古时候十分强调人的家庭属性、社会属性，一个家族往往是荣辱与共的。天启是了凡的长子，将来是要继承家业、顶门立户的，所以了凡教育他，说话做事，要常思为家族造福。

"外思济人之急，内思闲己之邪"，对外，要有恻隐之心，要有善心，看到别人身处危急之中，要能够积德行善，施以援手。对内，要有反省之心，要有改过之心，要时刻警惕自己的妄念、邪念，知道自己的本分，不断修身养性。

原文

务要日日知非，日日改过；一日不知非，即一日安于自是[1]；一日无过可改，即一日无步可进。天下聪明俊秀不少，所以德不加修、业不加广者，只为因循[2]二字，耽阁[3]一生。

注释

①自是：自以为是。
②因循：指贪图安逸，得过且过。
③耽阁：同"耽搁"。耽误的意思。

译文

一个人一定要能够时刻反省自己的行为，知道自己的过失所在，每天一定要将自己的过失一一改正；只要一天没有意识到自己的过失，那么自己就会永远只图安逸，自以为是；如果每天都觉得无过可改，那么也就永远不会有进步的机会了。天底下聪明俊秀的人才实在是不少，但他们却不知道去修养自己的德性，努力增加自己的学识，扩大自己的事业。这只是因为他们受了得过且过思想的影响，只知道贪图安逸，不思进取，所以耽搁了他们一生一世。

解读

了凡苦口婆心地教导儿子"日日知非，日日改过"之后，犹嫌不够，接着从反面阐述了若不能做到"日日知非，日日改过"的后果：若是一天不知道自己错在何处，那么就会安于现状、自以为是一天；若一天没有错误可改，那么这一天就无法取得进步。这依旧是在说，立命改命，重在积累，没有捷径。只有一天一天的苦功夫下下去，每日自省、知非、改过，才能每天进步一点点，终至大成。

了凡说，世间聪明俊秀之人非常多，但是这里面有很多人，生性懒散、得过且过、不思进取，他们既不肯下功夫去修炼自己的德行，又不肯努力为事业奋斗，完完全全被自己得过且过、贪图安逸的"因循"之心所困，成了被命运摆弄的木偶，耽搁一生、虚度一生，白白浪费了自己的聪明才智。

了凡借用反例，鞭策儿子积善行德，主宰自己的命运。

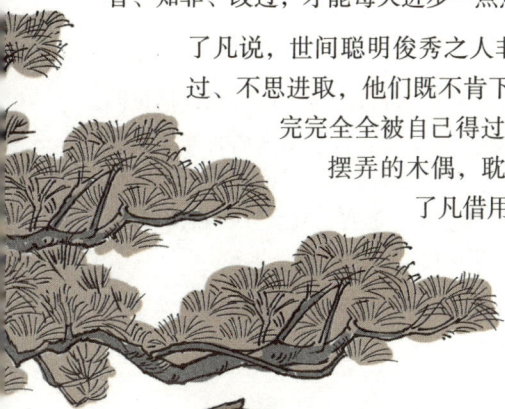

原文

云谷禅师所授立命之说，乃至精至邃^①、至真至正之理，其熟玩^②而勉行之，毋自旷^③也。

注释

①邃：深邃，深奥。
②玩：体会。
③旷：荒废；耽误。

译文

云谷禅师所教立命之说，实在是最精、最深、最真、最正的道理。希望你一定要细细研究体会，并且要尽心尽力去实行，切不可把自己的大好光阴荒废了啊。

解读

了凡遇到云谷禅师，懂得了立命改命之法，深以为然，时时践行。他不想让这世间最精彩、最深邃、最真实的理论被埋没，因此就将其写了下来，传授给天启，希望天启也能按照此法修行，将命运牢牢掌握在自己手中。了凡对天启说，云谷禅师教给我的立命之说，是这个世界上最精彩、最深邃、最真实的道理，你一定要认真研究、熟读深思、用心体会，然后在生活中勉力践行，这样才不会让光阴虚度，白白耽误一生！

了凡对云谷禅师立命之说的深信不疑，对儿子谆谆教诲的爱子之心，都浓缩在了这短短的几句话中，情真意切，既令人感动，又发人深省。

第二篇 改过之法

春秋①诸大夫，见人言动，亿②而谈其祸福，靡不验者，左、国③诸记可观也。

注释

①春秋：中国历史阶段之一。具体的起讫时间有三种说法：一种认为是公元前770—公元前476年，一种认为是公元前770—公元前453年三家灭智，第三种说法认为是公元前770—公元前403年三家分晋。孔子曾作《春秋》，记载了当时鲁国的历史，而这部史书中记载的时间跨度，从周平王四十九年开始，到周敬王三十九年，共计242年，正好与春秋时代大体相当，所以后人就将这一历史阶段称为"春秋时代"。

②亿：应同"臆"，猜想之意。

③左、国：指《左传》与《国语》二书。

译文

春秋时期各国的卿大夫们，他们每每通过一个人的语言、行为，加以分析，便能判断这个人未来的吉凶祸福，并且没有不灵验的。这在《左传》《国语》等各类记载史实的书中都能看得到。

解读

了凡以《左传》和《国语》两部史书为例，阐明春秋时期各位大夫能够根据人的言行举止推断其祸福吉凶，十分灵验。而且，根据这两部史书的记载，当时各国大夫不仅能够根据人的言行推断一个人的祸福吉凶，甚至能够推断出他的整个家族甚至国家的兴衰成败。这一方面说明了古人见微知著的观察能力，另一方面也说明了一个人的行为与其前途命运息息相关。

《左传》全称《春秋左氏传》，是儒家十三经之一。《左传》相传是春秋末年鲁国史官左丘明根据鲁国国史《春秋》编著而成，除阐释《春秋》的思想之外，其艺术成就也很高，是我国古代文学与史学完美结合的典范，对后世史书、小说、戏剧的写作都产生了深远的影响。

《春秋》，是鲁国的史书，记载了从鲁隐公元年（前722年）到鲁哀公十四年（前481年）的历史，是我国现存最早的编年体史书，相传由孔子修订而成。《春秋》用于记事的语言极为简练，然而几乎每个句子都暗含褒贬，因此被后人称为"春秋笔法"。由于《春秋》的记事过于简略，因而后来出现了很多对《春秋》所记载的历史进行详细注解的"传"，较为有名的是被称为"春秋三传"的《左传》《公羊传》《谷梁传》。

《国语》又名《春秋外传》或《左氏外传》，相传为春秋末鲁国的左丘明所撰，但现代有的学者从内容判断，认为是战国或汉后的学者依据春秋时期各国史官记录的原始材料整理编辑而成的。《国语》是中国最早的一部国别体史书，共二十一卷（篇），分为周、鲁、齐、晋、郑、楚、吴、越八国，记录了自西周中期到春秋战国之交约五百年的历史。

了凡四训

原文

大都吉凶之兆，萌①乎心而动乎四体②。其过于厚者常获福，过于薄者常近祸。俗眼多翳③，谓有未定而不可测者。

注释

①萌：萌芽，刚发生。
②四体：人的四肢。
③翳：遮蔽，障蔽；遮蔽物。

译文

大凡一个人在尚未发生事情之前，预先显露出的吉凶祸福的征兆，都是发自他的内心，而表现于他的外在行为。凡是那些待人处事比较稳重、厚道的人，常常能够获得较多的福报；而那些行为不庄重、过分刻薄的人，常常会招致灾祸。一般人学问不深，见识浅陋，没有识人之明，就像是眼睛被眼翳病遮蔽了一般，什么也看不清楚，却还说祸福是无定的，是无法预测的。

解读

本段是对上段内容的进一步解释，为什么春秋时期诸位大夫，能够根据人的言行举止来推断一个人的吉凶祸福，且每次推断都十分灵验呢？那是因为，在事情发生之前都

会有一定的吉凶征兆，这些吉凶征兆会从一个人的内心萌生而出，然后表现在他的言行举止之中。所以说，古人可以见微知著地通过一个人的言行举止推断他的内心走向，然后再推测出这个人甚至一个国家的祸福吉凶、兴败存亡。比如，一个自私自利的人，我们很容易推测出他不会有好朋友，待他危难之间，也鲜有人伸以援手；一个心存善念、乐于助人之人，必然会受人尊重，那么他有难之时，必然会有很多人主动来帮忙。

做事厚道的人，能够为人着想、帮助别人，因此他就会受人喜欢，在他需要帮助的时候，也会有人愿意伸出援手，他因为自己的厚道而获得了福气。尖酸刻薄、心胸狭窄的人，心中只有自己，没有别人，这样的人必然不会受到别人的喜爱，这样的人一方面很容易遇到灾祸，另一方面遇到灾祸之后也很少有人愿意帮他，因此很难转危为安。不过，世间凡俗之人，就像是被蒙住了眼睛一般，认不清这个道理，他们总以为福祸是玄学，深不可测，不能自己掌控，这是完全错误的。

原文

至诚合天①，福之将至，观其善而必先知之矣。祸之将至，观其不善而必先知之矣。

注释

①合天：合乎自然；合乎天道。

译文

一个人如果能以至诚之心待人，那他的心就与天道相吻合。一个人福报将要到的时候，只需看他所做的善行，就必能预先得知；灾祸将要降临时，只需看他所做的恶行，也必定能够预先推测得到。

解读

怎样才能超脱凡夫俗子之间，提前预知福祸，甚至主导福祸呢？了凡认为，要做到四个字，那就是"至诚合天"。

"至诚"是说人，人要有真心，首先要对自己真诚。修身的过程中，大部分时间是没有外人监督的，每日修行如何，自省如何，错在哪里，是否改正，都需要靠自己的毅力。若人对自己不真诚，难免讳疾忌医，不肯承认自己的过错，那也就无从改了。不知错，不改错，做不到"日日知非""日日改过"，如何能够断恶修善，积善行德，立命改命呢？

在做到对自己真诚之后，还要做到对人真诚。对人要心存善念，要有扶危助困之心，不能心存偏见、恶念、分别，要保持心灵的纯净、平等，发自内心地与人为善、替人着想，这样的心才算得上"诚"。

对己对人都能真心以待，纯净自然，没有分别，那么人就寻回了自己的本性，这样的本性是和天道相合的。也就是说，发自内心地、至真至诚地起心动念，就是合乎自然的。以这样的心性对人对事，就能够以自然之眼、以自然之心洞悉祸福。

所以说，"至诚"是条件，是需要不断修行达到的状态；"合天"是结果，是修行到一定境界后自然而然具备的能力。

本段继续对福祸皆有预兆的观点进行阐释：福气将到之时，只需观察人的善念、善行即可预知；祸事将到之时，只需观察他的恶念、恶行便能预知。发生在历史上的许多活生生的事件，早已为此提供了无可辩驳的论据。两千七百多年前的春秋时期，就有一个不善之人，用他的不善之举，向世人证明了"多行不义必自毙"的道理。

春秋时期的郑国国君郑武公娶了一个名为武姜的女子为妻，武姜先后生下了庄公和共叔段。庄公出生时脚先出来，武姜受到惊吓，因此十分厌恶这个儿子，并为他取名"寤生"。武姜偏爱共叔段，想立共叔段为世子，多次向武公请求，武公都不答应。

庄公即位后，武姜替共叔段请求分封到制邑。庄公说："制邑乃险要之地，虢叔就殒命于此，不如考虑一下其他城邑。"于是武姜要求将京邑封给共叔段，庄公应允，此后共叔段被称为京城太叔。大夫祭仲说："分封之地的城墙长度若超过三百方丈，就会成为国家的祸害。国内最大的城邑不能超过国都的三分之一，中等的不得超过五分之一，小的不能超过九分之一，这是先王定下的规矩。京邑城墙不合规矩，怕是会对您不利。"庄公说："姜氏所求，这样的祸害怎能躲开呢？"祭仲答道："姜氏根本不知道什么叫满足，不若及早处置，以免遗祸无穷。蔓延的野草尚且无法清除干净，何况牵涉到您最受宠的弟弟。"庄公说："多行不义必自毙，姑且等之。"

没过多久，在太叔段的怂恿之下，原属郑国的西部和北部边邑也背叛郑国，投靠了他。公子吕说："国无二主，国君想要如何处置？若国君想要将郑国交给太叔我就去服侍他；若非如此，还请早下决断，除掉太叔段。"庄公说："无须如此，他很快就大祸临

头了。"而后，太叔又将两属的边邑收归己有，统辖区域一直扩展到了廪延。公子吕说："是时候采取行动了！辖区日益扩大，他就要得到百姓的拥护了。"庄公说："对君主不忠，对兄长不恭，辖区再大，也得不到人心。"太叔修治城郭，聚集百姓，修整盔甲武器，准备好兵马战车，将要偷袭郑国。武姜打算开城门做内应。庄公得到消息后，说道："是时候反击了！"令子封率领车二百乘，讨伐京邑。京邑百姓纷纷背离共叔段，共叔段逃往鄢城。庄公紧追不舍，太叔段又逃到了共国。

原文

今欲获福而远祸，未论行善，先须改过。

译文

现在如果想得到福报而避开灾祸，在还没有讲到行善之前，必须先从改正过失开始做起。

解读

福祸皆有预兆，只有至诚之人，心灵纯净，既无妄念，又无分别，才能寻回本性，本性合于自然规则，自然能够明辨福祸。那么如何做才能获得福报，远离灾祸呢？了凡认为首先要做的就是改过，改过要做在行善之前。改过是行善的先决条件，如果没有把身上的缺点错误改正过来，或者改得不彻底，不完全，那么言行举止之中依旧存在恶的成分，夹杂着恶念去行善，这样的善是不纯粹的，也不容易见效果。

"未论行善，先须改过"为读者指明了修身立命是有轻重缓急和先后顺序的，是循序渐进的，不能毫无重点、毫无逻辑地眉毛胡子一把抓。本书立命之学、改过之法、积善之方、谦德之效由前向后依次而排，并不是作者偶然为之，而是了凡按照总体论述立命之学的基本观念，具体讲解立命方法中如何改过、如何行善，最终收获谦德之效的内在逻辑进行排列布局的，学习时一定要认真体悟，千万不能颠三倒四乱了章法。

本段引出了改过之法，此后各段，了凡又提纲挈领地论述了如何改过，改过之法亦有先后顺序、轻重缓急。

原文

> 但改过者，第一，要发耻心。

译文

凡是要改正过失的人，第一，要发起羞耻心。

解读

了凡认为，要改正自身的错误，最重要的一点就是要有羞耻心，羞耻心是改错的前提。这和儒家强调的"知耻近乎勇"是一脉相承的。"勇"即勇敢，亦包含有勇于改过之意。将羞耻和改过联系起来，或者说将羞耻和勇敢等同，就是要赞扬、推崇知耻并勇于改错的品质。"人非圣贤，孰能无过"，有错并不可怕，可怕的是毫无羞耻心，不觉得自己有错；或者就算有错也毫不在意，坚决不改，这样的人是很难改邪归正的。对待既往过错的态度，决定了此后将会采取的行为，所以了凡认为有羞耻心是改过的前提。

原文

> 思古之圣贤，与我同为丈夫①，彼何以百世可师？我何以一身瓦裂②？

注释

①丈夫：此指男人，男子汉。
②瓦裂：像瓦片一般碎裂。比喻分裂或崩溃破败。

译文

试想，古代的圣贤跟我们一样是个男子汉，他们为什么能够千古流芳，成为大众学习的榜样？而我为什么一事无成，甚至到了声名败坏的地步呢？

解读

既然改过的前提是要有羞耻心，那么如何才能有羞耻心呢？这就需要自省与对比。怎样对比？和谁对比？了凡选择的比较对象，标准很高，他用自己和古代的圣贤相比：想来古代的圣贤和"我"都是立于天地间的人，为何人家能够成为圣贤，流芳百世，让后人效仿，成为楷模呢？为何都是人，偏偏"我"做不到人家那样，反而像个破碎的瓦罐一样，一文不值呢？

了凡的这个对比中包含了一个前提，那就是"我"与圣贤都曾是凡人，原本并无甚区别。人家之所以成为圣贤，是因为努力、自省、勤谨等优良品质；凡人通过修炼本也可以掌握命运，有一番作为，可是大部分凡人并未如此行事，因此才"一身瓦裂"，这是十分让人羞耻、羞愧的。在这种羞耻心的鼓舞下，若能勇于认过、勇于改错，那么还是有机会摆脱一文不名的命运，成为百世可师的圣贤的。

提到百世可师，最当之无愧的就是孔子。孔夫子何止百世可师？他是万世师表，有圣人之称。孔子生于春秋乱世，早年生活极为困苦，但他依旧勤奋好学。其主张在他在世时，并未受到重用，可是这并没有影响他克己复礼、严于修身。政治抱负得不到施展，孔子并未自暴自弃，而是著书立说，投身教育事业，开创私学。孔子的弟子多达三千人，贤人七十二，有很多成了各国的栋梁。

原文

> 耽染①尘情②，私行不义，谓人不知，傲然无愧，将日沦于禽兽而不自知矣。

注释

①耽染：污染，沉溺。
②尘情：犹言凡心俗情。

译文

这都是由于过分沉溺于逸乐，受到世俗欲望的染污，并且偷偷地做些伤天害理的不合乎义理的事，还以为别人不知道而表现出一副傲慢的样子，没有一点羞耻之心，就这样一天天沉沦，逐渐变成了禽兽之流，自己却没有发觉。

解读

了凡在上段提出了"古之圣贤，与我同为丈夫，彼何以百世可师？我何以一身瓦裂？"的问题，其实这个问题本身就足以让人生羞耻心：同为丈夫，有的人成了百世敬仰、效仿的榜样；有的人却一文不名，如同破碎的瓦罐一样。将自己代入其中，的确可耻。那么，这种让人羞耻的差距是如何产生的呢？了凡在本段给出了解答。

凡夫俗子的第一大问题在于"耽染尘情"。"耽"是沉溺其中，无法自拔之意。《诗经·氓》中写道："士之耽兮，犹可说也；女之耽兮，不可说也。"就是说，男子陷入爱情之中，尚能脱身而出；女子沉迷爱情之中，往往会难以自拔。"染"是沾染，受到污染之意。"尘情"就是尘世间的情感，人的七情六欲。"耽染尘情"四个字合在一起，就说明了凡夫俗子与圣贤的最大区别就在于：凡夫俗子丢掉了清净心，失去了本性，沉迷于各类情感之中，无法自拔。圣贤并非淡漠无情，只是他们会用礼法来约束、控制自己的感情，不沉迷、不放纵。孔子常常感慨"礼崩乐坏"，"礼"就是人们言行举止应遵循的规矩，圣贤能够在这个规矩之中行事，就能做到不偏不倚。凡俗之人，不讲礼仪，不懂节制，看到好吃的就拼命去吃，难免伤及肠胃；看到美景美人就挪不开双眼，百姓误己，位高权重之人则有误国之虞。开创了"开元盛世"的唐玄宗，志得意满，沉迷享乐，没有了先前的励精图治精神，也没有改革时的节俭之风了，重用口蜜腹剑的李林甫，日日梨园取乐，朝朝与杨贵妃相伴。为了讨贵妃的欢心，李隆基费尽心机。为了迎合杨贵妃喜爱华服的心理，单单为贵妃制衣之人就多达七百余人。为了让杨贵妃吃上喜欢的荔枝，开辟从岭南到京城长安的几千里贡道，以便荔枝能及时地用快马快速运到长安。有了杨贵妃，李隆基的奢侈之风越来越盛，大臣、贵族、宗室为了巴结皇帝，投杨贵妃所好，又刺激更多的官僚贵族巴结逢迎。其族兄杨国忠也平步青云，做上了唐朝宰相。杨贵妃的姐姐们也得到了恩惠，大姐被封为韩国夫人，三姐被封为虢国夫人，八姐被封为秦国夫人，以致世人"不重生男重生女"。结果，"渔阳鼙鼓动地来，惊破霓裳羽衣曲"，安史之乱皇帝仓皇西逃，美人殒命，这都是"耽染尘情"之故。

凡夫俗子的第二大问题在于"私行不义"。凡夫俗子不能做到慎独，私下里的行为常常不合道理、不合情理、不合法理。也就是说，圣贤可以做到慎独，但是凡夫俗子做不到。有人监督的时候，尚能装模作样地做点好事，无人监督的时候，完全不能自律，经常行不义之事。不仅行不义之事，还存在侥幸心理，认为自己做的坏事没人知道。古语早就说过"若想人不知，除非己莫为"，做了不义之事，还认为自己做得隐蔽，无人知晓，

这便是根本认识不到自己的错误，遑论改正错误？

最可悲之处在于，"私行不义，谓人不知"后，他不是想着悄悄改正，而是沾沾自喜，甚至以自己能骗过众人为傲，傲慢自满，毫无愧疚之心。圣贤做善事犹嫌不够，恶人作恶尚傲然无愧，这样的人不配做人，他正一天天脱离人道，堕落成没有道德的畜生。对于自己的堕落和不义之举的毫无愧疚，让他们失去了为人最基本的羞耻心，他们却毫无察觉，多么可悲呀！

原文

> 世之可羞可耻者，莫大乎此。孟子曰："耻之于人大矣。"以其得之则圣贤，失之则禽兽耳。此改过之要机[①]也。

注释

①要机：关键，诀窍。

译文

世界上各种令人羞耻惭愧的事情，都没有比这个更大的了。孟子说："耻对于一个人来说，实在是关系太重大了！"因为一个人若能知耻，就可以成就圣贤之道；如果不懂得羞耻，那便同禽兽一般了。这是改过的重要诀窍呀！

解读

本段了凡引用孟子之语，对"改过者，第一，要发耻心"这一论点进行了最后总结。孟子曾经说过："知耻、耻辱心对一个人来说至关重要，关系重大！"了凡对孟子之言进行了阐述，他认为孟子之所以会这样说，是因为知耻、有耻辱心的人能够知错改过、发愤图强，为了雪耻而努力，由知耻而雪耻，经过一系列的行动，便能成为圣贤。不知耻、没有耻辱心的人，从不觉得自己有错，甚至为了私行不义而沾沾自喜、傲然无愧，这样的人既认识不到自己的过错，更不会改错，因此他们与没有道德感的禽兽无甚区别。所以，了凡认为，知耻是改过的关键所在。

"耻之于人大矣"出自《孟子·尽心章》，全句是："耻之于人大矣！为机变之巧者，无所用耻焉。不耻不若人，何若人有？"孟子认为，羞耻心对人来说至关重要，那些偷奸耍滑、爱用阴谋诡计之人是没有羞耻心的。如果一个人不为自己不如人而感到羞耻，那么这样的人怎么可能赶得上别人呢？孟子认为羞耻心是人进步的动力，人应知耻，化羞耻为力量，鼓舞自己不断知错改错、向前进步。

孟子，名轲，战国时期鲁国人，是我国古代著名思想家、教育家，儒家学派代表人物。孟子继承并发扬了孔子的思想，成为仅次于孔子的一代儒家宗师，有"亚圣"之称，和孔子合称"孔孟"。孟子宣扬"仁政"，最早提出"民贵君轻"思想，主张性善论，其言行主要记载于《孟子》一书。

原文

> 第二，要发畏心。天地在上，鬼神难欺。

译文

第二，要发起敬畏的心。须知，天地鬼神都在我们的头顶上监察着，他们是难以欺骗的。

解读

讲完羞耻心对于改过的重要性，了凡便开始阐述敬畏之心对改过的重要意义。知耻是改过的前提和动力，敬畏之心则是行为的准绳和红线，告诉我们行为的边界在哪里，哪些行为是万万不能做的。知耻心很大程度上是来源于自身的感受，敬畏之心则更多来源于对天地鬼神的尊敬和畏惧。

俗话说"人在做，天在看"，就是教我们敬畏上苍、敬畏自然。懂得畏惧，知道害怕，实则是对自己的一种保护。就像人的痛觉，其实是对人的一种保护一样。如果人没有疼痛感，那么他被热水烫伤了也不知道闪躲，只会被烫得更严重；如果人没有敬畏心，做事只凭自己的喜好，不管他人，那么最终只会伤害自己。

伦敦作为英国工业革命的主要发源地之一，工厂众多，烟囱林立，城市人口密集，并且家家都使用传统的壁炉，加之自然区位因素，伦敦地区的烟与雾交集混杂，形成著名的伦敦雾，伦敦也因此有了"雾都"之称。浓雾不仅严重影响交通，而且其中含有的高浓度二氧化硫及烟雾颗粒也对居民健康造成了严重威胁。曾经客居伦敦的老舍先生将伦敦雾描写为"乌黑的、浑黄的、绛紫的，以至辛辣的、呛人的"。人们只顾追求

更好的生活，不知敬畏自然，因此招致了自然的惩罚，长期生活在辛辣呛人、乌黑昏黄的浓雾之中。而后，政府意识到错误所在，下大力气改善环境，才让伦敦摆脱了"雾都"之名。不知敬畏，必遭惩罚；心生敬畏，才能更好地生活。

原文

> 吾虽过在隐微^①，而天地鬼神，实鉴临^②之，重则降之百殃，轻则损其现福，吾何可以不惧？

注释

①隐微：隐私，即隐蔽的地方。
②鉴临：鉴，察照。临，到。意为像到现场亲眼看到一样，看得清清楚楚。

译文

即使我们是在非常隐蔽的地方犯了过错，大家不易发觉，但是天地鬼神却如亲临现场看到一样，知道得清清楚楚。如果所犯的罪业很重大，必定会有众多灾祸降临我们身上；就算是过失较轻，也会减损我们现有的福报。我怎么可能不惧怕呢？

解读

那么，人为何要发畏心呢？这是因为，我们的所有过错，就算再隐秘，也会有天地鬼神知晓。"鉴"本是镜子的意思，也就是说，我们所有的过错，就像在镜子里一样，被天地鬼神看得清清楚楚、明明白白，因为天地鬼神无处不在。过错被看了去会引发怎样的结果呢？"重则降之百殃，轻则损其现福"，如果过错太大，就会遭受巨大的祸害，"殃"乃祸害之意，"百"极言所遭祸害之多、之大、之严重；就算过错不大，也会折损现有的福报。这就是没有敬畏之心的后果，这就是犯错之后不能改正的后果，如此严重的后果，怎能不让人心生恐惧呢？1994年1月18日"环保卫士"杰桑·索南达杰，为保护藏羚羊，在与盗猎分子的枪战中英勇牺牲，多名犯罪嫌疑人畏罪潜逃。公安干警从未放弃过对在逃犯罪嫌疑人的缉捕，"天网恢恢，疏而不漏"，一名犯罪嫌疑人在2020年，也就是时隔二十六年后被抓获，等待他的将是法律的制裁。

原文

> 不惟此也。闲居之地，指视昭然^①；吾虽掩之甚密，文^②之甚巧，而肺肝早露，终难自欺；被人觑破，不值一文矣，乌^③得不懔懔^④？

注释

①指视昭然：指视，即"十手所指，十目所视"，指大家所能看到的地方。昭，就是"明明白白"。然，副词词尾，无义。

②文：掩饰。

③乌：指原因或理由，怎么。

④懔懔：危惧，戒慎的样子。

译文

不仅如此。就算是在没有人的空闲之地，神明仍然如同身临其境一样能清清楚楚地看到、听到人们的一切作为。我们虽然掩饰得非常隐秘，文饰得非常巧妙，但是内心的种种想法念头早已暴露在神明的面前，终究难以自我欺瞒。如果被人看破了，那么也就会变得一文不值了，又怎么能够不常怀敬畏之心呢？

解读

若仅因为害怕遭遇灾祸，担心折损福报而发畏心，这样的敬畏之心仍旧是外物给的，不是由内而外生发而出的。比这样的敬畏之心更进一步的，是由心而生的敬畏，是发自内心的慎独，是表里如一的知礼。因为，就算我们一人独处之时，自以为掩盖得隐秘，文饰得巧妙，其实那些不检点的行为，甚至不合理的念想早就已经显露而出了，我们也许骗得过外人一时，但是骗不过自己，也骗不了别人一世。试想被人揭穿的一天，自己斯文扫地、一文不值，怎能不谨慎小心、心生敬畏呢？

很久以前，有个秀才要进京赶考。他走在路上，前不着村后不着店，又饥又渴。恰好这时，路边有一片桃林，树上的桃子都熟透了，散发着诱人的香气。秀才多想摘一颗桃子，解解渴，解解饿，可是他最终还是只咽了咽口水，就继续向前走去了。有人问他："你又不知道这桃子有没有主人，就算有主，桃林的主人也没在。你又饥又渴，就算是摘个桃子吃，也不为过呀，何必为难自己？"秀才回答道："桃林虽然可能没有主人，但是我的心是有主的。"秀才内心之主，就是他信奉、尊崇、敬畏的礼仪，即使四下无人，他依旧不会欺骗自己，违背良心。正是因为心存对礼仪的敬畏，他才心中有主，没有做逾矩之事。

原文

> 不惟是也。一息尚存，弥天之恶①，犹可悔改。

注释

①弥天之恶：指罪恶无边。弥，是充满的意思。

译文

不仅这样。一个人只要还有一口气在，就算犯下了滔天大罪，也还是能够悔过改正的。

解读

前文讲到，改过的第二要素是要发畏心，要对天地鬼神心存敬畏，要对作恶之后的恶果心存畏惧，要对社会舆论心存畏惧，做到慎独。本段讲改过的时机，人要改过自新，当然是越早越好，但是不是年纪大了就没有改过的机会了？答案是否定的，了凡告诉我们，只要"一息尚存，弥天之恶，犹可悔改"。

一呼一吸谓之息，"一息尚存"是指尚能呼吸之际，引申为临死之际的意思。"一息尚存，弥天之恶，犹可悔改"的意思就是，只要还有一口气，就算是天大的恶行，也有悔改的机会。也就是说，只要想改过，什么时候都不算晚，就算是临死前真心悔过，亦能改正其过，修得善果。俗语说"浪子回头金不换"，与此有异曲同工之妙。在金庸小说《天龙八部》中，就有这么一位作恶多端、晚年悔过之人，他就是慕容复的父亲慕容博。慕容博一心想要复兴大燕，妄图以一己之力挑起大宋和辽国的纷争。为此，他给中原武林去信，使得许多高手在带头大哥的带领下伏击了前来中原探亲的萧远山一家，使得萧远山妻子枉死，萧远山失踪，萧峰自小失去父母之爱，被人收养长大。原本美满幸福的一家，因为他的恶行，妻离子散。萧远山亦因此走上了为害武林的复仇之路，许多无辜之人枉死。这样一个被妄念、痴念支配，为一己私利不惜残害无辜之人，晚年竟在扫地神僧的帮助和点化之下，由生而死，由死而生，最终放下了复国痴念，成为少林僧人。

不过，了凡如此说，是为了劝人向善，若有人据此得出"生前可作恶，临死再忏悔"的结论，那就大错特错了。就拿上述慕容博之例来说，他的恶主要在于自己的妄想痴念，因此只要认识自己的痴和妄，然后下定决心，改变观念，便算得上"放下屠刀，立地成佛"了。这种改过，需要机

缘，需要人的点拨，更需要自己改过之念的坚定。可以说，这种改过是可遇不可求的，所以修行之人，万不能有临终改过的投机取巧之心，还是日日勤谨修行，断恶行善，积善成德，才更加稳妥。

原文

> 古人有一生作恶，临死悔悟，发一善念，遂得善终者。

译文

古代有人一辈子都在作恶，到了临终前悔悟过来，萌发一个善的念头，于是得到了善终的果报。

解读

讲完何时改过自新都不算晚的理论之后，了凡通过举例来对这一理论进行佐证、说明。了凡说，古时候有很多这样的案例：有的人作恶一生，但是这个人在临死之前幡然醒悟，改过向善，心中生出了善念，因此得以善终。

理解这句话，首先要明白，行为和心念是不一样的：心念之理需要顿悟，行为之事则需要渐修。"临死悔悟，发一善念"，就是平时妄念痴心过多，在临死前顿悟了理，只要顿悟了这个理便可得善终。然而，在行为上的修炼却与此不同，就算是顿悟了理，还是要在具体的事情上不断践行，这种善行则是需要不断积累的。学习时，一定要注意理和事的区别，也就是必须分清心念和行为。所以这个话题说的是两方面，一个说的是理，一个说的是事；一个说的是心，一个说的是行。行为是心理的外在体现，如果一个人能在临死前发善念，可以推测，若他生命得以延续，便会有善行，这也是其得以善终的原因。

原文

> 谓一念猛厉^①，足以涤百年之恶也。譬如千年幽谷，一灯才照，则千年之暗俱除。故过不论久近，惟以改为贵。

注释

①猛厉：猛烈，严厉刚烈。

译文

这就是说，只要能够发出一个勇猛坚决的善念，就完全可以洗刷掉他一生所犯的罪

恶。这就有如太阳千年照射不到的幽暗山谷，只要有一盏灯光照射进去，那么千年的黑暗也就可以完全除去。所以过失不论是久远前犯的，还是最近犯的，只要能改，那就是最可贵的。

解读

本段继续阐述善念的巨大作用，也是对前述内容的进一步解释。为何会存在"一生作恶，临死悔悟，发一善念，遂得善终"的情况呢？为何说"一息尚存，弥天之恶，犹可悔改"呢？了凡用形象生动的比喻，为我们解答了上述问题。

了凡说，只要我们改过向善之念坚决、勇猛，那么就算是"百年之恶"也能够洗刷干净。"百年之恶"并非实指，是用以形容恶行之多、恶念之大、持续时间之长。接着，了凡用明灯照耀幽谷的比喻，十分形象、生动地向我们解释了其中道理。如果把"百年之恶"比作一个千年幽暗昏黄的山谷，那么这猛厉的善念就像是一束照亮千年幽谷的明灯。明灯一照，就算这山谷幽暗昏黄了千年，也会被瞬间照亮，千年的昏暗就都消失不见了，只留下一束光明。所以，一个人就算有百年之恶，只要他心中产生猛厉的善念，那么原有恶行恶念的基础就不复存在了，就被这猛厉善念洗刷干净了。所以，不管人的过错是大是小，是现在犯的还是很久之前犯的，只要改过，就是好的，就是值得鼓励的，就是能够成善的。

一个人的内心是很难被看清的，但是每个人的言行举止都是外在的，很容易被看到；就像我们很难用自己的眼睛看到自己，需要借助镜子一样。如果一个人的内心善良，有善念，那么镜子里照出来的行为往往就是善行；如果一个人的内心妄念过多，那么镜子里照出来的往往就是恶行。若有人只见恶行，不知恶念，拼命从行为上矫正，往往是得不偿失的。就像我们看到镜子里的人脸上有污点，从镜子里擦，是擦不干净的，把自己脸上的污点擦干净了，镜子里的人自然也就干净了。心内的善念能够帮助我们看到脸上的污点、擦干净脸上的污点，我们要做的就是净化心灵，从此刻起，改过自新。

原文

> 但尘世无常，肉身易殒[1]，一息不属[2]，欲改无由矣。

注释

①殒：死亡，消失。
②一息不属：属，归属。一息不属，意为"一口气上不来"。

译文

况且我们所处的这个世间，是一个幻灭无常的世界，我们的肉身很容易死亡，只要一口气上不来，这个肉身就不再是我的了。到这个时候，我们就是想要改过，也没办法了。

解读

前文了凡着重阐述了改过不怕晚的观念，但是未免有人错误理解、误入歧途，因此了凡在上段末尾提到了"过不论久近，惟以改为贵"的观念，就是说有错不怕，贵在能改。本段承接上文，进一步提出改过应当把握时机、及早进行的观念。因为世事无常，我们不知道未来会发生什么，好事何时来到，灾难何时降临，寿命何时终结，肉身何时陨灭，以上种种大事都在变化之中。也许只是一口气提不上来，人就没了；或许只是睡了一觉，就再也醒不过来，若真如此，就算抱着想要改过的善念，也终不可行、终不可得了。所以我们能够把握的，只有当下，只有现在。改过自新，也应当从现在开始，日日自省、日日改正、日日勤谨修行，这样做，才不会给未来留遗憾。

这些道理，在《明日歌》中表达得十分透彻，诗云："明日复明日，明日何其多。我生待明日，万事成蹉跎。世人若被明日累，春去秋来老将至。朝看水东流，暮看日西坠。百年明日能几何？请君听我明日歌。"从此时起，躬身实践，自省慎独，改过自新才是最好的修行。

原文

明则千百年担负恶名，虽孝子慈孙，不能洗涤。

译文

到了这种地步，在明显可见的世间果报上，将须担受千百年的坏名声而遭人唾骂，虽然有孝子慈孙这些善良后代，也洗刷不掉这种恶名。

解读

那些做了恶事不知悔改或者来不及悔改的人，因为恶行太多，遗臭万年，就是他的后代孝顺仁慈，也无法帮他洗涤曾经犯下的罪恶。《立命之学》中曾提到，要想掌控自己的命运，预料祸福吉凶，那么就应当做到六思六想，其中一思便是"近思盖父母之愆"，也就是说，子孙应当多行善，以弥补父母犯下的错。但是，若一个人作恶太多，那么就算子孙行善，也无法帮其弥补错误，洗刷恶名。

以"莫须有"的罪名置抗金名将岳飞于死地的秦桧，他的曾孙秦钜却忠君爱国，走上了抗金救国之路。嘉定十四年，也就是公元1221年，金人南侵蕲州，秦钜与郡守李诚之率众抗敌，因寡不敌众，和儿子、女儿一起捐躯。秦钜死后，皇上追封其为烈侯。尽管后代忠孝节义，但是因为秦桧恶名昭著，他的后代也无法帮他洗刷罪名，秦桧的塑像至今仍然跪在岳飞墓前。并且，因为秦桧的过错，其曾孙差点就失去了为国出征的机会。可见，恶行太过，孝子慈孙不仅无法为其洗刷恶名，而且还会被其恶名所累。

原文

> 幽则千百劫沉沦狱报，虽圣贤佛菩萨，不能援引。乌得不畏？

译文

至于看不见的报应，在阴世，恶人还要以千百劫的时间，沉沦在地狱里受罪，纵是圣贤、佛菩萨们，也无法救助、接引他们。这怎么可能让人不惧怕呢？

解读

常言道"恶有恶报"，上段中提到，那些做了恶事不知悔改或者来不及悔改的人，因为恶行太多，遗臭万年，就是他的后代孝顺仁慈，也无法帮他洗涤曾经犯下的罪恶，这是世人都能看得到的恶报，是在明处的。还有一些恶果，是我们凡人看不到的，这样的恶果持续的时间更长，当事人受到的折磨也更严重。因此，这两段都是在警示世人，断恶行善、改过自新要及时，要趁早，来不得半点迁延和侥幸，否则不仅自己受苦，还会殃及子孙。

原文

> 第三，须发勇心。人不改过，多是因循①退缩，吾须奋然振作，不用迟疑，不烦等待。小者如芒刺在肉②，速与抉剔③；大者如毒蛇啮指，速与斩除，无丝毫凝滞④。此风雷⑤之所以为益也。

注释

①因循：流连，徘徊。

②芒刺在肉：如同有芒刺扎在肉里。形容内心惶恐，坐立不安。芒刺，指植物茎叶、果壳上的小刺或谷类壳上的细刺。

③抉剔：拔掉，剔除。抉，挑选。剔，拔除。

④凝滞：拘泥；粘滞；停止流动。

⑤风雷：指《易经》第四十二卦的益卦，上巽，下震；巽为风，震为雷。这一卦，象征万物生长、得大利益的意思。

译文

第三，必须发起勇猛之心。人不能改正错误，多是因为得过且过、畏难退缩，我们必须立即振作，不能延迟、疑惑，更不能等待。小的过失，要像尖刺戳进肉内一般对待，必须赶快剔除；大的罪业，要像被毒蛇咬到手指一样对待，必须第一时间将指头切除，不可以有一点点犹豫和停顿，否则毒液蔓延到全身，就会立即死亡。这便是《易经》中，风雷之所以构成益卦的道理所在。

解读

具备改过之勇心，关键在于一个"速"字。无论是大错还是小过，一经发现必须迅速处置，这样才能将损失控制在最小的范围之内。就像羊圈破了，亡羊补牢犹时未晚，若听之任之，甚至放纵扩大，损失只会越来越大，直到无法收拾的地步。具体而言，对待小错，要像对待刺进肉中的芒刺一样。如果有芒刺扎进了肉里，我们的第一反应就是把它挑出来，以免芒刺继续深入，引发痛苦。对待小错也是如此，一旦发现，就要立即改正，以免小错变大错。对待大错，就要像对待被毒蛇咬过的手指一样。若手指不小心被毒蛇咬伤，在数百年前没有特效药时，最好的办法就是当机立断，斩下手指，避免毒性进一步蔓延，威胁生命安全。对待大错就是如此，必须第一时间处置，有壮士断腕的决心，若任其发展，就会被大错毁了终生。因此，具备改错的勇心，就是要做到"速"—迅速发现、迅速改正。

"此风雷之所以为益也"，"风"指八卦中的巽卦，巽卦的卦象为风，有顺从的意象；"雷"指八卦中的震卦，震卦的卦象为雷，乃震动的意象；"益"是六十四卦中的第四十二卦，上为巽卦，下为震卦，有风雷激荡，相助互长，交相助益之意。

原文

具是三心，则有过斯①改，如春冰遇日，何患不消乎？然人之过，有从事上改者，有从理上改者，有从心上改者，工夫不同，效验②亦异。

注释

①斯：乃，就。
②效验：功效；预期的效果。

译文

如果具备了耻心、畏心和勇心这三种心，那么一旦犯了过失就能够马上改正，就好像春天的冰雪遇到了阳光，何须担心它不会融化掉呢？然而人们的过失，有从所犯过失

的事实本身上戒除的，有从认识其中的道理上去改正的，也有从心念上来改正的，他们所付出的努力程度不一样，因此所得到的效果也有所不同。

解读

本段是对改过自新方法的小结，要想改过自新，耻心、畏心、勇心缺一不可。没有耻心，就没有内源的动力，改过自新缺乏内在的动机和前提，那么就算偶有改过自新之心，亦会因为缺乏本源的动力而觉得知错改过的过程过于枯燥无味，没有发自内心的真实诉求，很难达到积善修德的效果。没有畏心，就是缺乏对鬼神天地及社会舆论的敬畏之情，缺少了外在的监督，便很容易懈怠；尤其是对于自制力不强的人，很难做到慎独，改过自新便容易流于形式，缺乏实质，难收实效。没有勇心，就是缺乏将知错改过的想法付诸行动的勇气，会使得知错改过成为空想，会因为种种原因迟疑、退缩，会安于现状，得过且过，因此也无法完成改过自新这一旷日持久的大工程。

人如果具备了耻心、畏心、勇心这三种心，那么就能做到有错便知，知错能改，改过自新。若将人之过错视为冰雪，那么这三种心就是能够融化冰雪的春日暖阳，冰雪到了春日便会消融，遁于无形；在三心的加持之下，过错也会烟消云散，一日比一日更少，最终所有过错便会如春冰一般消于无形。

具备耻心、畏心、勇心这三心是改过自新的必要条件，亦是改过自新的纲领性要求，不过，就算具备了这三心，每个人具体的改过之法亦有所不同。有的人改过，是就事论事，哪件事错了就改哪件事，哪个行为错了就改正哪个行为，这属于从事上改者。有的人改过，是由事及理，不同的错事或者错误行为，背后的道理可能是一致的，比如考试时把 1+1 的结果写成 1，把 1×1 的结果写成 2，虽然两个错误不同，但是其背后都是因为粗心大意，因此便该从理上进行改正，才能杜绝类似错误。有的人改过，是透过现象直达本质，不看事情也不看道理，而是从自己的内心找原因，再加以改正。从事上改、从理上改、从心上改，三种改过之法，需要的功夫有深有浅，因此改过的效果也就各不相同。

原文

> 如前日杀生，今戒不杀；前日怒詈①，今戒不怒。此就其事而改之者也。强制于外，其难百倍，且病根终在，东灭西生，非究竟②廓然③之道也。

注释

①怒詈：发怒，责骂。
②究竟：毕竟；到底。
③廓然：阻滞尽除的样子。

译文

比如，有人前一天还杀害生命，但今天就已戒除不再杀了；前一天还发怒骂人，今天也戒除不再发怒了。这就是从所犯事情的本身上来改过。但是这种改过之法只是从外在来强制约束自己，这会比从根本上自然改正要难上百倍；而且其犯过的根源仍然存在，在东边把它消灭了，西边又会冒出来，这实在不是彻底改过的方法。

解读

本段开始对三种改法进行阐述，首先阐述的是从事上改者。什么样的改法是从事上改呢？了凡举了两个例子，一是"前日杀生，今戒不杀"。以前不爱护生命，没有好生之德，杀害生命，现在可能还是想杀害生命，也不明白为何不能杀害生命，只一味努力强忍着，避免做出杀害生命的行为，这就是从事上改。第二个例子是"前日怒詈，今戒不怒"。"怒"就是生气、易怒，爱发脾气；"詈"是骂人、责骂的意思。"前日怒詈，今戒不怒"就是原先动不动就生气、发脾气，动不动就破口大骂、责怪他人，现在遇到事情也许还是心生怒火，想要开口骂人，但因为知道改过自新，所以强压心中的怒火，强抑心中的不满，不让怒气发出来，不让脏话骂出来，这就是从事上改。这种改法是很流于表面的，治标不治本，因为只改其行，未改其心，虽然没有杀生的行为了，但还是缺乏仁慈之心；虽然不发怒、不骂人了，但还是有怒气，有不满。这种改法也很难见效，因为一个心念或者一个道理，会表现在千千万万的行为上，也会表现于千千万万件事情上，由事而改，需要改正的行为或者过错，不仅数量多，而且见效慢。这种改法，也很容易伤害到自己，因为这种改正不是顺从内心而为，而是强压怒火，强忍不满，很容易失控，反受其害。

了凡继续阐述了从事而改是不可取的，并分析了从事而改难以见效的原因。首先，从事而改是只改表面，不改内在，是强行通过外在约束改正而不是从心而行自然而改，因此改过的过程异常艰难。其次，从事而改只能治标不能治本，就像治病一样，或许这样的改法能够让某个症状暂时消退，但病因、病根未除，这个症状消退后，很可能出现新的症状，也就是了凡所说的"东灭西生"——这个行为矫正过来了，那个过错又冒了出来，让人应接不暇、疲于奔命。所以说，从事而改，"非究竟廓然之道也"。"廓然"本

义是指远大高邈的样子，这里是说这样的改法不是根本之计，不能合于大道。

原文

善改过者，未禁其事，先明其理。如过在杀生，即思曰：上帝①好生，物皆恋命，杀彼养己，岂能自安？且彼之杀也，既受屠割，复入鼎镬②，种种痛苦，彻入骨髓。己之养也，珍膏③罗列④，食过即空，疏食菜羹，尽可充腹，何必戕⑤彼之生，损己之福哉？

注释

①上帝：上苍，上天。

②鼎镬（huò）：鼎与镬，古代两种烹饪器具。

③珍膏：此指美味佳肴，山珍海味。

④罗列：排列，陈列。

⑤戕（qiāng）：杀害。

译文

善于改过的人，在还没有戒除某种事情之前，会先去了解此事不可以做的道理。例如一个人即将犯杀生的过失，他当即就应该想到：上天有好生之德，凡是万物都会珍惜自己的生命，如果将它们杀了来滋养自己的身体，又怎么能够心安呢？而且当它们被

杀时，已经遭受到了宰割，在尚未断气之前，还要被放到锅子里烹煮，那种种无法形容的痛苦，直接穿透到了骨髓里面。再者，人们为了蓄养自己，满足口腹之欲，将各类珍稀美味摆在面前，尽情享受，却从未想过这些美食入口之后，便会化成粪渣排出，到最后什么都不会留下；其实蔬菜素汤，尽可以提供营养、增长寿命，又何必一定要去伤害别的生命，来折损自己的福报呢！

解读

本段继续对三种改法进行阐述，阐述的是从理上改者。从理上改者，不是用强压、强制、忍耐等方法强行改正过错，而是通过理解过错背后的道理，追寻过错产生的前因后果，分析过错带给人的得失，从理性的角度加以权衡，进行取舍，劝己向善。所以说，能够改正过错的人，善于改正过错的人，不会强行禁止自己做某件事，而是会在强制自己的行为之前，想方设法弄明白其中的道理。这种改过之法比从事上改者进步很多。

接下来，了凡以前文提到过的杀生之例，详细阐述了从理而改者对杀生的认识、理解及改过过程。那些犯杀生之过的人，想要改过，就应当认真思考一下：圣贤教育我们，上天有好生之德，人爱惜自己的生命，想延年益寿，因此有趋利避害的本能。动物也是一条生命，它们同样爱惜自己的生命，想要活得久一点，如今，我们为了一己私欲，却要杀害其他生命，自己的心里真的好受吗？真的过意得去吗？这是就杀生之过，想要从理改之，应当做的第一层思考。

杀生之过，想要从理改之，应当做的第二层思考是关于被人所杀的动物所承受的痛苦。平时，我们不小心被热水烫一下，就会连忙缩回手来，轻者要涂抹药膏，重者则要去医院；我们不小心被小刀划了一下，也会赶忙止血消毒，轻者贴上创可贴，重者还要去打破伤风针。那么换位思考一下，被杀害的动物承受了多大的痛苦呀！动物被活生生地用利器杀死，承受屠割之苦，它们声嘶力竭地嘶鸣，想要保住一条性命；在绳索的束缚之下，它们的嘶鸣由强而弱，最终没了声息。此后，它们的肉身还要被放入"鼎镬"，也就是锅中去蒸，去煮。它们的痛苦，是我们被水烫、被刀划的千倍万倍。这样的痛苦，深入骨髓，它们带着深沉的痛苦殒命，怎会不对人心生怨愤、仇恨？

杀生之过，想要从理改之，应当做的第三层思考是关于杀生是否必要，也就是杀生之人得到了什么。我们为了保养自己的身体，为了自己所谓的营养健康，不惜将珍馐美味罗列在自己面前，可是这些东西吃到嘴里，下到肚中，无非是经过消化、排出体外，"食过即空"。况且，我们不是别无选择，蔬食菜羹，哪一样都能果腹充饥，何必非要通过戕害生命的方式满足自己的食欲，而让自己的福报折损呢？

三层道理由圣贤之语及所杀之生命，由所杀之生命到自我之所得，层层深入，说服力极强，这便是从理而改。明晰道理之后，就无须强制地矫正某种行为，而是自然而然地被自己说服，从而杜绝一类行为的发生。

原文

又思血气之属①，皆含灵知；既有灵知②，皆我一体，纵不能躬修至德，使之尊我亲我，岂可日戕物命，使之仇我憾我于无穷也？一思及此，将有对食痛心，不能下咽者矣。

注释

①血气之属：指有血有气的生命体。

②灵知：犹灵觉。指所有生命体所具有的灵性。

译文

同时还要想到，凡是有血有气的生命，都具有灵性知觉；既然有灵性知觉，那么就与我们人类一样有情，就算我们自己不能够修到至高的德行境界，使它们来尊崇我、亲近我，又怎么可以天天杀害它们的生命，使它们与自己结下生死冤仇，恨我怨我一直没有尽期呢？一想到这，面对着满桌的血肉之食，不禁生出悲伤怜悯之心，不再忍心吞食了。

解读

本段继续阐释从理上改者，并将从理上改与从心上改略作了对比。从理上改，我们并没有修心，所以心地还如以前一样，并不会修行到"至德"的程度，也就是说，从理上改并不会使道德修养接近于圆满。既然道德修养并不圆满，心地也没有多么善良、清净、慈悲，那么生灵自然不会有感应，因此这些生灵也不会若有所应地尊敬自己、爱护自己、亲近自己。但是，因为懂得了其中的道理，也断然不会戕害生灵，为自己引来仇恨，让诸多生灵对自己生出无限的恨意。能将不能杀生之理分析到这种程度，那么对着满桌的珍馐美味，就会心生伤悲，不忍下咽，如此一来，就从理念上懂得了不能杀生的道理，从行为上杜绝了杀生的行径，这便是从理上改。

从理上改比从事上改有所进步，但是仍然没有达到从心上改的至高境界。

原文

如前日好怒，必思曰：人有不及，情所宜矜①；悖理相干②，于我何与？本无可怒者。又思天下无自是③之豪杰，亦无尤人④之学问；有不得，皆己之德未修，感未至也。吾悉以自反⑤，则谤毁之来，皆磨炼玉成⑥之地，我将欢然受赐，何怒之有？

①矜：同情、哀怜。

②干：干扰；侵犯。

③自是：自以为是。

④尤人：怨恨、抱怨他人。

⑤自反：自我反省。

⑥玉成：敬辞，促成、成全之意。

译文

比如以前我喜欢发脾气，就应该想到：每个人都会有短处，从情理上来说，这本来就应该加以同情和原谅；如果有人违反情理而冒犯了我，那是他自己的过失，与我又有什么关联呢？这本来就没有什么可愤怒的。还应想到，天下没有自以为是的英雄豪杰，也没有怨恨别人的学问；如果所做的事情不能称心如意，那都是自己的德行修得不好，涵养不足，感动人的力量还不够！如果这些我都能够自我反省，那么各种外来的毁谤与伤害，都将成为磨炼我、成就我的助缘。因此，我将高高兴兴地接受别人的指摘和批评，又有什么可怒可恨的呢？

解读

本段首先以发怒为例，阐述如何从理上改正发怒之过。要想改正发怒之过，要先弄清楚为何发怒。发怒一般是因为别人做错了事情，自己便生气了，生气之后气向上涌，便为发怒。从理上改，就要先懂得"金无足赤，人无完人"的道理。每个人都不是完美的，所以人总是会犯错。人犯了过错，我们应该想到，每个人都不是完美的，对此我们应该对他抱以同情、怜悯之心，进而以宽容的态度原谅、包容他的不足和过失。而不应该用发怒的方式，用他的过错来惩罚自己。

其次，对于他人毫无缘由的冒犯，或者违背常理的冒犯，我们要明白，这不是我们的行为导致的，是他自己修行不够。

所以本质上，这种冒犯是与"我"无关的，是他自己要完成的修行。

这样分析之后，我们便会明白，他人的不足和缺点是不值得我们发怒的，与我们无关之事，更是不值得我们发怒的。这样一来，本来快升起来的怒气自然就消散了，较之从事上改者的强压怒气，是巨大的进步。但是较之于从心上改的根本不会生出怒气，尚有继续修行以进步的空间。

发怒之过由理上改者的第二层道理，就是古往今来的圣贤豪杰，没有自以为是、刚愎自用的，都是闻过则喜，善于改过自新的。他们从不怨天尤人，而是乐于自省，不放过一个反省自己、完善自己的机会。圣贤豪杰身处逆境之时，并不会将过错归咎于上天或者他人，他们总是将问题归于自己：是不是我的德行还未修到家？是不是我的涵养还不够？通过这些反省，他们便会把这些逆境、磨难当作锤炼自己品行的机会。"发怒"之人，要认真想一想，自己为何发怒？是不是因为别人说出了自己的缺点不足？若真如此，那么更应该接受，并且感谢别人，因为自己发现不了的不足被别人发现了，自己便能更加完善、进步了，这是好事。若能以感恩之心对待毁谤、磨难，那么就做到了把绊脚石变成垫脚石，怎么还会生气发怒呢？

三皇五帝是古之圣贤，他们是我国原始社会的部落首领或部落联盟首领，因为做出了杰出、伟大的贡献，被后人尊称为"皇"或者"帝"。其中，五帝之中有一个出身贫寒的农家子弟，被孟子形容为"发于畎亩之中"的，他就是舜帝。这样一位出身贫寒的农家子弟，是如何被身为部落首领的尧帝知晓并看重，成为下一任首领人选的呢？这就不得不提到舜帝的德行了。

舜家境清贫，所以从小就在家乡从事各种体力劳动，他曾在历山耕耘种植，在雷泽打鱼，在黄河之滨制作陶器。在劳作之中，他总是替别人着想，带领大家一起劳动，因此人们被他的德行感染，越聚越多，凡是他工作过的地方，都会很快发展成为富庶且民风淳朴的城郭。

舜在二十多岁的时候，就已经闻名四方了。让他闻名的，除了上述德行，还有他的仁孝。舜自幼丧母，他的父亲瞽叟续娶了一个妻子，继母生了一个儿子取名为象。他的父亲、继母和弟弟对他很不好，经常虐待他。但是他从来不把这些事情放在心上，而是更加诚恳谨慎地孝顺父母，友爱兄弟。尧听说了他的德行，便赏赐给他絺衣、牛羊，并为他修筑了仓房，还把自己的两个女儿娥皇、女英嫁给了舜，以考察他的人品德行。

舜得到了上述赏赐之后，瞽叟和象对舜的财物非常眼红，便想杀死舜，霸占他的财物。瞽叟便说自己的屋顶坏了，让舜帮自己修理屋顶。舜十分孝顺，自然乐意帮忙，谁料到，他刚登上屋顶，象便把梯子撤走了，还在下面放起了火，想要烧毁仓房，烧死舜。舜急中生智，把两只斗笠当作翅膀，从房顶上跳了下来，才幸免于难。

可是，瞽叟和象还是不肯罢休，又找理由让舜帮他们挖井。舜孝顺仁爱，便不知辛苦地帮父亲、弟弟挖井，井挖深了，瞽叟和象就开始在井上填土，意图堵住井口，把舜活活闷死在井中。幸亏舜机智应变，提前在井道旁挖好了一条通道，才保全了性命。舜并未因此对父亲和弟弟心生怨恨，而是把这些磨难当作锤炼自己品质的机会，加倍地孝敬父母，友爱兄弟。

此后，舜帝的孝顺之名传得更远了，部落上下无人不知。尧帝也对自己选的接班人十分满意。就这样，一个出身贫寒的农家子弟，因为父母兄弟的虐待而成就了孝顺之名，因为仁孝友爱、德行昭著被首领看重，成为首领的接班人。

圣贤的确与普通人不同，舜帝就是将谤毁作为磨炼玉成之地，欣然受赐、不生怒气的典范！

原文

又闻而不怒，虽谗焰熏天，如举火焚空，终将自息；闻谤而怒，虽巧心①力辩，如春蚕作茧，自取缠绵②；怒不惟无益，且有害也。其余种种过恶，皆当据理思之。

此理既明，过将自止。

注释

①巧心：巧妙的心思。
②自取缠绵：意即自己困住自己。

译文

再者，如果听到别人的毁谤而能不发怒，那么即使这些坏话说得像火焰熏满天空，也只不过是痴人拿着火把，想要焚烧虚空一样，最终将会自己熄灭、停止。如果听到毁谤就动怒，那么即使费尽巧妙的心思努力为自己辩护，也只会像春天的蚕儿吐丝作茧一样，将自己缠缚住。所以，发怒不但对自身没有好处，而且还会有害处。至于其他的种种过失和罪恶，都应当依据客观实际来认真思考。

若是能够明白这种道理，过失自然就会停止，不会再犯。

解读

上段通过圣贤豪杰与凡夫俗子对待逆境、困境时的不同态度，引导读者正确看待他人的毁谤，劝导读者把握时机修身养性。本段了凡继续阐释了应对他人的诽谤应持有"闻而不怒"的态度，并通过生动形象的比喻，让我们明白人能做到"闻而不怒"的背后逻辑。

了凡将他人的诽谤和谗言比作熏天的火焰，而把遭受诽谤的人比作天空，天空空无一物，虚怀若谷，纯净自然，因此再大的火焰都无法焚烧天空。人若如天空一般纯净、宽厚，那么再厉害的谗言都无法伤害到他。焚烧天空的火焰最后只会耗尽自己，诽谤他人而人不辩不争，最后受累的也只能是口出恶言之人。

相信大家都有过这样的经验，两人之间若有了争执，一人先挑起话柄，另一个也应声而起的话，多半要吵上半天，最后即使双方都疲惫不堪也不一定能吵出个所以然。但是若一人挑起话柄之后，另一人恍若未闻，不予理睬，那么第一个人嚷上一会儿，也就不会再继续下去了。他没有对手，自己吵嚷，很快就会筋疲力尽，围观之人往往还会指指点点，说他没有风度，没有素质，只知道大呼小叫。不应声的一方，既能保存体力，又显得懂礼明事，不斤斤计较，可以说是双重收获。这是了凡从正面对"谗焰熏天，如举火焚空，终将自息"之理进行论述，将闻谤不怒之理向读者剖析得明明白白。

"闻而不怒"的反面是"闻谤而怒"，了凡又从"闻而不怒"的反面，用形象生动的比喻对"闻谤而怒"的危害进行了深刻剖析。

金无足赤，人无完人，每个人都不完美，做人做事很难让人百分之百地满意，因此难免会被人在背后议论，有时甚至会遭受诽谤。别人说了你的坏话，是应该费尽心思、极力地辩白，一定要在口才上赢得对

方？还是应该随他去说，把这当作改正、进步的机会，不断修身养性、完善自己呢？了凡先生告诉我们，如果我们无法控制自己的情绪，听到诽谤就愤怒不已，还要竭尽全力地为自己辩护，这种行为就像是春蚕吐丝，最终却蚕被茧缚，不得自由一样。因此，用怒火来应对诽谤，不但毫无益处，而且对自己的身体和心理都有害处。其实，不仅对自己有害处，生气之时的口舌之快，难免也会伤及他人，那么自己因受诽谤而辩驳，最终却成了诽谤他人之人，于人于己皆有百害而无一利。无论是活生生的历史之中，还是绘声绘色的文学作品里，都有许多因性情暴躁，时常发怒而损及自身的案例，三国名将张飞甚至因此殒命，真是得不偿失，让人不胜唏嘘。

我们都知道，张飞勇猛无敌，但是性情暴躁，喜怒无常，并且爱喝酒，常因喝酒误事，但他却始终未能改正。话说，张飞镇守阆中之时，二哥关羽败走麦城殒命的噩耗传来，张飞一天到晚号泣不止，血泪把衣襟都沾湿了。诸位将领见状，只得用酒劝解张飞，张飞借酒消愁愁更愁，醉酒之后，怒火反而更大了。凡是他统辖之下的官兵，只要稍有过失或者稍微不遂他的心意，他便会动用军鞭责罚，有很多士兵因此丧命。刘备听说后，便好言相劝，对他说："这些士兵日日跟在你的身边，你应该对他们宽厚仁慈些。像这样喜怒无常，动辄鞭打，难免招致怨恨，反受其害。"某日，张飞下令，要求兵士在三日内备好白旗白甲，以便全军挂孝伐吴。第二天，张飞帐下的两名小将范疆和张达进入军帐，禀告张飞道："三日之期太短，来不及准备足量的白旗白甲，还望将军宽限些时日。"张飞闻言，怒不可遏，呵斥道："二哥被吴贼害死，我恨不能立时率兵杀入逆贼之境，替二哥报仇。尔等竟敢违抗军令，要求宽限时日！"说罢，张飞便令左右将范疆和张达绑到营内树上，鞭打每人五十军鞭。鞭打之后，张飞余怒未消道："所制白旗白甲明天定要全部备齐，误了期限，就将你二人项上人头取下示众！"二人被打得皮开肉绽，口吐鲜血，被扶进营内后，范疆开口道："你我二人今日受此鞭打，明日如何能制好全部的白旗白甲？此人性暴如火，若明日再置办不齐，只怕你我二人就真的性命难保了！"张达道："与其被他杀，不如先动手，杀了他！"范疆道："只是无计靠近他。"张达道："若你我二人命不该绝，今晚就让他醉倒在床；若你我二人命该如此，那也只能听天由命了！"是夜，张飞果然酩酊大醉，醉卧在帐中。范、张二人听闻之后，于初更时分，怀揣着利刀秘密潜入张飞帐中，杀死张飞，割下他的首级，趁夜逃往东吴。张飞因为发怒丢了性命，发怒之害实在不能说不大呀！

最后是对从理而改这一改过之法的总结，了凡以杀生之过、发怒之过为例，从正反两个方面阐述了从理而改的思考方法。天下的道理一通百通，因此他便以十分精练的语言对从理而改这一改过之法进行了总结，那就是"其余种种过恶，皆当据理思之。此理既明，过将自止"。不论犯了何种过错，做了何种恶行，若想从理而改，都应当认真思考、分析犯错的原因、过程及不良后果。只要明了了犯错的原因，弄清了犯错的经过，知悉了犯错的恶果，那么自然就不会再犯此类错误了，此类过错便能自行停止了。这两句话，可以说是从理而改的最高宗旨和原则。如果把事情本身当作植物的枝叶，那么道理便是植物的茎干，植物生病后，从茎干上治疗，枝叶上的病便能自愈；若从枝叶上治疗，不仅费时费力，往往也难取得成效。

原文

何谓从心而改？过有千端，惟心所造。

译文

怎样叫作从心地上来改过呢？人们所犯下的过失，虽然有千种之多，但都是从心里造作出来的。

解读

本段继续对三种改法进行阐述，阐述的是从心而改的改过之法。为什么改过要从心而改呢？因为过错的表现有千千万万种，易怒也好，杀生也罢，这些不同的过错有着不同的外在表现，但是在这些不同的外在表现之下，都有一个共同的源头，这个源头就是心。了凡先生将其概括为八个字，那就是"过有千端，惟心所造"。所有的过错皆是由心生出来的，所以，从心而改便是改过最彻底、最根本的办法。

所谓从心而改，就是行为要发自内心，思考要发自内心，一切都是自然而然的随心之举，因为心地符合大道，慈悲、清净，所以也就不会再犯错了。所以，从心而改的本质便是要修心，不断去除心中的妄念和分别，使心地达到慈悲、清净的境地。

原文

吾心不动，过安从生？

译文

如果能够不起心动念，过失将从哪里产生出来呢？

解读

从心而改是改过的最高原则，也是改过最彻底、最根本的办法。一切行为和思想都受到心的指挥和控制，饿了就要喝水，饿是心中生出的感觉和念想，喝水便是我们应对这种念想的行为。如果一个人的心思纯净，没有妄念、邪念和分别心，那么他根本就不会出现恶念，自然也不会做出恶行。

要想做到"吾心不动"，不下一番苦功夫是不行的。无论是功过格还是念经念咒，都是修炼内心的好方法。最初，是用行善积德的念头压倒由心而生的妄念。随着修行的不断深入，行善积德的念头便不需要太多意识参与，便能自然而然地存在于思想之中，践行于行为之下。最终，它就会变成和吃饭、睡觉一样的本能，是我们抛开外物之后的本真之性。就像一个人学开车，刚学的时候，必须按照教练教给的动作、参照，不断重复，

不断练习。随着熟练度的增加，便会
形成一种习惯，不再需要提醒，也
能做到各个要点。最终，考取驾
照，再次按照教练教的内容，小心
谨慎地上路，虽然全神贯注，但
总是有注意不到的盲区。随着驾
龄的增长，操作日益熟练，就慢
慢不再需要重复操作要点，也能
很好地驾驶。到最后，便能做到在
交通规则之内轻松驾驶，靠着纯熟的技术和
经验，自然而然地便能将车停好。修行的过程就
和学开车一样，刚开始总是要照着规章，勤学苦
练，修炼到较高境界之后，一切便都发乎自然，
并且"随心所欲不逾矩"。

原文

学者于好色、好名、好货①、好怒，种种诸过，不必逐类寻求。

注释

①货：财物。

译文

一个追求学问的读书人，对于爱好美色、喜得浮名、贪爱财物、喜欢发怒等种种过
失，不必一项一项地去寻找改过的方法。

解读

本段通过实例，来说明人所犯过错之多，阐述从心而改的原则及方法。

大千世界，熙熙攘攘，人的过错，不胜枚举：有的人贪恋美色，有的人爱好浮名，有的人贪图财物，有的人暴躁易怒。这种种的过失，如果按照从事而改的方法，恐怕是要改上许多遍，要费上许多时间。不过，若按照从心而改的方法进行改正，以上种种过错，不论多少种，都无须一个一个地改了。只要把心修炼好了，没有分别、没有妄念、没有执着，那么过错便失去了存在的土壤，以上种种枝节自然会向善、向好，这也就是六祖慧能所说的"本来无一物，何处惹尘埃"。

原文

> 但当一心为善，正念现前，邪念自然污染不上。

译文

只要能够一心一意地发善心、做好事，时时观照自己的心思，等正大光明的心念涌现，那么自然就不会被偏邪的恶念所沾染。

解读

本段阐述了为何用从心而改的改过之法改正错误时"不必逐类寻求"。这是因为，人若一心为善，发善心、做好事，每时每刻都修心，修炼到了心地清净，心念光明的程度，那么心中时时充盈着正念，自然容不下偏邪恶念，偏邪恶念无法沾染心地，过错就自然改好了，又何必费时费力地一一改正，逐类寻求呢？

那么，何为"一心为善"呢？一心，就是没有二念，真正地相信，丝毫不怀疑。为善，就是要多为他人着想，不要总想着个人；就是要多为社会谋福利，不要总想着一己私利。"正念现前"就是心中的为善之念多，为恶之念少；为别人着想的多，为自己着想的少；安然清净的成分多，邪思妄念的成分少。心念被正念所统，自然没有多余的来徒生妄念。就像一个地方，都是好人，那么恶人便没有了生存的土壤。

苏武牧羊的故事流传千古，那么是何种信念支撑着他，不改初心，在偏僻苦寒的北海牧羊十九年，终得归汉呢？苏武是汉朝人，当时汉朝和匈奴的关系时好时坏。公元前100年，匈奴有一位新单于即位，他为了与大汉亲近，便尊奉大汉为丈人。汉武帝为彰显国威，与匈奴修好，派遣苏武率领一百多人出使匈奴，向单于奉送厚礼答谢、祝贺。然而，就在苏武完成出使任务，即将返回大汉之时，匈奴发生内乱，苏武一行被扣。匈奴要求苏武背叛汉朝，臣服单于。

单于首先派出卫律游说苏武，向其许以高官厚禄，但是被苏武严词拒绝。匈奴见利诱不成，便开始威逼。当时正值严冬，天上下着鹅毛大雪，苏武被关进一个露天大地穴中，断食断水，受尽折磨。但是，苏武并未因此而屈服，渴了，他就挖一把雪来吃；饿了，他就嚼一口身上穿的羊皮袄；冷了，他就缩在角落之中。许多天过去了，苏武奄奄一息却志气不改，单于明白，自己不可能降服苏武，他发自内心地敬重苏武的气节，不忍痛下杀手，也不愿放其归汉，权衡之下，苏武被流放到了遥远的北海，也就是今天的贝加尔湖一带牧羊。苏武临行，单于曾召见他，并说道："既然先生不愿为我所用，那就去北海牧羊吧！待到羊群诞下羊羔之日，便是你的归汉之期。"就这样，苏武被迫与同伴分开，来到了人迹罕至的北海。苏武发现，羊群中尽是公羊，是不可能诞下羊羔的，那么他的归汉之期……在遥远的北海，只有羊群和从大汉出发时手持的旄节陪伴着他。他每天都望着旄节发呆，日思夜想地盼望回到大汉。一天过去了，一年过去了，十九年过去了，曾经丰盈无比的旄节上的旄牛尾装饰物也已经掉光了，苏武的头发、胡须尽皆苍白了。那个令其来北海牧羊的单于早已过世，派他出使匈奴的汉武帝也已驾崩，汉朝的天下已经传到了汉武帝之子汉昭帝手中。公元前85年，匈奴内乱再起，单于无力与大汉抗衡，便派出使者求和。所幸，大汉并没有忘记他们！汉昭帝的使者抵达匈奴，要求放回被扣留的苏武、常惠等人。匈奴谎称苏武已死。汉朝再度派常惠出使匈奴，常惠买通单于手下，得知了苏武尚在的消息。得知实情的常惠对单于说道："大汉天子在上林苑狩猎时，射得一只大雁，大雁的爪子上拴着一条绸子，绸子上有苏武的亲笔信。他说自己尚在世间，正在北海牧羊！"单于听罢，心下大骇，忙遮掩道："苏武忠义，感天动地，连大雁都为他送信。"单于立即表示，定会送苏武归汉。就这样，出使时正当壮年的苏武，顶着苍苍白发，终于返回了朝思暮想的大汉。

苏武对大汉的忠心就是他心中的正念，有这个正念在他的心中，一切威逼利诱、磨折痛苦都无法改变他的志气和决心。

原文

> 如太阳当空，魑魅①潜消，此精一②之真传也。过由心造，亦由心改，如斩毒树，直断其根，奚③必枝枝而伐，叶叶而摘哉？

注释

①魑魅：古代传说中的山川精怪。一说为疫神，传说为颛顼之子所化。泛指鬼怪。

②精一：精纯。

③奚：疑问代词，相当于"胡""何"。

译文

　　这就好像太阳在空中普照着大地，所有的妖怪自然就会隐藏、消失，这是改过最为精诚专一的诀窍。人的过失是由心所造作的，所以也应当从心地上来改正。这就如同要斩除毒树，必须直接砍断它的根，不让它再度发芽，又何必一枝一枝地去砍伐，一叶一

叶地去摘除呢？

解读

　　本段通过生动形象的比喻，阐述从心而改是最为精妙的改过自新之法。若把人心中的正念比作太阳，那么邪思妄念便是"魑魅"。魑魅就是妖魔鬼怪，妖魔鬼怪只敢趁着夜色出来作恶，绝不敢也不能出现在光天化日之下。也就是说，只要人的心中被正念充盈，那么邪思妄念便没有用武之地，就不会发挥作用。所以，改过自新的方法中，从心而改是最为精妙的。要想从心而改，就要做到"一心为善，正念现前"，这样一来，人的心中就不会有邪思妄念了，就像太阳当空而照之时，天地之间不会出现妖魔鬼怪一样。

　　所有的过错，虽然或为杀生，或为易怒，或为贪恋美色，或为贪图钱财，或为贪慕浮名，但究其根本，都是由心而生的，都是心中的邪思妄念引发的。既然过错的病根在于心，那么改正的时候，自然也应当从根来改，从心而改。这就像是想要斩伐一棵毒树，只要从根部将其砍断即可，何必费时费力地一条枝一条枝地砍下来，一片叶子一片叶子地摘除去呢？从心而改是砍除毒树时"直断其根"，让其无法再继续发芽、生长；从事上改则是只见枝叶，不见树根，因此改正时费力费时，要一条枝一条枝地砍下来，一片叶子一片叶子地摘除去，而且过错往往是边改边生，永无止境。

原文

大抵最上^①治心，当下清净；才动即觉，觉之即无。

注释

①最上：最好的、最上乘的方法。

译文

大抵最高明的改过方法，是从修心上来下功夫，这样当下就能让心地清净；每当心中坏念刚起时，就能够立刻觉察到，然后马上让这种念头消失，过失自然不会再产生。

解读

本段继续对从心而改的高妙之处进行阐述。了凡认为，从事而改、从理而改和从心而改这三种改过之法中，最高明、最精妙的改过之法就是从心而改，所以他说"大抵最上治心"。会治心的人，每天都在进步，对己慎独，对人包容，他们总是越活妄念越少，越活烦恼越少，越活心越清净，因此看起来容光焕发，往往身体也非常健康，这就达到了"当下清净"的效果。从心而改的效果是立竿见影的，也是功效长久的，因为源头好了。就像一条水流，我们想要截断一条水流，用土盖住它，它有可能越聚越多，冲破而出；多开几条沟，引导它，虽然能够使其畅通，但是终究无法截断；只有找到水的源头，关紧阀门，水才能停止流动，才能从根本上将其截断。这个源头就是我们的心，只要阀门一关，水立马就停住了，其他方法是比不了的。

为何从心而改，治心修心便能获得清净呢？因为把心修好了，心就会无时无刻不在工作，心中刚刚升起一个邪思或是妄念，还未来得及付诸行动，心马上就能感知到，觉察到。一旦心感知、觉察到邪思妄念的产生，便会立即停止这种妄念邪思，这些妄念邪思还未及付诸行动便消失了，行为上没有过错，念上的过错一经萌芽便已消止，因此便没有过错了。

"动"指的是心动，心中的邪思妄念妄动；"觉"是察觉、觉醒。心中妄念一动便被察觉，正念充盈心间，这个妄念也就熄灭了、消失了。因此，恶念邪思没有继续增长的空间，也没有付诸行动的机会，这就是从源头上改。心中毫无杂念，人就找回了真诚、清净、平等、慈悲的本性，真诚不虚假，清净不污染，平等无分别，慈悲之人能够抛却一己之私，一己之利，爱护芸芸众生。心中没有分别，没有妄念，虚怀若谷，合乎自然，修心就修到家了。

原文

苟①未能然，须明理以遣之；又未能然，须随事以禁之。以上事②而兼行下功③，未为失策。执下而昧上，则拙矣。

注释

①苟：如果。

②上事：行以最上乘的方法。

③下功：指最下等的功力成就。

译文

如果达不到这种境界，就必须明了其中的道理，以便将坏念头打发掉。若再办不到，那就只好随着恶事将犯时，以强制的方式来禁止自己犯过。如果能以上乘的治心工夫，并且兼用明理与禁止两种较下乘的方法来约束自己的念头，这也不失为一个好方法；如果只是执着于下乘方法，而不知道用上乘的方法，那就实在是太愚笨了。

解读

本段对三种改过之法进行总结，通过比较，阐述了从心而改、从理而改、从事而改三种改过之法的优劣，以及修行之中对以上三种方法的取舍原则和选择次序。

每个人的悟性不同，对于改过之法的选择也有所不同。有的人悟性高，能够不断修心，从根源上断恶修善，起心动念之时就把妄念邪思刹住。不过，有些人悟性一般，或者修行的时间不够长，不能够从容、自如地运用从心而改的改过之法，这便是了凡先生所谓的"苟未能然"，也就是达不到从心而改这种高妙境界的人该如何改过，怎样选择改过之法呢？这样的人，"须明理以遣之"。如果做不到从心而改，那么就退而求其次，从理而改。去探寻自己犯错的过程和原因，明了其中的道理，通情达理之后，便能从道理上知晓一类错误的共同原因，便能从茎干之上改正错误。这种改法，虽然不及从根、从心而改来得彻底，但总算可以从"理"上明了善恶，平息心境，减少恶念，化解怒气，消除恶行。若悟性太差，或者刚刚开始修行，连从理而改都做不到，也就是了凡先生所谓的"又未能然"，那依然不能故步自封，自

暴自弃，这种情况下依旧有改过之法，那就是"须随事以禁之"，也就是做不到从心而改，也做不到从理而改，便只能不怕费时费力地从事而改了。就像《射雕英雄传》中的郭靖，他悟性不高，资质平平，亦不通晓太多道理，胜在心思单纯，有股韧劲，从小勤学苦练，笨鸟先飞，也成了一代大侠。改过也是同理，如果掌握不了从心而改和从理而改的方法，那么就在怒气将发之时，控制自己不去发怒；在恶行将犯之时，强制自己不去作恶。虽然是从细枝末节入手，但是恶行也会慢慢减少，恶念亦会慢慢减少，也是改过之法。

不过，在改过时，还是要把握以上统下的原则。也就是说，要不断从修心治心上下功夫，不论悟性如何、修行时间长短，都要有修心治心的理念，在修心治心的过程中，可以配合从理而改、从事而改的改过之法，多管齐下，这样改过，"未为失策"。但若本末倒置，只知道从细枝末节入手，执着在法令规章中，虽然样样都能遵守，但是不明其理，也不懂得从心而改，那就是"执下而昧上"，这样的改法就很笨拙，很不可取。要知道，所有的戒律都是为了帮助修心而制定的，所以，若心已达清净之境，那便不必执着于戒律本身。

明朝末年有一位和尚，他为了救逃到寺庙里的难民，在山贼面前吃肉喝酒。当时山贼说，只要他吃肉喝酒，便能放过寺庙中的难民，于是这位和尚气定神闲地端起酒杯，说道："我以酒代茶。"说完一饮而尽，接着又拿起碗里的肉，说道："我以肉为菜，请!"酒肉下肚之后，和尚面不改色，坦然自若。山贼见状，心下大骇，便信守诺言，饶过了寺中难民的性命。道济和尚说："酒肉穿肠过，佛祖心中留。世人若学我，如同进魔道。"他说的"世人"，指的是未修得清净心的凡人。高僧从心而改，便可不必执着于细枝末节。

原文

顾^①发愿改过，明须良朋提醒，幽须鬼神证明；一心忏悔，昼夜不懈，经一七^②、二七，以至一月、二月、三月，必有效验。

注释

①顾：但，只是。
②一七：犹一周。泛指七天。后边"二七"同理。

译文

但是发愿要改过也需要有助缘，明处须有良师益友从旁提醒，暗处须要有鬼神来做证明。只要能够真诚恳切、一心一意地忏悔以往所造作的过失，如此日夜施行，毫不怠惰，那么经过一星期、两星期，一直到一个月、两个月、三个月之后，必定会产生效果。

解读

前文讲过，改过自新需要发耻心、发畏心、发勇心，这是从个人角度来说的，那么，改过自新是否需要外力的帮助呢？答案是肯定的，发改过自新之愿后，在明处离不开良朋益友的提醒。每个人在以往的生活中都会形成很多习惯，这些习惯单靠自己改正很难，这时，如果身边有个朋友不时提醒，一来可以避免我们犯错，二来可以及时纠正我们所犯之错，对于改过自新是大有裨益的。《世说新语》中记载着这样一个故事，管宁和华歆是好朋友，某天他们二人一起在园中锄草，恰巧地上有一片金，管宁心思纯净，心神合一，所以泰然自若地挥动着锄头继续锄地，和看到瓦片石头时没有任何区别。华歆则不同，他看到金子，欢欣鼓舞，得意扬扬地拾起金片又将其扔到地上。他们二人读书之时，曾经同坐一张席子，关系非常亲近。某天，有个乘坐华盖穿着礼服的人从学堂下经过，管宁依旧专心致志地读书，华歆却经不住诱惑，放下书出门围观去了。管宁见状，就割断席子和华歆分开坐，并对他说："你不是我的朋友了。"管宁可谓良朋益友，他用实际行动向华歆诠释着何为过，如何改过自新。如果没有朋友在侧，我们就应当充分发挥敬畏之心的作用，敬畏天地鬼神，做到慎独，诚心而为，必会有所感应，这便是了凡所说的"幽须鬼神证明"。

改过自新，应当持之以恒，勤奋不息，也就是了凡先生所说的"一心忏悔，昼夜不懈"。"一心忏悔，昼夜不懈"就是下定决心改过自新，就要时时刻刻提醒自己保持慈悲、平等、清净之心，昼夜都不能间断，不能生妄念邪思，更不能做出恶行。保持这种一心忏悔，昼夜不懈的状态，经过一七也就是七天，或者二七也就是十四天，乃至一个月、两个月、三个月，那么一心忏悔、改过自新的行为必然会产生效验。产生效验之后，改过之人会有何种感受呢？下文将会对此进行详细说明。

原文

> 或觉心神恬旷①，或觉智慧顿开，或处冗沓②而触念皆通，或遇怨仇而回嗔作喜③，或梦吐黑物，或梦往圣先贤提携接引，或梦飞步太虚④，或梦幢幡宝盖⑤，种种胜事⑥，皆过消灭之象也。然不得执此自高，画⑦而不进。

注释

①恬旷：淡泊旷达。

②冗沓：繁杂。

③回嗔作喜：由生气转为喜欢。嗔，生气。

④太虚：太空，宇宙。

⑤幢幡宝盖：幢幡，特指刹上之幡。幡，用竹竿等挑起来直着挂的长条形旗子。幢，古代原指支撑帐幕、伞盖、旌旗的木杆，后借指帐幕、伞盖、旌旗。宝盖，佛道或帝王仪仗等的伞盖。

⑥胜事：殊胜、美好的事情。

⑦画：指画地自限，画地为牢。意思是把自己上进的路断了。

译文

到了这个阶段，你或者感觉精神愉悦，心境开阔；或者感觉智慧忽然大开，触理便悟；或者虽处在繁忙纷乱之际，心理上都能清清朗朗，无所不通；或者是遇到往日冤家仇人而能把嗔恨心消除，心生欢喜；或者梦到吐出因过去造作的恶业所形成的污秽黑物，而顿生清凉；或者梦见古圣先贤来帮助接引，前程光明；或者梦到在太空中飞行漫步，自在逍遥；或者梦见各类庄严的旗帜，以及用珍贵的珠宝所装饰的伞盖。像这些殊胜的情况，都是过失消除、罪业灭去的征象。但我们不能因遇到了这种种祥瑞的象征、胜境，而就自以为高人一等，因此画地自限，不再努力求进步了。

解读

诚心诚意忏悔，一心一意改过自新，经过一段时间，便会产生效验。这个效验可以体现在个人的感觉上，了凡先生为我们列举了三个感觉上的变化，分别是"心神恬旷""智慧顿开""处冗沓而触念皆通"。

"或觉心神恬旷"，有的人过去感觉闷闷不乐，浮躁不安，经过忏悔和改过，就会产生心神恬旷之感。"恬"是安然、平静、坦然，不再浮躁不安；"旷"是心神开朗，心境阔大，不再郁结沉闷。说明修行之人，心结解开了，心情疏阔开朗，平静坦荡。

"或觉智慧顿开"，有的人过去糊里糊涂，昏昏沉沉，头脑很不清晰。经过一段时间的忏悔和改过，就会产生智慧顿开的感觉，他们每天不再时时事事有迷惑昏沉之感，而是头脑清晰明白。

"或处冗沓而触念皆通"，有的人每日面对很多繁杂难解之事，从前会浮躁易怒，心中烦躁，不知如何下手处理。经过一段时间的忏悔和改过，再面对这些繁杂难解之事，能够保持平静了，不再觉得麻烦了，而是可以分门别类、触类旁通地将其很好地完成或者解决。也就是，以前的难事现在变得容易了，情绪上也平静了，不再心生烦恼。

这就是忏悔改过之后，在自我感觉上的三个效验。

诚心诚意忏悔，一心一意改过自新，除了会在自我感觉上有效验，也会在待人接物上有效验，对待他人的态度也会有所变化。这个变化在遇到与自己素有怨仇之人时，表现得最为明显，那就是"或遇怨仇而回嗔作喜"。过去看到自己的冤

了凡四训

家仇人，一定是会心生厌恶、憎恨，甚至会发怒、骂人。但是，经过一段时间的忏悔和改过，看到过去让自己不高兴的人，或者曾经跟自己过不去的人，不再会产生厌恶、憎恨的感觉，也不会出言不逊地骂人，而是能够心平气和地以礼相待。以上种种变化说明，经过修行和改过，清净心增长了，嗔怒怨念减少了。

前文阐述忏悔和改过的效验，是自我感觉上的，或者是待人接物的态度上的变化，都是人事上的改变；接着继续对忏悔改过的效验进行阐述，忏悔改过之后，在人事改变之外，梦境亦会出现种种效验迹象。

"或梦吐黑物"，有的人会梦到吐出污秽黑物，这些黑物就是过去作恶形成的脏东西，梦中将它吐出来，就是自己已然弃恶从善的象征。

"或梦往圣先贤提携接引"，有的人会梦到往圣先贤教诲、引导自己。能够在梦中听到往圣先贤的教诲，本身就是极大的荣耀；往圣先贤，字字珠玑，听他们的教诲自然受益良多，这也是自己弃恶从善不断修行的一种福报。

"或梦飞步太虚"，梦中的自己腾云驾雾，一身轻盈，飘飘欲仙，是忏悔改过得法的征兆。"或梦幢幡宝盖"，梦中看到很多庄严旗帜，还有珍宝装饰的伞盖。"种种胜事，皆过消灭之象也"，以上种种迹象，都是莫大殊荣，都是感应，说明过去种种过失或者过错的不良影响正在慢慢消除，忏悔、改过之举正让福报渐渐降临。

上述种种殊胜瑞象都象征着过去的过失正在慢慢消除，那么，是否应该因为自己梦此胜境而沾沾自喜，四处宣扬呢？当然不是，一个真正的忏悔改过之人，绝不会因此而沾沾自喜，四处宣扬，更不会执着于这些事相，并滋生出骄傲自满的情绪。了凡告诫大家，"不得执此自高，画而不进"。"执"就是执着，深陷其中；"此"就是上述种种殊胜瑞象；"自高"就是骄傲自满、自以为是；"画"就是画地自限，画地为牢，也就是终止修行，不再为此勤奋努力；"进"就是进步。也就是说，决不能因为取得一点成绩，就沾沾自喜，骄傲自满，自以为是，故步自封，不求上进，这样只会害了自己。应当不断进取，不断追求更高的境界。

原文

昔蘧伯玉当二十岁时，已觉前日之非而尽改之矣。至二十一岁，乃知前之所改未尽也；及二十二岁，回视二十一岁，犹在梦中。岁复一岁，递递①改之。行年五十，而犹知四十九年之非。古人改过之学如此。

注释

①递递：连续。

译文

从前，春秋时代卫国的贤大夫蘧伯玉，在二十岁的时候，就已经能够时时反省、觉察自己以往的过失，进而完全地改正过来。到了二十一岁，知道以前的过失尚未完全改掉；及至二十二岁，回头检点二十一岁时的自己，就如同身处梦中一般，还会糊里糊涂地犯过。这样一年又一年地逐步改正过失，直到五十岁那年，还察知过去四十九年尚存的过失。古人的改过之学就像这样。

解读

本段以卫国大夫蘧伯玉为例，说明"不得执此自高，画而不进"的道理。

蘧伯玉是春秋时期卫国人，大约生于公元前 585 年，卒于公元前 484 年之后，是春秋时的大贤，也是一位长寿之人。他自幼聪明过人，饱读经书，能言善辩，外宽内直，生性忠恕，虔诚坦荡。蘧伯玉在卫献公即位之初就已入仕，在献公中期已经成为举世皆知的贤大夫。蘧伯玉一生，侍奉过卫献公、殇公、灵公三代国君，主张以德治国，认为执政者应当以自己的模范行为去感化、教育、影响人民，他体恤百姓、关注民生，主张实施弗治之治。卫国经历数次战乱、内讧，在数个大国的夹缝之中求生存，但因为蘧伯玉等数位大臣的努力，卫国始终稳立中原，民众安居乐业，孔子周游列国进入卫国时，发出"庶已乎"的惊叹。

蘧伯玉和孔子是挚友，二人分别在卫国和鲁国出仕之时，就曾互派使者致问。孔子周游列国十四年，其中有十年都在卫国，曾两次在蘧伯玉家设帐。二人无事不谈，充分交流思想。此外，蘧伯玉"弗治之治"的政治主张，是道家"无为而治"思想的滥觞。

蘧伯玉取得如此巨大的成就，和他的自省、改过是分不开的。他的一生是不断反省，不断进步的一生。他在二十岁时，就意识到了过往的错误，并能立志改正、尽数改正。不过，他并未就此止步，二十一岁时，他仍旧在不断自我反省，"乃知前之所改未尽也"，于是继续改正，继续完善自己。"及二十二岁，回视二十一岁，犹在梦中。岁复一岁，递递改之"，蘧伯玉能成为大贤，离不开他的恒心，二十岁醒悟以来，他从未间断，每时每刻每年都在反省自己的过错，然后改正，进而再度反省、完善。他从二十岁起，一直反省改错，直到"行年五十，而犹知四十九年之非"，从未停止断恶修善、改过自新的步伐。这就是断恶行善的榜样和典型，值得所有人学习。

原文

> 吾辈身为凡流①，过恶猬集②，而回思往事，常若不见其有过者，心粗而眼翳也。

注释

①凡流：平凡之人；庸俗之辈。

②猬集：事情繁多，像刺猬的硬刺那样丛聚，比喻众多。

译文

　　像我们这种庸碌的凡夫，所犯的过失就像是刺猬身上的毛一般，丛集于一身，但回想以前所做过的事情，却常会像是看不到有什么过失一样；这实在是由于自己太过粗心大意，不晓得要仔细去省察，眼睛像是长了翳病一般，看不清楚自己的过失呀！

解读

　　上段以卫国大贤蘧伯玉为例，说明了圣贤是如何断恶修善、改过自新的；本段则将视角转回凡夫俗子，通过对比，来阐述凡夫俗子与圣贤的差距。

　　孔子教育我们，要见贤思齐，蘧伯玉珠玉在前，为改过自新树立了一个非常好的榜样，那么平凡之人和圣贤的差距在哪里呢？首先，庸碌凡夫的过错、过失、过恶比圣贤多，所犯过恶就像是刺猬身上的刺一般，全身都是。其次，庸碌凡夫缺乏正确的自我认知，身上有这么多过错，他们却非常粗心大意，就像是眼睛有病一样，对自己的过恶视而不见。一个人身上过恶丛集，自己却视而不见，如何会改过自新呢？这就是庸碌凡人和以蘧伯玉为例的圣贤，在对待自身过错问题上，产生的鲜明对比。

原文

> 然人之过恶深重者，亦有效验：或心神昏塞①，转头即忘；或无事而常烦恼；

注释

①昏塞：昏聩闭塞。

译文

然而一个人的过失、罪恶如果较为深重，也会出现征兆以作检验的：有的精神昏沉，所交付的事情转身就忘记；有的虽然没有什么可以烦恼的事，却常现出一副烦恼相；

解读

前面提到，一个人下定决心忏悔，改过自新，那么一心一意地坚持一段时间之后，就会有效验。这效验既可能表现在个人的感觉上，也可能表现在待人接物的态度上，还有可能表现在梦境之中。同理，一个人过恶深重，往往也会有种种迹象和征兆。这些迹象和征兆表现在个人感觉上，就是"或心神昏塞，转头即忘""或无事而常烦恼"。

"或心神昏塞，转头即忘"，这样的人往往头脑不清楚，不通透，记忆力也不好，每天昏昏沉沉，糊里糊涂的，十分健忘。

"或无事而常烦恼"，也有些会因为妄念太多而自寻烦恼，明明没有困难，也没有人招惹，可他就是思多想多，心烦意乱，烦恼不堪。

以上两点，是过恶深重之人在自我感觉上的效验。

原文

> 或见君子而赧然①相沮②；或闻正论而不乐；或施惠而人反怨；或夜梦颠倒，甚则妄言失志。皆作孽③之相也。苟一类此，即须奋发，舍旧图新，幸勿自误。

注释

①赧然：形容难为情的样子，羞愧的样子。
②沮：阻止；毁坏。
③作孽：指作乱，作恶。

译文

有的遇到品德高尚的人，就因羞愧而去毁谤人家；有的听到圣贤之道，心里却不欢喜；有的在布施恩惠给别人时，反而招致对方的埋怨；有的夜里梦见一些颠颠倒倒的噩梦，甚至经常语无伦次，失去了正常的神志。这些都是过去造作的罪孽，所应现出来的表征。如果出现与此类似的情况，就应该振作精神，舍弃过去不好的思想行为，力图开辟崭新而正确的人生大道，希望你不要耽误自己的前程。

解读

一个人如果过恶深重，除了会在自我感觉上有所效验外，在待人接物的态度上、在梦境之中也会表现出种种迹象、征兆。

在待人接物的态度上，"或见君子而赧然相沮"，往往不敢直面正人君子，一旦遇到品德高尚的君子，往往会表现出局促不安、不好意思的情态。这虽然是过恶深重的一种表现，但这样的人，尚有羞耻之心，只要决心而改、断恶修善，还是能去除过恶的。"或闻正论而不乐"，有些人因为过恶太多，形成了恶习，听不进正经话，看不惯正经道理，会觉得别人是在故意为难自己，因此听到别人劝他弃恶从善就一脸不高兴。"或施惠而人反怨"，有些人向别人施惠，反而招致怨恨，这样也是过恶深重之人。

在梦境之中，过恶深重主要表现为"夜梦颠倒，甚则妄言失志"。"夜梦颠倒"就是晚上做噩梦。前面讲过，一心忏悔、改过自新之人，梦境中都是些殊胜瑞象，而过恶深重之人，却是夜梦颠倒，不能安眠，这就是对比。有些严重的，甚至会"妄言失志"，胡言乱语或者语无伦次，甚至精神失常。

以上种种，都是过恶深重的作孽之相。

不论是个人的自我感觉，还是待人接物的态度，或者是夜梦颠倒，甚至是妄言失志，只要出现上述迹象，其实都是效验，都是提醒，是在提醒当事者过去的恶行、恶念太多，已经非常严重，需要从现在起立即回头、认真忏悔、革除习气、舍旧图新。如若继续我行我素，不知忏悔改过，只会害了自己，自毁前途。

说到底，改过之法是自己救自己，别人虽然能够起到提醒监督的作用，但根本上还是要靠自己。如果自己不能认识到自身的错误，不能发耻心、发畏心、发勇心，不能从理而改、从心而改，那便是自己误了自己的一生。

第三篇 积善之方

原文

易①曰："积善之家，必有余庆。"昔颜氏②将以女妻叔梁纥③，而历叙其祖宗积德之长，逆知其子孙必有兴者。孔子称舜之大孝，曰："宗庙飨④之，子孙保之。"皆至论⑤也，试以往事征⑥之。

注释

①易：此指《易经》。

②颜氏：指孔子的母亲家姓氏。孔子之母姓颜，二十岁时嫁给孔子的父亲。

③叔梁纥：孔子的父亲，名纥，字叔梁，生于公元前622年，卒于公元前549年。春秋时期宋国人。宋国君主的后代。后来，流亡到鲁国的昌平陬邑（今山东曲阜东南）。其人品出众，博学多才，兼会武功，且又是陬邑的大夫（古代高级官职），与鲁国的著名将领狄虒弥、孟氏家臣秦堇父合称为"鲁国三虎将"。

④飨（xiǎng）：用酒食招待客人，泛指请人受用。

⑤至论：指高超的或正确精辟的理论。

⑥征：证明，证验。

译文

　　《易经》上说，积善的家庭，一定会有很多喜庆的事。例如，从前姓颜的人家，要把他的女儿许配给孔子的父亲，就将孔家所做的事情，一件一件列举出来，觉得孔家祖先所积的德，多而且长久，所以预知孔家的子孙中一定会有取得大成就的人。后来果然生出了孔子。还有，孔子称赞舜的孝，是不平凡的孝顺，孔子说："像舜这样的大孝，不但祖先要享受他的祭祀，并且他的子孙可以世世代代保住他的福德，不会败落。"这些都是

至情至理的说法。现在我再以过去发生的真实事情，来证明积善的功德。

解读

自这一段开始，本书由第二部分改过之法，进入了第三部分积善之方。

本段开头，了凡便引用《易经》原文，对积善一事进行了立论，那就是"积善之家，必有余庆"。从古至今，人们都认为，积善行德的家庭、家族一定会有许多喜庆之事，先辈积善能够福泽子孙。事实真的如此吗？为了论证这一观点，了凡以历史上的孔子家族为论据，向读者介绍了孔子父母结缘成家的因由及这个家族的发展情况。

"昔"是过去的意思，很久以前，颜家有个女儿，她的父亲颜氏为她择了一门亲事，将他许配给了叔梁纥。颜氏为何会选中叔梁纥作为自己的女婿呢？是出于门当户对的考虑，还是他们二人两情相悦的缘故？这些了凡先生都没有交代，因为上述因素都不是颜氏为女儿择婿时看重的因素，他看重的是叔梁纥的家族、家风。颜氏为女儿"历叙其祖宗积德之长"，"历叙"就是一件一件地说，将叔梁纥祖上积善行德之事全部向自己的女儿讲了一遍。从这句话中可以看出，叔梁纥的祖上做了很多好事，他们积善行德是有家族传承的，可以说是代代相传，成了家风。因此，颜氏看中了这个家族的小伙子叔梁纥，他的观念十分朴素——这样积善行德之家教育出的孩子，在这样的家族氛围中成长起来的孩子，一定是值得托付的；这样的家族，必定会子孙兴旺，人才辈出。果不其然，颜氏女嫁给叔梁纥后，生了一个儿子，就是万世师表、流芳百世的孔子。叔梁纥是孔子的父亲，颜氏女便是孔子的母亲，那个为女儿择婿时"历叙其祖宗积德之长"的颜氏，就是孔子的外公。

叔梁纥，子姓，孔氏，名纥，字叔梁，生于春秋时期宋国栗邑，为逃避宋国战乱，流亡到鲁国昌平陬邑（今山东省曲阜市东南）。他人品出众，博学多才，能文善武，曾任陬邑大夫一职，与鲁国名将狄虒弥、孟氏家臣秦堇父合称"鲁国三虎将"。叔梁纥向鲁国颜氏求婚时，年纪已经很大了，颜家有三个女儿，颜父对她们说："陬大夫叔梁纥的祖上六代积德，他定会子

孙兴旺，后代之中必出圣贤。尽管他年纪不小了，性情也略显急躁，但这些都不足挂齿，你们三个谁愿意嫁给他？"大女儿和二女儿默不作声，三女颜征在上前对父亲说："一切听从父亲决断，不必再问了。"颜父见状，说道："看来嫁给他的就是你了。"于是便将颜征在嫁给了叔梁纥。

其实，这个故事不仅有力地论证了"积善之家，必有余庆"这一观点，也在择偶标准这一问题上给了大家许多启发：你看重什么，便会收获什么，所以择偶时一定要方向正确、找对重点，这样才能为自己赢得幸福。

前面讲孔子家世，接着引孔子言论，由孔子的称赞，向读者介绍了历史上能够称之为大孝的舜帝。孔子称赞舜帝是大孝之人，舜的亲生母亲去世后，他的父亲续娶了一位妻子，后母、父亲及他们的儿子象都对舜极其恶劣，甚至想害他的性命，霸他的家产。可是舜始终不生怨念，总是从自己身上找原因，不断反省、改过自新，最终感化了家人，并因"大孝"而美名远播。孔子在《中庸》一书中写道："舜其大孝也与！德为圣人，尊为天子，富有四海之内。宗庙飨之，子孙保之。"意思是说，舜应该是最孝顺的人了吧！他有着圣人般的德行，后来成为尊贵的天子，富有四海，享受宗庙的祭祀，子孙长盛不衰，始终保持着他的功业。

在了凡看来，孔子对舜帝的称赞和论断极有道理，是至理名言。接下来他将要用一些真实发生的案例，来论证这一观点。为了论证上述观点，了凡一共举了十个例子，这些人、这些事就发生在了凡生活的明朝，可以说是当时大家的身边人、身边事，以这些人和事为例，既能增加亲切感，又能增强说服力。

原文

> 杨少师荣①，建宁人。世以济渡②为生，久雨溪涨，横流冲毁民居，溺死者顺流而下，他舟皆捞取货物，独少师曾祖及祖惟救人，而货物一无所取，乡人嗤其愚。逮③少师父生，家渐裕，有神人化为道者，语之曰："汝祖父有阴功④，子孙当贵显，宜葬某地。"遂依其所指而窆⑤之，即今白兔坟也。后生少师，弱冠⑥登第，位至三公⑦，加⑧曾祖、祖、父，如其官。子孙贵盛，至今尚多贤者。

注释

①杨少师荣：杨荣（1372—1440年），初名子荣，字勉仁，福建建宁人。建文二年（1400年）进士，累官谨身殿大学士、工部尚书，宣德十年（1435年）加为少傅，正统三年（1438年）升任少师。谥"文敏"，有《杨文敏集》传世。

②济渡：摆渡。用舟渡人过河。

③逮（dài）：到，及。

④阴功：阴德。

⑤窆（biǎn）：下葬。

⑥弱冠：过去男子满二十岁时行冠礼，表示已经成人，但体还未壮，所以称为弱冠。后泛指男子二十岁左右的年纪。

⑦三公：古官名，其说法各异。此指明代三公，即太师、太傅、太保（少师、少傅、少保包括在内）。明仁宗之后，三公皆为虚衔，为勋戚文武大臣加官、赠官。

⑧加：封官。

译文

有一位做过少师的人，姓杨名荣，是福建省建宁人。他家世代以摆渡为生。有一次，雨下得太久，溪水暴涨，水势汹涌横冲直撞，把民房都冲毁了，被淹死的人顺着水势一直流下来。其他的船都去捞取水中漂来的各种财货，只有杨少师的曾祖父和祖父，专门去救水里漂来的灾民，而财物一件都没有捞取，乡人都偷笑他们是傻瓜。等到少师的父亲出生后，他们的家道也渐渐变得宽裕了。有一位神仙化作道士的模样，向少师的父亲说："你的祖父和父亲，都积了许多阴功，所生的子孙应该发达做大官。你可以将你的父亲葬在某一个地方。"少师的父亲听了，就按照道士所指定的地方，把他的祖父和父亲安葬了。这座坟，就是现在大家所知道的白兔坟。后来少师出生了，二十岁时就中了进士。一直做官，做到三公中的少师。皇帝还追封他的曾祖父、祖父、父亲，与少师一样的官位。而且少师的后代子孙，都非常兴旺，一直到现在还有许多贤能之士。

解读

在本段，了凡讲述了第一个案例，这个案例的主角名为杨荣，是福建建宁人，官至少师，不过他并非生于簪缨世家，而是靠着祖上积善行德，

家境逐渐富裕起来，到他这一代，通过科举取士，考中进士，才位列三公，光宗耀祖。

俗话说"靠山吃山，靠水吃水"，杨家本是生活在福建建宁一带的普通人家，要维持生计，自然得做些什么。杨家祖上因为靠近水边，因此"世以济渡为生"，杨家祖祖辈辈都是靠着划船摆渡为生的。明朝时期，生产力并不发达，划船摆渡基本是依靠体力，这个活计并不算轻松，得到的报酬应该也没有多丰厚，所以这个时候杨家的家境应该并不宽裕。

在这样的背景之下，他家摆渡的那条河上"久雨溪涨"，因为长时间下雨，雨水过多，河水大涨，河堤无法承载如此大的水量，因此形成了水灾，造成了很严重的后果。河水横流冲出河堤，"冲毁民居，溺死者顺流而下"，沿途的村庄饱受水灾之患，房屋被冲毁，还有些灾民被水冲走，溺死水中，被水流冲到了下游。

面对灾情灾民，杨家和其他船家的行为形成了鲜明的对比："他舟皆捞取货物"，水火无情，洪水来时，冲刷而下的自然会有货物钱财，见到这般情形，其他船家见钱眼开，都纷纷趁机捞取水中的货物；"独少师曾祖及祖惟救人，而货物一无所取"，只有杨荣的曾祖父和祖父只顾着划船救人，没有对这些货物产生非分之想，一心用在救助灾民上。这种积善行德之事，本应该是为人称道的，可是乡亲父老对他们这种救人的行为不仅没有心生敬佩，也没有被他们的精神所感召，而是"嗤其愚"，对他们救人危难的行为嗤之以鼻、言带讥讽，认为杨家这种只知道费劲救人，不知道趁机发财的行为是愚昧无知。这不禁让人想起，有些通过高速公路运输货物的货车，因为种种原因在高速公路上发生侧翻，附近居民毫无安全意识地来到高速公路上哄抢货物，甚至连警察的警示都置若罔闻，只留下货车司机欲哭无泪。可见，虽然经过了几百年，类似的情况却并未消失。

杨荣的曾祖和祖父在洪灾中不取货物，一心救人的事，十分鲜明地表现出了杨家和其他人家的不同，也为杨家后来的际遇埋下了伏笔。果然，好人有好报，"逮少师父生，家渐裕"，得益于祖上积善行德，等到杨荣父亲出生时，杨家的家境便逐渐好转，慢慢宽裕起来了。而后，有一得道高人指点杨荣的父亲道："汝祖父有阴功，子孙当贵显，宜葬某地。"这个道人对杨荣的父亲说，因为他的祖父、父亲，也就是杨荣的曾祖、祖父积了阴德，所以他的子孙会显贵，能当大官，并为杨荣之父指点了祖坟的位置。杨荣的父亲按照道人的指点，埋葬祖父、父亲，这个坟墓就是白兔坟。有人也许会说这只能说明杨家有贵人相助，祖坟风水好。可是，为何别家没有贵人相助，贵人偏偏要助杨家呢？究其根本，还是因为杨家和别家不同，他们有慈悲心、轻钱财，重人命，家风好，以自己的所作所为，润物无声、潜移默化地为后人留下了许多精神财富。

"后生少师，弱冠登第，位至三公"，再往后，杨荣便出生了，杨荣于弱冠之年进士及第，而后一路成长，位列三公。古时候，男子二十岁的时候成年，这时便会行冠礼，也就是戴上帽冠，以示成年，不过这个时候他们的身体还不算强壮，也还年少，因此在"冠"前加一"弱"字，称为"弱冠"。杨荣二十岁左右就中了进士，成为天子门生，可谓年少得志、前途无量。他也果然不负众望，官至少师，位列三公。"三公"之职历来说法不一，在明朝多指太师、太傅、太保三种官职的合称，是正一品的高官；少师、少傅、

少保则合称为三少或三孤，是从一品，比三公略低。《清史稿·官职志》记载："太师、太傅、太保为三公，正一品。少师、少傅、少保为三孤，从一品。掌佐天子，理阴阳，经邦弘化，其职至重。"

"加曾祖、祖、父，如其官。子孙贵盛，至今尚多贤者"，杨荣不仅自己官至高位，位列三公，还光宗耀祖，他的曾祖父、祖父、父亲也因为他，被追封了少师的官职，这对于一个原本靠着划船渡河维生的家族来说，可以算得上是无上荣耀！杨家子孙繁盛，显贵尊崇，直到了凡著书之时，仍然有许多贤德之人。先祖与子孙，本就是一脉相承，一荣俱荣，一损俱损的。若非先祖积德行善，家境渐裕，得高人指点，杨荣未必能够官至三公；若非杨荣争气，弱冠及第，他的曾祖、祖父和父亲根本不可能有机会被追封官职；若非杨家家风传承，杨家未必会成为世家，后代也未必会子孙繁盛，直到了凡著书之时仍有许多显贵贤德之人，光耀门楣、造福社会。

由此可见，人的确应当心存善念，积善行德。

原文

鄞①人杨自惩②，初为县吏③，存心仁厚，守法公平。时县宰④严肃，偶挞一囚，血流满前，而怒犹未息，杨跪而宽解⑤之。宰曰："怎奈此人越法悖理⑥，不由人不怒。"

自惩叩首曰："上⑦失其道，民散久矣，如得其情，哀矜勿喜⑧；喜且不可，而况怒乎？"宰为之霁颜⑨。

家甚贫，馈遗⑩一无所取，遇囚人乏粮，常多方以济之。一日，有新囚数人待哺，家又缺米，给囚则家人无食，自顾则囚人堪悯，与其妇商之。

妇曰："囚从何来？"曰："自杭而来。沿路忍饥，菜色可掬⑪。"

因撤己之米，煮粥以食囚。后生二子，长曰守陈，次曰守址，为南北吏部侍郎⑫，长孙为刑部侍郎⑬，次孙为四川廉宪⑭，又俱为名臣；今楚亭、德政⑮，亦其裔也。

注释

①鄞（yín）：地名，今浙江省宁波市鄞州市。

②杨自惩：明朝人，具体生平不详。

③县吏：古时县里的吏役书办。

④县宰：县令、县长的别称。

⑤宽解：宽慰劝解，使解除烦恼。此指为人求情，请求宽恕。

⑥越法悖理：指违反法律、常理。

⑦上：此指当时的朝廷。

⑧哀矜勿喜：指对遭受灾祸的人要怜悯，不要幸灾乐祸。哀矜，哀怜，怜悯。语出《论语·子张》。

⑨霁颜：指收敛威怒的样子。

⑩馈遗：赠送。

⑪菜色可掬：形容人因饥饿而脸如又青又黄的菜色，几乎可以用手捧起来。

⑫南北吏部侍郎：在明代，南指南京（明代的分都）；北，指北京，是正式首都。吏部，是当时政府六部之首，主管国家人事。侍郎，是该部的副首长，如同今天的副部长。

⑬刑部侍郎：刑部主管司法行政。刑部侍郎，即司法副首长。

⑭廉宪：原是提刑按察司，又称意访，又叫臬台，主管省级司法风纪。

⑮楚亭、德政：均为人名，杨自惩后代。

译文

浙江宁波人杨自惩，起初在县衙做书办，仁慈厚道，而且守法公平，做事公正。当时的县官，为人严厉方正，有一次打了一个囚犯，打到鲜血流满了眼前的地面，县官还是没有息怒。杨自惩见了就跪下，替囚犯向县官求情，请县官宽谅那个囚犯。县官说："你求情本来没有什么不能宽恕的，但是这个囚犯不守法律，违背道德伦理，让人不能不生气啊！"

杨自惩一边叩头一边说："朝廷政治黑暗、贪污、腐败，已经没有是非可言了，民心散失也已经很久了。如果案件审出了实情，我们应该替他们伤心，应当怜悯他们，而不应幸灾乐祸，不可以因为审出了案情，就心生欢喜。既然欢喜都不可以，又怎么能够生气发火呢？"县官听了杨自惩的话，非常感动，面容立即和缓下来，不再发怒了。

杨自惩的家里很是贫穷，即使如此，别人送他东西，他也一概不肯接受。碰到囚犯缺粮时，他却常常想方设法去弄一些米来，救济他们。有一天来了几个新的囚犯，没有东西吃，非常饿，而当时他自己家里刚巧也缺米，若是拿来给囚犯吃，那么自己家人就

没得吃了；如果只顾自己吃，那么因犯又饿得很可怜。没有办法，便同他的妻子商量。

他的妻子问他："犯人从什么地方来的？"他回答说："从杭州来的。沿途挨饿，脸上饿得没有一点血色，就像一种又青又黄的菜色，几乎可以用手捧起来。"

因此，夫妇俩就把自己所存的一些米煮成稀饭，给新来的因犯吃。后来，他们生了两个儿子，大的叫作杨守陈，小的叫作杨守阯，官做到了南北吏部侍郎。大孙子做到了刑部侍郎，小孙子做到了四川按察使。两个儿子，两个孙子，都是名臣。现今的两个名人楚亭和德政，也是杨自惩的后代。

解读

本段，了凡讲述了第二个案例，这个案例的主角名为杨自惩，是鄞人，也就是如今的浙江宁波人。杨自惩并非大人物，他只是县衙中的一个小小县吏，就是这样一个小小的县吏，他的两个儿子都官至吏部侍郎，两个孙子分别官至刑部侍郎和四川廉宪，后代名人辈出。这就不得不让人好奇：杨自惩到底是一个怎样的人，杨家到底是一个怎样的家庭、有着怎样的家风，让这个家族的后代在短短两三代之中实现了阶层的跨越？了凡先生讲了两个小故事，来解答众人心中的疑惑。

"鄞人杨自惩，初为县吏"，鄞县人杨自惩，曾经在县衙中当差，做县吏。尽管现在我们经常将古时候为朝廷效力、在政府任职的人统称为"官吏"，但实际上，官和吏在古代是有严格区别的。从身份上来说，官一般是科举出身，由国家统一任命、考核、发放俸禄，有品级，地位很高，权力较大，地方官可以看作是中央政府在地方的代理人。而吏一般并非科举出身，而是由官员聘用、任命，他们的工作是对官员负责，可以通俗地理解为没有品级的小公务人员，所以吏的地位是低于官的。杨自惩作为一名小小的县吏，为人"存心仁厚"，做事"守法公平"。当时的县令和杨自惩的风格很不一样，这个县令为人严厉方正，有一次碰到一个因犯，县令把这个因犯打得血流不止，仍旧无法平息心中的怒气。

一般人遇到这种情况，想必是没有太大的勇气向自己的上级提意见的，但是杨自惩不同，一方面他宅心仁厚，另一方面他对犯人触犯刑法有自己的见解，所以就"跪而宽解之"，跪下来为这个因犯求情，希望县令能够宽宥因犯。这个县令倒也不是草包，他只是为人严厉方正而已，于是便说出了自己大怒的理由，那就是："怎奈此人越法悖理，不由人不怒。"县令认为自己并非无故发怒，只是这个罪犯犯的罪过太多、太重，让人不得不生气、发怒。这个时候，杨自惩仍然没有放弃为罪犯求情，只是他求情不是一味干巴巴地说"求求您饶了他吧，看他多可怜"，而是有理有据，让人不得不信服、采取他的意见。自惩叩首曰："上失其道，民散久矣，如得其情，哀矜勿喜；喜且不可，而况怒乎？"杨自惩首先为县令分析了这个因犯犯罪的原因，他分析问题时站的高度很高，说话也很直接。"上失其道"简简单单的四个字就说明了，百姓犯罪，固然有错，但是国家承担着教化百姓的责任，上级政府乃至国家没有履行好教化百姓的责任，才导致了"民散久矣"的恶果。"民散久矣"是说政府不得民心，没有教化好百姓，使得百姓无所适从，没有依靠。八个字，就切中肯綮地概括了罪犯犯罪的宏观层面的原因。既然百姓犯罪，上级也有罪，那么身为百姓的父母官该如何去对待百姓犯罪这件事呢？这时，杨自惩便水到渠成地指出了县令的错误，他说"如得其情，哀矜勿喜；喜且不可，而况怒乎？"也就是说，如果知道了百姓犯罪的原因，审问出了实情，应该为自己没有尽到教化百姓的责任而惭愧，应该为百姓不明事理、违背律法而难过；根本不能因为自己审出了实情、完成了工作就沾沾自喜；连沾沾自喜尚且不该，何况是生气动怒呢？杨自惩对县令的劝导，既体现出了他的菩萨心肠，又表现出了他非凡的勇气和循循善诱的语言艺术，也说明了他对国家教化、百姓犯罪的认识。县令亦是读书之人，听他这样分析之后，"为之霁颜"，怒气消了，脸色也好看了。"霁"本义是指雨雪停止，天放晴，后来引申为怒气消除的意思。这件事并不大，但是充分表现出了杨自惩的勇气胆识、善心德行、智慧口才。

接下来，了凡开始讲杨自惩的第二个故事。在讲故事之前，先对杨自惩的家庭情况进行了简单的介绍。杨自惩"家甚贫"，前面说过，吏的地位较低，俸禄由雇佣他们的官员发放，因此收入并不高，杨家以此谋生，家中的经济状况也不乐观，可以说是一贫如洗。杨自惩又是一位"守法公平"的县吏，虽然收入微薄，但是他却做到了"馈遗一无所取"，别人给他送礼送钱他一概不接受，分文不取。他不仅清廉如此，还是一个拥有慈悲心肠的人，"遇囚人乏粮，常多方以济之"。不仅不收取犯人家属的礼品礼金，碰到有些犯人粮食少、吃不饱饭，他还想方设法地扶危济困，多方筹措，救济那些缺粮的囚犯。

杨自惩的第二个故事，就发生在这样的背景下。"一日，有新囚数人待哺，家又缺米，给囚则家人无食，自顾则囚人堪悯。"某次，杨自惩又碰到了一件让他为难的事儿，县衙里来了几个新囚犯，这些囚犯都缺少粮食，饥肠辘辘。杨自惩乐善好施，自然是愿意拿出家中粮食扶危济困的，然而，他的家境本就不富裕，把粮食给了囚犯，自己家里人就无粮可食了；可是若只顾自己饱腹，囚犯的处境又实在是让人心生怜悯。杨自惩自己尚在困境之中，还能设身处地地为囚犯着想，生怜悯之心，是非常可贵的。面对这样的两难选择，他回到家中便与妻子商议，他的妻子问道："囚从何来？"杨自惩回答道："自杭而来。沿路忍饥，菜色可掬。""杭"就是如今的杭州，按照现在的行政区划，从杭州到宁波有一百五十多公里的路程。犯人完全靠着双脚由杭州走到宁波，且身上戴着脚铐手镣枷锁之类的刑具，肯定是经过了数天的辛苦跋涉才到的。这些囚犯想必家中也不富裕，或者本就没有家人照顾，一路上忍饥挨饿，脸上带着菜色，让人不由得心生怜悯。杨自惩的夫人也是菩萨心肠，她听到丈夫如此说，便"撤己之米，煮粥以食囚"，把自己家里的米煮成粥，分给了那几个囚犯吃。从这一举动可以看出，杨家的确存粮无多，只能煮粥来吃；杨家夫妇都有一副慈悲心肠，宁可自己挨饿，也要帮助他人。在这样的家庭氛围的熏陶下成长起来的孩子，必然是正直善良的。

这样的心善、果敢、正直、智慧的人物，果然是有好报。"后生二子，长曰守陈，次曰守址，为南北吏部侍郎"，杨自惩有两个儿子，大儿子名叫杨守陈，二儿子名叫杨守址，这两个儿子分别做了北京吏部和南京吏部的侍郎。前面说过，明成祖朱棣将首都从南京迁到了北京后，保留了南京的中央行政机构，也就是六部，所以南吏部就是指南京的吏部，北吏部就是指北京的吏部。吏部是古代主管官员的官署，明朝的吏部掌管全国文官的铨选、考课、爵勋，武官则归兵部。除内阁大学士、吏部尚书由廷推或奉特旨外，内外百官皆由吏部会同其他高级官员推选或自行推选。吏部设尚书一员，左、右侍郎各

一员。吏部侍郎大约相当于现在的中央组织部副部长，是很高的官职。"长孙为刑部侍郎，次孙为四川廉宪"，刑部也是六部之一，和吏部平级，是主管全国刑罚政令及审核刑名的机构，与都察院管稽察、大理寺掌重大案件的最后审理和复核，这就是所谓的"三法司制"。刑部侍郎大约相当于现在的中央司法部副部长，也是很高的官职。"廉宪"是廉访使的俗称，是主管监察事务的官员，职位级别低于省长高于市长。杨自惩的儿孙不仅官居高位，而且"俱为名臣"，把地方治理得很好，官德也很好。"今楚亭、德政，亦其裔也"，当世（了凡先生著书时）名人杨楚亭和杨德政也是杨自惩的后人。

杨自惩夫妻二人品德高尚、扶危济困、舍己为人，树立了非常好的家风，所以他的子孙后代都很成器，继承并发扬了优良的家风，既光宗耀祖，又造福社会。

原文

昔正统①间，邓茂七倡乱②于福建，士民从贼者甚众，朝廷起鄞县③张都宪④楷南征，以计擒贼，后委布政司谢都事⑤，搜杀东路贼党。谢求贼中党附册籍，凡不附贼者，密授以白布小旗，约兵至日，插旗门首，戒军兵无妄杀，全活万人。后谢之子迁，中状元，为宰辅⑥；孙丕，复中探花。

注释

①正统：明英宗年号，从1436年至1449年。

②倡乱：造反，带头作乱。

③鄞县：地名，今浙江省宁波市鄞州区。

④都宪：明代都察院、都御史的别称。主管全国官吏之风纪、弹劾、纠举。

⑤布政司谢都事：类似今之省主席（清时称藩台），主管省级行政、钱粮及官吏赏罚去留。都事，是布政司的重要属员。

⑥宰辅：辅政的大臣。

译文

过去明英宗正统年间，有一个土匪首领叫邓茂七，在福建一带造反。福建的读书人和老百姓，跟随他一起造反的很多。当时朝廷就起用曾经担任都御使的鄞县人张楷，去搜剿他们。张都宪用计策把邓茂七捉住了。后来张都宪又派了福建布政司的一位都事谢某，来搜剿福建沿海一带的残匪。谢都事怕杀错人，不肯乱杀。于是他便向各处寻找依附贼党的名册，查出来凡是没有依附贼党，名册里还没有他们姓名的人，就暗中给他们一面白布小旗，和他们约定，在搜查贼党的官兵到来的那一天，就把这面白布小旗插在自己家门口，表示是清白的民家，并且禁止官兵乱杀。因为有这种措施而避免被杀的人，大约有一万人之多。后来谢都事的儿子谢迁，中了状元，官至宰辅。而且他的孙子谢丕，也考中了探花。

解读

本段，了凡讲述了第三个案例，这个案例的主角是谢都事。正统年间，正统是明朝第六任和第八任皇帝明英宗的年号。他即位后改年号为正统，后因御驾亲征发生土木堡之变，兵败被俘。明英宗被俘后，孙太后联合兵部侍郎于谦，扶持郕王朱祁钰登基称帝，是为景泰帝明代宗。明英宗后被迎回北京，幽于南宫，后发动夺门之变，再度登基为帝。正统是明英宗第一次在位时的年号，正统年间是公元1436年到1449年。话说，正统年间，"邓茂七倡乱于福建"，一个名为邓茂七的匪首造反、叛变，"士民从贼者甚众"，有很多百姓都跟随邓茂七一起造反。"朝廷起鄞县张都宪楷南征，以计擒贼"，面对叛乱，朝廷自然是铁腕出击，便派出了张楷南征剿贼。和杨自惩一样，张楷也是鄞县、如今浙江宁波人，他担任都宪一职。都宪是明代对都察院、都御史的别称，是专纠劾百司，辨明冤枉，提督各道，为天子耳目风纪之司的正二品官员。"后委布政司谢都事，搜杀东路贼党"，剿灭贼首之后，就要搜查同伙，剿灭余党，为了完成这项工作，朝廷派出了一位在福建布政司任职的谢都事。布政司是省级行政区的最高行政机关，相当于现在的民政厅和财政厅，主管一省的行政和财政事务；布政司、按察司、都指挥使司合称"三司"。

后面接着讲述谢都事是如何搜杀东路贼党的。他虽然手握生杀大权，但是并没有为了便宜从事而大开杀戒，而是十分谨慎地运用了手中的权力，不辞烦琐地找到了"贼中党附册籍"，以这个名册为基础，排除没有参与其中的无辜百姓。"凡不附贼者，密授以白布小旗，约兵至日，插旗门首"，只要是没有附庸贼众作乱的百姓，都暗中给了他们一面白布的小旗作为暗号，约定等到官兵来剿匪之时，让这些无辜百姓把白布小旗插到自家的门口，以示身家清白，并未作乱。谢都事摸排好贼众名册，安顿好无辜百姓后，就开始严格约束部下，"戒军兵无妄杀"，禁止手下官兵胡乱杀人。因为他心存善念的妥善安排和周密部署，保全了万余无辜百姓的性命。谢都事以百姓为念，不滥杀无辜，军纪严明、严于驭下，因此积累了很大的功德。"后谢之子迁，中状元，为宰辅；孙丕，复中探花"，后来，谢都事的儿子谢迁中了状元，并官至宰辅。明朝自朱元璋罢黜李善长后就不再设置宰相职位，宰辅与宰相类似，但并不是一个具体的职位，而是统称参与政事的重要辅臣。谢都事的孙子谢丕，也中了探花，也就是科考的全国第三名。古时候参加全国科举考试，第一名称为状元，第二名称为榜眼，第三名称为探花。谢都事后代之优秀，由此可见一斑。

原文

莆田①林氏，先世有老母好善，常作粉团施人，求取即与之，无倦色②。一仙化为道人，每旦索食六七团，母日日与之，终三年如一日，乃知其诚也。

注释

①莆田：县名，地处福建。
②倦色：懈怠厌倦的神色。

译文

在福建省莆田县的林家，他们的上辈中，有一位老太太喜欢做善事，时常用米粉做粉团给穷人吃。只要有人向她要，她就立刻给，脸上没有表现出一点厌烦的样子。有一位仙人，变作道士，每天早晨向她讨六七个粉团。老太太每天给他，一连三年，每天都是这样的布施，没有厌倦过，仙人就晓得她做善事的诚心了。

解读

本段，了凡讲述了第四个案例，这个案例的主角是莆田林氏先辈中的一位老太太。莆田是福建的一个县，莆田林氏是有名的名门望族，说起这个家族的兴旺发达，就不得不提及先辈中的这位老太太。"先世有老母好善，常作粉团施人，求取即与之，无倦色"，莆田林氏的先辈中，有一位老太太，心肠特别好，喜欢做好事。封建社会的老太太，自然不能向官员那样施政一方、造福百姓，她做的善事很普通，就是每天制作粉团，提供给需要的人。粉团是闽南地区的特色地方小吃，一般使用地瓜粉和米粉等加上其他配料，搅拌均匀，弄成团状，放入热水之中烹煮。虽然她做的事情很普通，但是她的境界非常人能比，那就是做善事无所图，并且数年如一日。凡是有人想要吃她做的粉团，她都会拿出来给人吃，并且面无倦色，不嫌烦扰，这种矢志不渝和不区别对待的精神，是十分难能可贵的。后来，有个老道人，每天早上都去找她要六七个粉团吃，这个老太太不厌其烦，三年时间里，始终不急不躁，无怨无悔地给这个道人提供粉团。俗话说"日久见人心"，道人便知道了老太太一心向善、坚持不懈的诚心，明白她做好事是发自内心、不图回报的。

原文

因谓之曰："吾食汝三年粉团，何以报汝？府后有一地，葬之，子孙官爵，有一升麻子之数。"其子依所点葬之，初世即有九人登第，累代簪缨^①甚盛，福建有无林不开榜之谣。

注释

①簪缨：古代达官贵人的冠饰。后遂借指高官显宦。

译文

仙人于是对她说："我吃了你三年的粉团，要怎样报答你呢？这样吧，你家后面有一块地，若是你死后葬在这块地上，将来你的子孙做官的，会有一升麻子那样多。"后来老太太去世了，她的儿子依照仙人的指示，把老太太安葬在屋后那块地里。林家的子孙第一代考取科第的，就有九人。后来，世代做大官的人都非常多。因此，在福建省竟有一句"如果榜上没有林家子弟的名字，就不会发榜"的传言。

解读

这个道人吃了老太太三年粉团，知道了她的诚心，便想报答她。于是便向这个老太太指点了死后埋葬之地，他说："你家院子后面有一块风水宝地，如果你去世之后葬在那个地方，你的子孙后代就会官运亨通、兴旺发达，做官的会多得如一升芝麻的数量。"众所周知，芝麻是非常小的，一升的芝麻是非常多的，简直难以数得清楚。"其子依所点葬之"，老太太去世之后，他的儿子就按照这个道人的指点，把老太太葬到了那块风水宝地上。

这位普普通通的林家老太太，因为长年坚持行善而获得好报。"初世即有九人登第"，老太太的儿子一辈中，就有九个人中进士。这是很了不起的，一方面说明老太太儿孙众多，另一方面也说明这些儿孙都是才学出众之辈。"累代簪缨甚盛"，她的后代之中，每代都有很多人做官。"簪缨"，簪为文饰，缨为武饰，都是古代达官贵人的冠饰，因此便引申为高官显宦之意。林家后代人才辈出，高官很多，福建甚至出现了"无林不开榜"的说法。一个家族之中，长辈对于后辈的影响是很重大、深远的，且身教重于言传。一个家族的家风的形成、传承，虽然看不见摸不着，却是一股能够在无形之中塑造后辈、锤炼后辈、影响后辈的极其强大的力量。

原文

冯琢庵^①太史^②之父，为邑庠生^③。隆冬早起赴学，路遇一人，倒卧雪中，扪^④之，半僵矣。遂解己绵裘衣之，且扶归救苏。梦神告之曰："汝救人一命，出至诚心，吾遣韩琦^⑤为汝子。"及生琢庵，遂名琦。

注释

①冯琢庵：冯琦（1559—1603年），字用韫，号琢庵、胸南，山东临朐人。明神宗万历五年（1577年）进士。官至礼部尚书。后卒于官。

②太史：翰林的敬称。

③邑庠生：古代学校称庠，故学生称庠生。明清科举制度中，府、州、县学生员称为邑庠生，州县学称为"邑庠"，庠生也就是秀才，因此秀才也叫"邑庠生"。

④扪：摸。

⑤韩琦：字稚圭，相州安阳（今河南省安阳市）人，生于1008年，卒于1075年。宋仁宗天圣五年（1027年）进士，仁宗末年拜相，累官永兴节度使、守司徒兼侍中，封爵魏国公。谥"忠献"。有《安阳集》传世。

译文

冯琢庵太史的父亲在县学里做秀才的时候，冬天一个寒冷的大清早，在去县学的路上，碰到了一个倒在雪地里的人。用手一摸，发现那人已经冻得半死了。于是冯老先生马上把自己穿的棉袍，脱下来给那人穿上，并且把他扶到家里救醒了。冯老先生救人后做了一个梦，梦中一位天神告诉他说："你救了他人一命，且完全出自一片至诚之心，所以我将让韩琦投生到你家做你的儿子。"等到后来生了琢庵，就给他取名为冯琦。

解读

本段，了凡讲述了第五个案例，这个案例的主角是冯琢庵的父亲冯老先生。故事开头，了凡就已经向读者亮明了冯琢庵的身份，他是一名"太史"，明朝的太史一般是在翰林院任职。冯琢庵的父亲"为邑庠生"，"邑"指县，"庠"是学校，"庠生"一般指秀才，冯父曾是县学中的一名秀才。"隆冬早起赴学，路遇一人，倒卧雪中"，有一天早上他在去县学上学的路上，碰到了一个人，倒卧在大雪之中。"扪之，半僵矣。遂解己绵裘衣之，且扶归救苏"，冯父见到这种情况，没有置之不理，而是走上前去，用手摸了摸这个人，发现他的身体已经快要僵住了。他心存善念，便不顾寒冷，解下了自己身上的外衣，穿在了这个人身上。不仅如此，他还把这个人扶了起来，带到自己家中，把他救了过来。脱下自己的外套给别人穿，是雪中送炭，更是舍己为人，对素不相识之人尚有如此善心，可见他是不图回报、没有分别的真正的善良。

冯父因其善举，而得好报。在睡梦之中，梦到了一个天神对他说："汝救人一命，出至诚心，吾遣韩琦为汝子。"你诚心诚意、别无所图地救人性命，所以，我把韩琦派下去做你的儿子。韩琦字稚圭，是北宋的政治家、词人。韩琦于宋仁宗天圣五年，也就是公元1027年中进士，由此步入仕途。宋夏战争爆发后，他与范仲淹率军防御西夏，在军中颇有声望，人称"韩范"。后来，韩琦又与范仲淹、富弼等人共同主持"庆历新政"，在仁宗末年官拜宰相，后来又被封为魏国公。韩琦去世后，神宗为他御撰"两朝顾命定策元勋"之碑，追赠尚书令，谥"忠献"，配享英宗庙庭。因为救人性命，冯父就得到了一个韩琦般优秀出色的儿子。"及生琢庵，遂名琦"，后来冯家果然添一子，冯父便给他取名为冯琦。冯琦，字用韫，号琢庵，明万历五年，也就是公元1577年进士，曾历任编修、侍讲、礼部右侍郎、礼部尚书等职。

原文

台州①应尚书②，壮年习业于山中。夜鬼啸集，往往惊人，公不惧也。一夕闻鬼云："某妇以夫久客不归，翁姑③逼其嫁人。明夜当缢死于此，吾得代矣。"公潜④卖田，得银四两，即伪作其夫之书，寄银还家。其父母见书，以手迹不类，疑之。既而⑤曰："书可假，银不可假，想儿无恙。"妇遂不嫁。其子后归，夫妇相保如初。

注释

①台州：地名，位于浙江省中部沿海，东濒东海，南邻温州市，西与金华和丽水市毗邻。

②应尚书：应大猷（1487—1581年），字邦升，号容庵，浙江仙居人。明武宗正德九年（1514年）进士，官至刑部尚书。受严氏父子诬陷，于嘉靖四十年（1561年）被迫告老。

③翁姑：指公公婆婆。

④潜：悄悄地，偷偷地。

⑤既而：不久，一会儿，副词，指上件事情发生后不久。

译文

浙江台州有一个叫应大猷的尚书，壮年的时候在山中读书。夜里鬼常聚集在一起，发出多种怪嚎声来吓唬人，但是应公不怕鬼。有一天夜里，应公听到一个鬼说："有一个妇人，因为丈夫出远门，很久没回来，她的公婆认为儿子可能已经死了，所以要逼这个妇人改嫁，而这个妇人却要守节，不肯改嫁。所以明天夜里，她会在这里上吊，那样我便可以找到一个替身了。"应公听到这些话，便偷偷地把自己的田卖了，得了四两银子，并马上假托那位妇人丈夫的名义写了一封信，连同银子寄回了妇人家。这位妇人的公婆看了信以后，因为笔迹不像，所以怀疑信是假的。但是后来又一想："信可以是假的，但是银子不能是假的呀！想来儿子应该没事。"于是他们就不再逼媳妇改嫁了。后来他们的

儿子回来了，这对夫妇就像从前初婚时一样，能安心地厮守一起了。

解读

本段，了凡讲述了第六个案例，这个案例的主角是一位姓应的尚书，不过这个故事发生的时候，应尚书还是一个在山中读书学习的青年。"习业"就是读书、学习的意思。以前的公立教育并不像现在这么发达，有钱人家往往设有私塾，供自家子弟学习、读书；平民百姓家的孩子有很多会到山中的寺院读书。一方面，山中寺院环境清幽，氛围清净，适合读书；另一方面，寺庙中往往会有藏经之处，除了佛教典籍也会收藏诸子百家之作、经世致用之学，就像如今的图书馆一样，有益于学生汲取知识。

"夜鬼啸集，往往惊人，公不惧也"，山中人烟稀少、人气不旺，因此便成了鬼怪聚集之所。白天还好，到了晚上，原本就静得吓人的深山之中，风声、雨声伴随着夜鬼的声声鬼叫，难免让人胆战心惊、不寒而栗。不过，这位姓应的青年人身处其中却不并觉得害怕，他正气凛然、心地光明，因此并不害怕鬼怪夜嚎。想必在这样的寂静之夜中，应书生正孜孜不倦地挑灯夜战、奋发学习。

某天晚上，应书生听到了这些夜鬼的对话，"某妇以夫久客不归，翁姑逼其嫁人。明夜当缢死于此，吾得代矣"。"客"是外出客居他乡之意，"翁姑"是指丈夫的父亲和母亲，也就是公婆的合称。原来是有一个野鬼一直在找替身，这天刚好听说有个女子，她的丈夫外出很久仍未归家，这个女子的公婆就以此为由，逼迫这名女子另嫁他人。这位女子性情刚烈，想等自己的丈夫回家，不愿委身他人，无奈手无缚鸡之力，没有反抗的资本，被逼无奈之下，便想自缢，一了百了。这个夜鬼知道这个女子明晚就要来这里自缢了，于是便对另一个夜鬼说打算把这个女子当作自己的替身。

这位姓应的书生无意之中听到了夜鬼的对话，其中牵扯人命，便想要救人。他既有救人的善心，又有救人的头脑，还有很强的执行力。听到这

段话之后，他没有声张，而是首先干了一件事——卖田。想来他在山中读书，家境并不特别富裕，但是人命关天，情急之下只能卖田换钱。换钱做什么呢？他卖田换来四两银子，"即伪作其夫之书，寄银还家"，原来卖田换钱是为了把"戏"做足、做真，换来钱后，书生便马上以这位女子丈夫的身份伪造了一封家书，将银子和家书一起送到了这位女子的家中。"其父母见书，以手迹不类，疑之"，这位女子的公婆看到儿子寄来的家书，果然心生疑虑，因为这封家书中的笔迹不像他们儿子所写，这时随着家书一起寄来的银两便起到了至关重要的作用。"既而曰：'书可假，银不可假，想儿无恙。'"女子的公婆看到家书笔迹本心生疑窦，但是看到随信而来的银两，就觉得没人会冒充自己的儿子给家里寄钱，因此判定儿子还安然无恙地活在世间。读到此处，不得不佩服应书生料事如神的智慧和舍财救命的善心。如此一来，女子的公婆便不再逼迫她另嫁他人了。"其子后归，夫妇相保如初"，后来，这家的儿子终于回到了家中，夫妇二人甜蜜如初。

不经意听到夜鬼对话，应书生便心生善意，当即卖田，挽救了一条性命，保全了一个家庭。他做这一切，并不是为了扬名，也不是为了求报，只是发自内心地想要助人、救人，这样的人物，如何会惧夜鬼呢？

原文

公又闻鬼语曰："我当得代，奈此秀才坏吾事。"

傍一鬼曰："尔何不祸①之？"

曰："上帝以此人心好，命作阴德尚书矣，吾何得而祸之？"

应公因此益自努励，善日加修，德日加厚；遇岁饥，辄捐谷以赈之；遇亲戚有急，辄委曲②维持；遇有横逆③，辄反躬自责，怡然④顺受。子孙登科第者，今累累⑤也。

注释

①祸：祸害。

②委曲：殷勤周至。

③横逆：横暴无理的行为。

④怡然：安适自在的样子。

⑤累累：表示很多的意思。

译文

隔天晚上，应公又听到那个鬼说："我本来可以找到替身了，哪知道被这个秀才坏了我的事啊。"

旁边一个鬼说："那你为什么不去害死他呢？"

那个鬼说："天帝因为这个人心好，有阴德，已经派他去做阴德尚书了，我怎么还能害他呢？"

应公听了这两个鬼的对话，从此更加努力，更加发心勉励，善事一天一天去做，功德也一天一天地增加；碰到荒年的时候，便捐出米谷救人；碰到亲戚有急难时，便想尽办法帮助他们渡过难关；碰到蛮不讲理的人或不如意的事，便总是反省自己的过失，心平气和地接受事实。所以他的子孙得到功名与官位的，到现在也还有很多。

解读

这件事后，应姓书生一如往常地在山中读书学习。某夜，他又听到了这位夜鬼跟同伴的对话，这位夜鬼说道："我当得代，奈此秀才坏吾事。"原来是夜鬼在跟自己的同伴抱怨："我本来都找到替身了，谁知道这个秀才却坏了我的好事，害得我现在还在这里做鬼。"这时，夜鬼的同伴便给他出主意说："尔何不祸之？"意思就是，既然他坏了你的好事，你就应该报复他，给他点颜色瞧瞧。这位夜鬼答道："上帝以此人心好，命作阴德尚书矣，吾何得而祸之？"举头三尺有神明，应姓书生救人一命，他做的好事上帝也就是天帝已经知道，天帝觉得应姓书生的心眼好，于是给他安排了阴德尚书的职务，所以夜鬼无法报复他了。

由此可见，鬼怪为非作歹也不会凭空来的，也是有因有果的。正所谓"平生不做亏心事，半夜不怕鬼敲门"，诚不我欺！

应姓书生听到夜鬼对话，便已知道了自己的前途。他并未因此骄傲自满，而是更加努力勤勉，每日躬身自省，断恶修善，因此德行一天比一天进步。应姓书生是如何做的呢？了凡列举了三点：一是遇到饥荒年景，应姓书生就会捐出米谷赈灾救人；二是碰到亲戚有急事、急难，应姓书生就会想方设法地帮助他们渡过难关；最难得的是，碰到"横逆"，也就是有人诋毁中伤他的时候，他并不勃然大怒，也不会极言争辩，而是不断地反思自己的过失，欣然接受别人的批评，可以说是闻过则喜，宽容大量。正是因为这种心胸气度，不仅他自己官居尚书，而且有许多子孙后代都科举中第步入仕途。

原文

常熟徐凤竹栻①，其父素富，偶遇年荒，先捐租以为同邑②之倡，又分谷以赈贫乏。夜闻鬼唱于门曰："千不诓，万不诓，徐家秀才，做到了举人郎。"相续③而呼，连夜不断。是岁，凤竹果举于乡，其父因而益积德，孳孳不息④，修桥修路，斋僧接众，凡有利益，无不尽心。后又闻鬼唱于门曰："千不诓，万不诓，徐家举人，直做到都堂⑤。"凤竹官终两浙⑥巡抚⑦。

注释

①徐凤竹栻：徐栻，字世寅，号凤竹。江苏常熟人，累官南京工部尚书。

②邑：此指县。

③相续：连续不断。

④孳孳不怠：勤勉努力，毫不懈怠。孳，同"孜"。

⑤都堂：尚书省总办公处的称呼。"都"是总揽的意思。明代各衙署之长官因在衙署之大堂上处理重要公务，故称堂官；都察院长官都御史、副都御史、佥都御史，以及被派遣到外省带有这些兼衔的总督、巡抚，均通称都堂。

⑥两浙：浙东、浙西，合称两浙，包括浙江全省。

⑦巡抚：官名，中国明清时地方军政大员之一，又称抚台。巡视各地的军政、民政大臣。

译文

江苏常熟有一位徐凤竹先生，他的父亲一向很富有，偶然碰到荒年，就先把他应收的田租全部捐掉，作为全县有田人的榜样，再把他原有的稻谷分发出去，救济穷人。有一天夜里，他听到有一群鬼在门口唱道："千不说谎，万不说谎，徐家的秀才，做到了举人郎！"那些鬼连续不断地呼叫，夜夜不停。这一年，徐凤竹去参加乡试，果然考中了举人。他的父亲因此更加高兴，努力不倦地做善事，积功德。他修桥铺路，施斋饭供养出家人，接济贫苦百姓，凡是对别人有好处的事情，无不尽心去做。后来他又听到鬼在门前唱道："千不说谎，万不说谎，徐家举人，做官直做到了都堂！"结果徐凤竹做官真的做到了两浙的巡抚。

解读

本段，了凡讲述了第七个案例，这个案例的主角名为徐栻，号凤竹，是江苏常熟人。"常熟徐凤竹栻，其父素富"，江苏常熟有一个名为徐栻的人，号凤竹；"素"是向来、一向的意思，徐凤竹的父亲一向很富有。"偶遇年荒，先捐租以为同邑之倡，又分谷以赈贫乏"，农业社会，生产力不发达的时候，基本上是靠天吃饭，很多时候人力无法应对大自然带来的种种灾难，雨水不足或者洪水泛滥，抑或是蝗虫成灾，都可能导致颗粒无收，民不果腹。遇到这样的饥荒年景，"先捐租以为同邑之倡"，徐家就会首先为佃户免去佃租，佃户的负担就会小一点，能够继续维持生计。"又分谷以赈贫乏"，徐家不仅会为佃户免去佃租，还会打开自家的粮仓，把自己家的存粮拿出来，分给贫困的人吃，让他们得以保存性命、度过荒年。无论是捐租还是分谷，都是救人危难、功德无量的好事。

徐父坚持做好事，于是便有了效验。某天夜间，就听到夜鬼在他家门前唱道："千不诓，万不诓，徐家秀才，做到了举人郎。""诓"是欺骗的意思，"千不诓，万不诓"就是实事求是、不打妄语、不说谎，"徐家秀才"指徐凤竹，"做到了举人郎"，就是说徐凤竹将来能够考中举人。夜鬼接连呼叫，夜夜不停，果不其然，徐凤竹在当年中了举人。

中举是光宗耀祖之事，徐父自然十分欣慰，更有了行善积德的动机，"其父因而益积德，孳孳不怠"，自此之后，徐父更加孳孳不倦地积善行德。"修桥修路，斋僧接众，凡有利益，无不尽心"，徐父做好事不拘一格，只要是对别人有益的事儿他都愿意做，修桥修路，施斋供饭，接济众人，无不尽心尽力。

而后，夜鬼又聚集在他家门口，唱道："千不诓，万不诓，徐家举人，直做到都堂。"明朝时期，都察院长官都御史、副都御史、佥都御史都可以称为都堂；派遣到外省的总督、巡抚等带有都察院御史衔的，亦称都堂。果然，徐凤竹步入仕途之后，官至两浙巡抚，成为总管两浙政务的最高长官。

原文

嘉兴屠康僖公①，初为刑部主事②，宿狱中，细询诸囚情状③，得无辜者若干人，公不自以为功，密疏④其事，以白⑤堂官⑥。后朝审⑦，堂官摘其语，以讯诸囚，无不服者，释冤抑⑧十余人。一时辇下⑨咸颂尚书之明。

注释

①屠康僖公：康僖，是谥号。屠康僖公，名勋，浙江平湖人。明宪宗成化年间进士，官至刑部尚书。著有《太和堂集》，《明史》有传。

②主事：官名，属于封建品级制度中较小的底层办事官吏。

③情状：情况，情由、经过。

④密疏：密奏。

⑤白：告诉，奏明。

⑥堂官：明清对中央各部长官如尚书、侍郎等的通称，因在各衙署大堂上办公而得名。

⑦朝审：明朝的一种审判制度，在秋后处决犯人之前，召集朝廷大臣共同复审死罪囚犯。这实际上是一种会审复核制度，表示对人生命的重视。

⑧冤抑：冤屈；冤枉。

⑨辇下："辇毂下"的省称。犹言在皇帝的车舆之下。代指京城。

译文

浙江省嘉兴县有一位屠康僖公，起初在刑部里做主事的官。一天夜里他住在监狱里，仔细地盘问每个囚犯的案情，结果发现被冤枉的有不少人。屠公并不因此觉得自己有功劳，而是暗中把这件事的原委写成文章，告诉了刑部尚书。后来到了秋审的时候，刑部堂官就把屠公所写的奏文，拣些要点来审问那些囚犯。囚犯们都老老实实地向堂官供认，没有一个不心服的。堂官因此还释放了原来冤枉的、被逼招认的十多个人。因此，这一时期京里的百姓都称赞刑部尚书能够明察秋毫。

解读

本段，了凡讲述了第八个案例，这个案例的主角是屠康僖公，他是浙江嘉兴人，曾任刑部主事一职。刑部相当于现代的司法部，是封建社会掌管刑法、狱讼事务的官署。屠公在刑部任职，不尸位素餐，也未曾想着如何盘剥犯人，从犯人及其家人身上捞取好处，而是兢兢业业、恪尽职守、尊重事实，为有冤情的犯人平反，让没有冤情的犯人伏法受罚。"宿狱中，细询诸囚情状"，屠公在狱中过夜，详细地观察、询问囚犯的情况，以求还原真相。"得无辜者若干人，公不自以为功"，通过耐心细致的观察、询问，他发现囚犯之中确实有若干人蒙受了不白之冤，屠公并未因此沾沾自喜，也不认为这是自己的功劳，而是"密疏其事，以白堂官"，把这些情况一五一十地写成公文，上报给了刑部的堂官。通过这个举动可以看出，屠公夜宿狱中、详问情由，并非出于功利目的，既不是为了捞取高升的资本，也不是为了获得浮名，而是发自内心地尊重事实，追求真相。"后朝审，堂官摘其语，以讯诸囚"，等到朝审的时候，堂官就依据屠公递上来的公文来审讯囚犯。"无不服者，释冤抑十余人"，那些犯了罪的囚犯没有不心悦诚服的，除此之外，还为十余人平了反。"一时辇下咸颂尚书之明"，"辇下"和天子脚下是同一个意思，都是指京城；"咸"是全部、都的意思；因为这件事，一时之间，京城百姓全都称扬赞颂刑部尚书公正廉明。

原文

公复禀曰："辇毂之下[①]，尚多冤民，四海之广，兆民[②]之众，岂无枉者？宜五年差一减刑官，核实而平反之。"

尚书为奏，允其议。时公亦差减刑之列，梦一神告之曰："汝命无子，今减刑之议，深合天心，上帝赐汝三子，皆衣紫腰金[③]。"是夕夫人有娠，后生应埙、应坤、应埈，皆显官[④]。

注释

①辇毂之下：义同上段之"辇下"。辇毂，帝王的车驾。比喻帝王管辖下的京城，即天子脚下之意。
②兆民：古称太子之民，后泛指众民，百姓。
③衣紫腰金：身穿紫袍，腰佩金银鱼袋。这是大官装束，亦指做大官。衣，穿。
④显官：达官，高官。

译文

后来屠公又向刑部尚书上了一份公文说："天子脚下，尚且有那么多被冤枉的人，全国那么大的地方，有千千万万的百姓，怎么会没有被冤枉的人呢？应当每五年派一位减刑官，到各地去详细核实每个囚犯的实情，据案情来减轻或者释放被冤枉之人。"

刑部尚书听了，就代为上奏皇帝，皇帝也准了他建议的办法。当时，正好屠公也在派遣之列。有一天晚上，屠公做了个梦，梦见一位天神告诉他说："你命里本来没有儿子，但是因为你提出减刑的建议，正与天心相合，所以上天赐给你三个儿子，将来都可以衣紫腰金，做大官。"这天晚上，屠公的夫人就有了身孕，后来生下了应埙、应坤、应埈三个儿子，他们果然都做了高官。

解读

屠康僖公并未将百姓称颂刑部堂官却未曾知晓他这个实际推动人的事放在心上，而是一心关注这件事带来的启示。于是，他又写了一道公文，说到"辇毂之下，尚多冤民"，"辇毂之下"和上段中的"辇下"含义相同，都是指京城，京畿之地、首善之区尚且有这么多蒙冤的百姓；"四海之广，兆民之众，岂无枉者"，天下这么大，百姓这么多，不知道还有多少平白无故蒙受冤屈的百姓呀！这就是此事带给屠公的思考，他心地的纯净、对名利的淡泊由此可见一斑。针对这种情况，他便向自己的上司提出了建议："宜五年差一减刑官，核实而平之。"建议每五年向地方派出一名减刑官，负责查访、核实各地囚犯的犯罪事实，若确实有罪，那么就要公平定罪；若平白蒙冤，就要为他们平反。刑部尚书听取了他的建议，就把这个建议写成了一份奏章，上奏皇上。皇上看到奏章，就恩准了。"时公亦差减刑之列"，就这样，屠公也成为一名减刑官。

从这则故事中，一则可以看出屠公的心地十分善良，不忍百姓蒙受不白之冤；二则可以看出屠公为官公正廉明，以百姓为念，并非只为追求功名利禄之徒；三则可以看出屠公是一位德才兼备的官员，他的两份公文，第一份为十余人平冤，第二份造福之人不可胜数，积德甚厚。

之后又讲述了屠公行善积德之后的效验。某晚，屠公做梦梦到了一位天神，这位天神对他说："汝命无子，今减刑之议，深合天心，上帝赐汝三子，皆衣紫腰金。"屠公的命中本是没有子嗣的，可是他所提的建议实在是功德太大，因此天帝便赐给了他三个儿子，且这三子将来都是出将入相的高官。"衣紫腰金"，穿紫衣服束金带是古代达官显贵的装束，这里代指高官。就在这天晚上，屠公的夫人有了身孕，果然先后生下了应埙、应坤、应埈三子，这三个儿子也真的如梦中天神所言，成了衣紫腰金的高官。

原文

嘉兴包凭，字信之，其父为池阳①太守，生七子，凭最少，赘②平湖③袁氏，与吾父往来甚厚，博学高才，累举不第，留心二氏之学④。

注释

①池阳：今安徽池州。
②赘：招女婿。此指包凭入赘到平湖袁氏家。
③平湖：地名，今浙江嘉兴下辖其级市。

④二氏之学：此指佛、道两家学说。

译文

　　有一位嘉兴人，姓包，名凭，字信之。他的父亲做过安徽池阳太守，生了七个儿子，包凭是最小的。包凭被平湖县姓袁的人家，招赘做女婿。他和我父亲常常来往，交情很深。他的学问广博，才气很高，但是每次考试都考不中。于是他对佛教、道教的学问，很注意研究。

解读

　　本段，了凡讲述了第九个案例，这个案例的主角的名字叫作包凭，字信之，浙江嘉兴人士，是了凡父亲的至交好友，两家算是世交。包凭的父亲曾经担任池阳太守一职。池阳是如今的安徽池州，池阳太守就相当于现在的池州市市长。"生七子，凭最少，赘平湖袁氏"，包凭的父亲包太守生了七个儿子，包凭排行最末、年龄最小，就入赘给了平湖的袁家。平湖位于浙江嘉兴一带。"与吾父往来甚厚，博学高才，累举不第，留心二氏之学"，"二氏之学"指佛学和道教，包凭和了凡的父亲来往密切，包凭这个人学问很好，只是多次应考都未能考中举人，所以就有些心灰意冷，不再热衷科举，转而研究佛学、道教。

原文

　　一日东游泖湖，偶至一村寺中，见观音像，淋漓露立，即解囊①中得十金，授主僧②，令修屋宇，僧告以功大银少，不能竣事③；复取松布④四匹，检箧⑤中衣七件与之，内纻褶⑥，系新置，其仆请已之。

　　凭曰："但得圣像无恙，吾虽裸裎⑦何伤？"

　　僧垂泪曰："舍银及衣布，犹非难事。只此一点心，如何易得？"

　　后功完，拉老父同游，宿寺中。公梦伽蓝⑧来谢曰："汝子当享世禄矣。"后子汴，孙柽芳，皆登第，作显官。

注释

①囊：口袋。

②主僧：寺庙的住持。

③竣事：了事；完事。

④松布：此指江苏松江出产的布。

⑤箧：箱子一类的东西。

⑥纻褶：纻麻的夹衣。纻，用苎麻纤维织成的布。褶，夹衣。

⑦裸裎：露体。脱衣露体，这是一种无礼的行为。

⑧伽蓝：此寺庙护法神。

译文

有一天，包凭到东边的泖湖游玩，偶然到了一处乡村的佛寺里。因为寺内房屋坏了，观世音菩萨的圣像便露天而立，被雨淋得很湿。他当时就打开自己的口袋，里面有十两银子，便把银子拿给寺里的住持，让他修理寺院的房屋。住持告诉他说："修寺的工程大，银子少，不够用，没法完工。"因此，他又拿出四匹松江出产的布，从竹箱里拣了七件衣服给住持。这七件衣服里，有一件纻麻的夹衣，是新做的，他的用人劝他不要布施这件衣服。

包凭听后说道："只要观世音菩萨的圣像能够安好，不被雨淋，我就是赤身露体又有什么关系呢？"

和尚听了流着眼泪说："施主施送银两和衣服布匹，这还不是件难事；只是施主的这一点诚心，很是难得啊！"

后来寺庙房屋修好了，一天包凭拉着他父亲同游这座佛寺，当晚住在寺中。那天晚上，包凭做了一个梦，梦见寺里的护法神来谢他说："你的儿子可以世世代代享受官禄了。"后来他的儿子包汴，孙子包柽芳，都中了进士，做了高官。

解读

上段交代了包凭的背景，这里开始讲他积善行德的事迹。话说某天，包凭东游泖湖，机缘巧合之下来到了一个村寺之中，"见观音像，淋漓露立"，看到了一尊观音像，露天而立，被雨所淋。这说明这座村寺年久失修，屋顶损坏，所以才会漏雨，淋了观音像。

此情此景，包凭深受触动，他"即解囊中得十金，授主僧，令修屋宇"，不假思索、毫不迟疑地打开了随身带着的钱袋，拿出十两银子给了寺中住持，让他修缮寺内的房屋。"僧告以功大银少，不能竣事"，住持却说，修缮房屋所需甚多，十两银子是远远不够的。包凭听到住持的话，修缮寺庙之心并未动摇，"复取松布四匹，检箧中衣七件与之"，又拿出了四匹松布，还从藤箱之中拿了七件衣服，交给住持，让他换了银两修缮寺庙。"内纻褶，系新置，其仆请已之"，包凭给住持的衣服中有一件新做的麻质夹衣，价值不菲，仆人便提醒包凭不要布施这件衣服。包凭却说："但得圣像无恙，吾虽裸裎何伤？"只要寺中房屋能够修好，观音像不受风吹雨淋、安然无恙，就算是让我赤身裸体，又何妨呢？这句话说得情真意切、赤诚无私，住持深受感动，垂泪道："舍银及衣布，犹非难事。只此一点心，如何易得？"是呀，布施银钱、衣物的大有人在，可是一片赤诚，无私无求的，又有几人呢？

后来，寺庙修葺完毕，观音像也不再被风吹雨淋，包凭便带着父亲一起旧地重游，晚间就住在了寺中。这晚，包凭梦到伽蓝神向他致谢，并对他说："汝子当享世禄矣。""世禄"就是世世代代享有爵禄的意思；"世禄之家"就是指贵族，因为他们的爵位官职往往是世袭的。包凭屡试不第，伽蓝神却说他的儿子能够享受世禄，其实就是在暗示他的后代会步入仕途、光宗耀祖。而后，果然如伽蓝神所言，包凭的儿子包汴、孙子包柽芳都科举中第，成了高官。这便是包凭一片赤诚、毫无私念地积善行德的效验。

原文

> 嘉善①支立②之父，为刑房③吏，有囚无辜陷重辟④，意哀之，欲求其生。囚语其妻曰："支公嘉意，愧无以报，明日延之下乡，汝以身事之，彼或肯用意⑤，则我可生也。"

注释

①嘉善：县名，位于中国长江三角洲东南侧，江、浙、沪两省一市交汇处长三角城市群核心区域，是浙江省接轨上海第一站，是全国综合实力百强县之一。

②支立：明嘉善县人，字可与，号"十竹轩主人"。事母孝，与罗一峰交密，深通经学，时人称为"支五经"。

③刑房：过去指对人用刑的地方。

④重辟：极刑，死刑。

⑤用意：指用心研究或处理问题。

译文

浙江嘉善人支立的父亲，曾经担任过刑房吏。他知道狱中有一个囚犯蒙冤入狱，被判重刑，内心十分同情这位囚犯，也十分替这位囚犯哀痛，便想要替这位囚犯平反。囚犯得知支父的好意之后，告诉他的妻子说："对支公的好意，我觉得很惭愧，没法子报答。明天请他到乡下，你就嫁给他，他或者会感念这份情，那么我就可能有活命的机会了。"

解读

这是了凡讲述的第十个案例，这个案例的主角也是浙江人士，姓支，生了一个儿子名为支立。支父曾经在刑房任职，是一位小吏。他当差的时候，遇到一位囚犯，这位囚犯无辜受冤，被判了重刑，支父"意哀之，欲求其生"，心中为这位囚犯哀痛，想要挽回他的性命。这位囚犯知道后，深受感动，就想着报答支父，可身在狱中，无以为报，只能对前来探监的妻子说了如下一段话："明日延之下乡，汝以身事之，彼或肯用意，则我可生也。"这位囚犯想要让自己的妻子改嫁给支父，以求支父尽心尽力帮忙挽回性命。此时囚犯虽然知道支父的好心，也想要知恩图报，但是并没有把支父当作一个"但做好事，不求回报"的人，所以才会忍痛对妻子说了这番话。

原文

> 其妻泣而听命。及至，妻自出劝酒，具告以夫意。支不听，卒为尽力平反之。囚出狱，夫妻登门叩谢曰："公如此厚德，晚世①所稀，今无子，吾有弱女，送为箕帚妾②，此则礼之可通者。"支为备礼而纳之，生立，弱冠中魁③，官至翰林孔目④。
>
> 立生高，高生禄，皆贡⑤，为学博⑥。禄生大纶，登第。

注释

①晚世：近世。
②箕帚妾：持箕帚的奴婢，借作妻妾之谦称。
③中魁：考中了第一名。魁，为首的，居第一位的。
④翰林孔目：即翰林院的孔目。官职名，掌管图籍。
⑤贡：贡生。
⑥学博：州县公立学校的教师。

译文

他的妻子听了之后，没别的办法，就边哭边答应了。到了第二天，支父到了乡下，囚犯的妻子就自己出来劝支父喝酒，并且把她丈夫的意思，完全告诉了支父。但是支父没有听从，不过还是尽了全力，替这个囚犯把案子平反了。后来，囚犯出狱，夫妻两个人一起到支父家里叩头拜谢说："您这样厚德的人，在近代实在是少有，现在您没有儿子，我有一个女儿，愿意给您做扫地的小妾。这在情理上是可以说得通的。"支立的父亲听了他的话，就预备了礼物，把这个囚犯的女儿迎娶为妾，后来生下了支立。支立刚二十岁时就考了举人头名，官做到翰林院的孔目。

后来支立的儿子支高，支高的儿子支禄，都被保荐做了州县公立学校的教师。而支禄的儿子支大纶，则考中了进士。

解读

囚犯的妻子想必也没有其他的办法为丈夫平冤，只得含泪听从了丈夫的安排。她把支父请到家中，亲自出来劝酒，并把丈夫的意思一五一十地告知支父。"支不听，卒为尽力平反之"，支父没有听从他们夫妇二人的安排，还是竭尽全力为囚犯平反。支父是一个心中有正气的人，他做这件事，只是为了自己的良心和职责，并不是为了求取回报。就这样，囚犯被无罪释放，夫妇二人一起来拜谢支父的救命之恩，并对他说："你这个人宅心仁厚，真是世间少有，现在你还没有儿子，我们愿意把女儿嫁给你做一个小妾。"原来这对夫妻见支父这么好的人却没有儿子，很为他担忧，便想把自己的女儿送给支父为妾，一来报答他的救命之恩，二来希望能够为他开枝散叶。夫妇二人认为此事合乎礼法，不算逾矩。封建社会女子地位较低，正妻无后，丈夫可以休妻，可以纳妾，因此这对夫妻才想到了这个报答支父的主意。

支父也觉得这个办法可行，便备下礼品，纳了囚犯的女儿为妾。后来这个女子果然为他生下了一个儿子，取名为支立。支立"弱冠中魁，官至翰林孔目"，"弱冠"就是指男子二十岁左右，"中魁"即科举中第。翰林院在明朝是养才储望之所，主要职责是修书撰史，起草诏书。在翰林院任职的人一般会成为皇室成员的侍读，或者担任科举考官职位。"孔目"是翰林院中的事务官。

至此，了凡向读者讲述了十则真实的案例，这十则案例的主人公有老有少、有男有女，事迹行为也各不相同，但讲的都是行善积德、善有善报的事理。之所以举这么多案例，就是意在说明善有善报不是一种存在于内心的愿景，而是真实发生的事实，真实本身就是最强的说服力。

原文

凡此十条，所行不同，同归于善而已。若复精而言之，则善有真，有假；有端①，有曲；有阴，有阳；有是，有非；有偏，有正；有半，有满；有大，有小；有难，有易。皆当深辨。为善而不穷理②，则自谓行持③，岂知造孽，枉费苦心，无益也。

注释

①端：端正，直。

②穷理：穷究事物之理。

③行持：佛教语，谓精勤修行。此指做善事。

译文

以上这十则故事，虽然每人所做的各不相同，但都可以归纳为一个"善"字。如果要再精细地加以说明，那么做善事有真的，有假的；有直的，有曲的；有阴的，有阳的；有是的，有不是的；有偏的，有正的；有一半的，有圆满的；有大的，有小的；有难的，有易的。这种种善事，应该要仔细加以辨别。如果做善事，却不知道考究做善事的道理，就说自己做了善事，有了怎样的功德，哪里知道可能是在造孽呢？这样做真是冤枉，白费了苦心却得不到一点益处。

解读

上文中，了凡通过十则真实案例，提出了"善"这一核心概念。本段了凡则对何为善进行了具体论述。

为了更好地辨析"何为善"这一命题，了凡提出了八对概念，分别是"真假""端曲""阴阳""是非""偏正""半满""大小""难易"。要想弄清到底"何为善"，就必须先辨析好这八对概念，弄明白"善"背后的道理，不能盲目地"修善"。

俗话说，"方向不对，努力白费"，修善也是同样的道理。"为善而不穷理，则自谓行持，岂知造孽，枉费苦心，无益也"，便是弄清"何为善"这一问题的重要意义。如果盲目地修善，却不明白修善背后的道理，只知其然不知其所以然，那么虽然自己觉得自己在做善事，但却很有可能是在造孽。这样名为修善，实为作孽的举动，对于修正自身是毫无益处的，只是白费功夫，甚至会适得其反。

原文

何谓真假？昔有儒生数辈[①]，谒中峰和尚[②]，问曰："佛氏论善恶报应，如影随形。今某人善，而子孙不兴；某人恶，而家门隆盛。佛说无稽[③]矣。"

中峰云："凡情未涤，正眼[④]未开，认善为恶，指恶为善，往往有之。不憾己之是非颠倒，而反怨天之报应有差乎？"

众曰："善恶何致相反？"

中峰令试言。

一人谓："詈人殴人[⑤]是恶，敬人礼人是善。"

中峰云："未必然也。"

一人谓："贪财妄取是恶，廉洁有守是善。"

中峰云："未必然也。"

众人历言其状，中峰皆谓不然。因请问。

注释

①数辈：数人。

②中峰和尚：元代僧人。法号智觉，号中峰，又号幻住道人。浙江钱塘人，俗姓孙。1263年生，幼年睿敏，十五岁出家，参高峰禅师于雁荡山师子院。一日读金经有省，高峰授以"话头"，苦参十年，方始超脱。锋锐机敏，时称巨擘。二十四岁始剃头受具。高峰寂时，隐于湖海，晚年居天目山，仁宗召不出，赐衣号。元至治三年（1323年）八月卒，寿六十一岁。元统中，赐号"普应国师"。有《天目中峰和尚广录》行世。

③无稽：无可查考，没有根据，不可信。

④正眼：佛教语，即正法眼藏。佛的心眼通达真理智慧，名"正法眼"，故能洞彻实相万德含藏之无尽"藏"。正法眼藏，《法华经》谓之"佛知见"，也就是由释尊付嘱迦叶，辗转相传，佛所彻悟的不可思议、无有分别的涅槃妙明真心。

⑤詈（lì）人殴人：骂人、打人。

译文

　　什么是真善假善呢？从前元朝时有几个读书人，去拜见天目山的高僧中峰和尚，问他说："佛家讲善恶的报应，像影子跟着身体一样，人到哪里影子也到哪里，永远不分离。也就是说行善定有好报，造恶定有恶报。但是，现在有个人行了善，他的子孙却不兴旺；有个人作了恶，他的家却反而很隆盛。这样是不是说，佛讲的报应是没有根据的呢？"

　　中峰和尚回答说："平常人被世俗的见解所蒙蔽，这颗妙明真心，没有洗除干净，法眼未开，所以把真的善行反认为是恶行，真的恶行反算它是善行，这是常有的事情。你们不为自己颠倒是非感到遗憾，反而抱怨上天的报应有错吗？"

　　众人说："善就是善，恶就是恶，怎么会弄反呢？"

中峰和尚听了，便让他们说说自己认为的善行、恶行。

一个人说："骂人、打人是恶行；对人恭敬，礼貌待人是善行。"

中峰和尚说："不一定。"

另外一个读书人说："贪财，去拿不属于自己的东西是恶行；不贪财，清清白白守正道，是善行。"

中峰和尚说："不一定。"

那些读书人把各人平时看到的自认为的种种善恶行为都讲了出来，但是中峰和尚都说不一定是这样。于是他们几人便请教中峰和尚，究竟什么才是善，什么才是恶。

解读

这里，了凡开始对上述八对概念一一进行辨析。首先是"真假"这对概念，也就是何为真善、何为假善。

为了更好地阐明真善和假善的不同，了凡讲了一个故事，借用了一个典故。这个典故的主人公是中峰和尚，故事发生在中峰和尚和数个儒生之间。

中峰和尚即中峰明本禅师，生于公元 1263 年，卒于公元 1323 年，俗姓孙，号中峰，法号智觉，钱塘人士。他少喜佛事，稍通文墨就诵经不止，常伴灯诵到深夜。二十四岁赴天目山，受道于禅宗寺，白天劳作，夜晚孜孜不倦诵经学道，遂成高僧。生前为元代临济宗一代祖师，圆寂后被尊称为"江南古佛"。

这些儒生，也就是读书人，前来拜谒中峰和尚，向他问了一个关于善恶的问题。儒生们问道："佛家讲究善恶报应，这报应和人的关系就像是影子和人的关系一样。可是我们却发现，有的人积德行善，却子嗣凋零；有的人为非作歹，却子孙繁盛。如此看来，佛家讲的因果报应似乎并不是很有道理。"这是借儒生之口，说出世间常见的现象，表白世人心中普遍存在的疑惑。

第二段是中峰和尚对于世人观察到的善恶因果的解释，他说，凡人囿于世情之中，心地不够纯净，难免有邪思妄念，而且凡人的智慧往往不够通达，所以会把善当作恶，把恶认作善，这种情况是普遍存在的。中峰和尚指出了问题的关键，那就是普通人一般很难辨别清楚善与恶，并且基于对善恶的错误认识去否认佛家所讲的善恶因果。

在指明凡人在善恶认识上的错误之后，中峰和尚进而指出，凡夫俗子不懂得自我反省，不怪自己无法辨明是非，怎么反而抱怨苍天因果颠倒，报应有差呢？此时，这些儒生产生了新的疑惑："善恶分明，人怎么会颠倒善恶呢？"

中峰禅师是一个好老师，他面对人的疑惑，不是强行解答灌输，而是循循善诱。见到这些读书人有疑问，就引导他们说出对善恶的认识。其中有一个儒生说道："詈人殴人是恶，敬人礼人是善。""詈"是骂、责骂的意思，"殴"即殴打。在这位儒生心中，善恶取决于对待他人的态度和行为：骂人、打人便是恶，对人礼敬便是善。

中峰禅师认为，一个人对他人的态度和行为并不能作为善恶的绝对标准。紧接着，

另一个儒生提出了他对于善恶标准的看法，这位儒生认为，贪图钱财、总想得到不属于自己的东西便是恶，清正廉洁、有操守便是善。这是在用人的品格和行为来辨析善恶，仍旧是只见其表，不见其本。所以中峰禅师再次否定了这位儒生的观点。这些读书人你一言我一语地述说着自己所见的种种善恶行状，中峰禅师一一对他们的观点进行了否定。这时，大家便要求中峰禅师讲一讲善恶的标准到底是什么。这场对话可以说是"不愤不启，不悱不发"，是非常经典的启发式教学。

原文

中峰告之曰："有益于人，是善；有益于己，是恶。有益于人，则殴人詈人皆善也；有益于己，则敬人礼人皆恶也。是故人之行善，利人者公，公则为真；利己者私，私则为假。又根心①者真，袭迹②者假；又无为而为③者真，有为而为者假。皆当自考④。"

注释

①根心：指出自本心。
②袭迹：谓沿袭他人的行径，不知变化地学样。
③无为而为：出自老子的无为思想，是一种对道的追寻方式，讲求道法自然。无为乃针对有为而言。
④自考：指自我考察，省察。

译文

中峰和尚告诉他们说："所做对别人有益的事情，是善行；所做对自己有益的事情，是恶行。如果所做的事情，可以让别人得到益处，哪怕是骂人、打人，也都是善的；而如果所做的事情是有益于自己的，那么就算是恭敬待人、礼貌待人，也是恶的。所以一个人做的善事，使他人得到利益的便是公，凡事为公那便是真了；只想着自己要得到利益，这便是私，凡事为私那便是假了。另外，凡是从本心出发所做的事情，是真善；如果只是为了表面上要个善名，做得也像行善的模样，这便是伪善。再者，不求报答、不露痕迹的行善，是真善；为了某种目的，怀有求回报之心的行善，便是假善。像这样种种不同的善行标准，我们要自己细细地去考察。"

解读

在这些儒生的追问之下，中峰禅师说出了自己的善恶标准："有益于人，是善；有益于己，是恶。"在中峰禅师看来，辨别善恶不能只看一个人的行为、态度这些表象；而应该突破这些表象，挖掘其做出种种行为的内在动机，也就是看一个人的内心、本质。判断善恶，就是要看作一件事，是为人还是为己：那些一心为他人谋福利的人，是善；那些一心只想自己的人，就是恶。只要是为他人谋福利、于人有益，那么就算是殴打、谩骂别人，也是善；如果只是为了一己私利，那么就算对人礼敬有加也是恶。前者如老师教育、责问学生，应尚书为了救人性命而伪作家书，从行为本身看，好像是恶，但是究其本质，是善；后者如历史上口蜜腹剑的李林甫，他对唐玄宗自然是礼敬有加，可那完全是为了谄媚和讨好，看似是善，实则是恶。

我们应当学会透过现象去分析其本质，也就是行为背后的动机和内心的出发点：那些为人谋福利、为公众着想的，就是真善；那些出于私心、为了一己私利的，就是假善。

热心公益、爱心捐赠，这个行为本身是行善积德。有的人做公益是为了让贫困地区的学生吃上热饭、喝上干净水，是为了让那里的孩子不要失去接受教育的机会，这就是心思纯净、为他人着想、为他人谋福，这是真善。有的人做公益，根本不管受赠者的状态，拉着条幅招摇过市，生怕别人不知道他做了好事，生怕留不下热心公益的美名，这便是假善。

中峰禅师提出，应当通过人行善的公和私来判断其善的真假；并在"公和私"的基础上，提出了"根心和袭迹""无为而为和有为而为"两组概念，借以辨别善之真假。

"根心"，就是指由心而发，真诚、真实地想要行善；"袭迹"，就是模仿，看到别人行善自己就模仿人家的行为，就是徒有其形而无其神，就是东施效颦。因此，根心行善之人是真善，袭迹行善之人是假善。

"无为而为"就是内心善意的自然流露，没有想着求报答，也不需要别人知道；"有为而为"就是并非出自内心善意，而是别有所图，另有目的。因此，无为而为是真善，有为而为是假善。

辨别善之真假时，一定要从"为公与为私""根心和袭迹""无为和有为"三个方面认真分析、细心考察。

了凡四训

原文

何谓端曲？今人见谨愿①之士，类称为善而取之，圣人则宁取狂狷②。至于谨愿之士，虽一乡皆好，而必以为德之贼。是世人之善恶，分明与圣人相反。推此一端，种种取舍，无有不谬。天地鬼神之福善祸淫，皆与圣人同是非，而不与世俗同取舍。凡欲积善，决不可徇③耳目，惟从心源隐微处，默默洗涤④。纯是济世之心，则为端；苟有一毫媚世⑤之心，即为曲。纯是爱人之心，则为端；有一毫愤世之心，即为曲。纯是敬人之心，则为端；有一毫玩世之心，即为曲。皆当细辨。

注释

①谨愿：谨慎，诚实。
②狂狷：指志向高远的人与拘谨自守的人。
③徇：顺从，曲从。
④洗涤：清洗。
⑤媚世：取悦于世人。

译文

怎样叫作端曲呢？现在的人看见谨慎而不倔强的人，都称他是善人，而且都很看重他，然而古时的圣贤，却宁愿欣赏那些志向高远的人和安分守己不乱来的人。至于那些看起来谨慎小心而不倔强的好人，虽然乡里的人都喜欢他，但是因为这种人个性软弱，随波逐流，没有志气，所以圣人一定会说这种人是伤害道德的贼子。这样看来，世俗人的善恶观念，分明是与圣人相反的。从这一个观念推衍到其他种种事情，俗人的取舍就没有不出问题的了。天地鬼神庇佑善人，惩罚恶人，他们的看法与圣人是一样的，而不与世俗之人采取相同的看法。所以，凡是想要积功累德的，绝对不可以顺从耳朵所喜欢听到的，眼睛所喜欢看到的；必须要从起心动念的隐微之处，将自己的心默默地洗涤清净，不可让邪恶的念头，污染了自己的心。所以，凡是救济世人的心，便是直；如果存有一丝讨好世俗的心，就是曲。全是爱人的心，便是直；如果有一丝对世人怨恨不平的心，就是曲。全是尊敬别人的心，就是直；如果有一丝玩弄世人的心，便是曲。这些都应该细细地去分辨。

解读

上文讲完善之真假，本段开始讲善之端曲。"端"，就是正、不歪斜，即正派正直之意；"曲"，就是弯曲、弯转，就是不直、不正。那么在生活中应当如何区分善之端曲呢？了凡还是从世人的善恶观念论起。

"今人见谨愿之士，类称为善而取之"，这是世人的是非善恶观念。"谨愿"指谨慎诚实，"谨愿之士"就是那些谨慎小心、恭敬顺从之人，世人多喜欢这种人，认为这样的人是好人、善人。这种人为人谨慎、顺从、恭敬、守礼，很难与别人起冲突，和这样的人相处起来关系往往比较融洽，在世人眼中这便是善。

讲完世人的善恶标准以及对善的取向，了凡开始讲圣人的善恶标准以及圣人对善的取向。

"圣人则宁取狂狷"，"狂狷"在古时用以形容人不拘一格，积极进取而又洁身自好的品性；在圣人眼中，这种人虽然有时并不守礼，行为方式也与常人不同，但是他们积极进取的态度和洁身自好的品质，是圣人所欣赏的，圣人认为这是"端"。那些谨慎小心、恭敬顺从的人，虽然乡里人都喜欢他，都说他好，但是圣人认为这种人是"德之贼"。"德之贼"是指破坏风俗道德的贼人，人人都学着这些人的样子来做人做事，道德就会败坏。狂狷之士虽然有时会逾矩、无礼，但其内心端方、有所坚持，积极进取，不怕得罪人，这样的人往往是想干事、能干事的；谨愿之士虽然恭敬顺从、谨慎小心、恪守礼仪，但是其往往爱惜自己的名声，甘做老好人，很难去放开手脚干事，也很难干成事。

"是世人之善恶，分明与圣人相反"，世人和圣人的善恶标准是大相径庭的，是完全相反的：世人往往被表象迷惑，喜欢那些伪装的善；圣人独具慧眼，可以直达本质，因此"宁取狂狷"。

善恶的标准一旦错误，那么基于这个标准辨别出的善恶必然也是错的，所以世人以为的善事、善行，往往颠倒错漏，"无有不谬"，没有不出错的。

"善有善报，恶有恶报"，这里的善和恶必然是真善、真恶，和世人眼中的善恶不同，而与圣人的判断标准相同，这就是所谓的"天地鬼神之福善祸淫，皆与圣人同是非，而不与世俗同取舍"，即对于善恶的标准及辨别，天道的标准是与圣人的标准相同的，和世人的认知往往不同。

这就给了世人很多启发，尤其是那些想要行善积德的人，更应当注意：凡欲积善，决不可徇耳目。行善积德的时候，千万不能被表象所迷惑，不能因为耳朵喜欢听好听的就净说些甜言蜜语，不能因为眼睛喜欢看好看的就伪善作秀——不能被感觉迷惑，助长邪思妄念。正确的做法应当是"惟从心源隐微处，默默洗涤"，要透过这些感觉和表象，去看一个人的内心深处，要从自己动心动念的本源之处入手，不断洗涤心灵、净化心灵、修炼心灵，才能真正地断恶修善、行善积德。

那么"端"和"曲"的判断标准到底是什么？世人应当如何辨别善之端曲呢？了凡通过三组对比，进行了解说。"纯是济世之心，则为端；苟有一毫媚世之心，即为曲"，判断善之端曲要从内心来看、从本质来说，那些完完全全发自济世之心所做的善事、善行，就是端；如果这济世之心中有一丝一毫的取悦世人、讨好群众的媚世之心，那就不是端而是曲。"纯是爱人之心，则为端；有一毫愤世之心，即为曲"，那些纯粹为他人着想、为他人谋福利的善，是端；只要有一丝一毫的杂念，掺杂着一点愤恨不平的心态，就是曲。"纯是敬人之心，则为端；有一毫玩世之心，即为曲"，那些纯粹地、发自内心地对人的尊敬、恭敬、礼敬是端，如果有一丝一毫玩弄之心，譬如送礼求人办事，看似尊敬，实则玩弄，就是曲。

原文

何谓阴阳？凡为善而人知之，则为阳善；为善而人不知，则为阴德。阴德，天报之；阳善，享世名[1]。名，亦福也。名者，造物[2]所忌。世之享盛名而实不副者，多有奇祸[3]；人之无过咎[4]而横被[5]恶名者，子孙往往骤发。阴阳之际[6]微矣哉。

注释

① 世名：世上的名声。
② 造物：此指创造万物的天地。
③ 奇祸：使人不测的、出人意料的灾祸；横祸。
④ 过咎：过错，过失。
⑤ 横被：广泛覆盖，遍及。
⑥ 际：交界或靠边的地方；彼此之间的关联。

译文

什么叫作阴阳呢？凡是做善事而被人知道的，就叫作阳善；做善事而别人不知道的，就叫作阴德。有阴德的人，上天自然会知道并且会回报他。有阳善的人，大家都知道他，称赞他，他便能享受世上的美名。享受好名声，这也是福。但是名声这个东西，为天地所忌，天地往往不喜欢爱名之人。世上那些享受极大名声的人，如果他的实际功德配不上他所享受的名声，便常会遭遇到料想不到的灾祸；一个没有过失差错而被冤枉，无缘无故被人栽上恶名的人，他的子孙往往会忽然间发达起来。可见，阴德和阳善之间的关联真是太微妙了，不可不加以分辨啊！

解读

对善之真假、端曲进行辨析之后，本段开始辨析善之阴阳。了凡开宗明义，一开始就为善之阴阳下了定义。"凡为善而人知之，则为阳善"，"阳"即公开之意，"阳善"是指做了好事，并且为人所知，这样的善可以获得别人的称赞和尊重；"为善而人不知，则为阴德"，做了好事善行，别人却不知道，自己也不张扬着想让

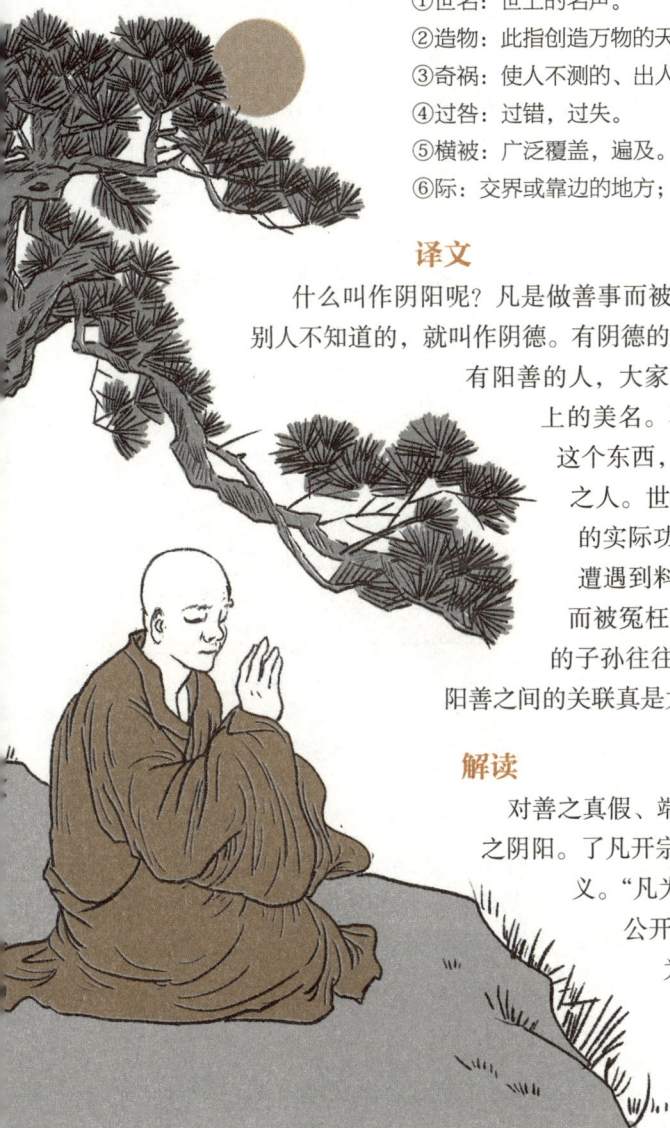

别人知道，这样的善就是阴德，积了阴德虽然不为人知，但是越积越多，得到的效验也往往越深厚。

阳善、阴德都是善，都是做好事，不过其得到的效验报偿却不尽相同，"阴德，天报之；阳善，享世名"。做了好事不为人知，就是积阴德，阴德越积越厚，虽然世人不知，但是老天自会报偿；做了好事为人所知，这是阳善，别人知道你行善事，就会加以称赞，行善之人便会留下好名声，知名度也会提高。这是阳善和阴德的不同结果。

"名，亦福也"，好名声本身亦是福报的一种体现，只是得了好名声之后，所行之善便得报偿，这是世人能够看得见的，也是大部分人认为的善。"名者，造物所忌"，名声虽然是一种福报，但是在了凡看来，名声本身并不是一件多好的事，因为这是造物主所忌讳的，也就是说上天并不垂青追求浮名之人。"世之享盛名而实不副者，多有奇祸"，世间名不副实之人，往往会遭受大祸。名气大了，关注度高了，本身修为又不足，难免会露出破绽，一点纰漏就可能被人抓住，尝受身败名裂的恶果，因此名气、名声是一把双刃剑，既是福报，又是祸根。"人之无过咎而横被恶名者"，与名声大、实不副相对的，就是一个人没有过错，却被污名化，背上了恶名。这样的人"子孙往往骤发"，这样的人宠辱不惊、淡泊名利，子孙往往会兴旺发达。

阳善与阴德，都是行善，区别不大，但是报偿差别甚巨，需要细细体察、辨别。

原文

何谓是非？鲁国之法，鲁人有赎人臣妾①于诸侯，皆受金于府②，子贡③赎人而不受金。孔子闻而恶之曰："赐失之矣。夫圣人举事，可以移风易俗④，而教道⑤可施于百姓，非独适己之行也。今鲁国富者寡而贫者众，受金则为不廉，何以相赎乎？自今以后，不复赎人于诸侯矣。"

注释

①臣妾：此处所指臣、妾，都是穷苦之人，卖身给贵族，男的称"臣"，女的称"妾"。另外，两国交战，俘获对方的俘虏，收为奴隶，男女也称"臣妾"。

②受金于府：接受官府的赏金。

③子贡：端木赐（前520—？），复姓端木，字子贡。春秋末年卫国人。孔子的得意门生，"孔门十哲"之一，孔子曾称其为"瑚琏之器"。十哲中他以言语闻名，利口巧辞，善于雄辩，且有干济才，办事通达，曾任鲁国、卫国之相。他还颇通经商之道，为孔子弟子中首富。

④移风易俗：指改变旧的风俗习惯。

⑤道：同"导"。

译文

什么叫作是非呢？从前春秋时鲁国有一种法律，凡是鲁国人被别的国家抓去做了奴

隶，若有人肯出钱把这些人赎回来，就可以向官府领取赏金。孔子的学生子贡，替人把被抓去的人赎了回来，但是他却不肯接受鲁国的赏金。他不肯接受赏金，纯粹是帮助他人，本意是好的。但是孔子听到之后，很不高兴地说："这件事子贡做错了啊。圣贤做事情，做了之后能够把旧的不好的风俗变好，可以教育、引导百姓哪些事可以做，而不是单单为了自己觉得舒适就去做。现在鲁国富有的人少，穷苦的人多；如果是受了赏金就算是贪财，那么不肯受贪财之名的人和贫穷的人，又怎么肯再去赎人呢？这样恐怕从此以后，再也不会有人去向诸侯赎人了。"

解读

本段开始辨析善之是非，也就是什么是善，什么不是善。了凡在辨析善之是非时，并没有直接说出自己的结论，而是通过一个典故，让大家深入理解善之是非。这个典故发生在距今两千多年前的春秋时期，主人公是孔子和他的弟子。

话说，鲁国有一个法令，规定"鲁人有赎人臣妾于诸侯，皆受金于府"。春秋时期，有很多诸侯国，鲁国是其中之一。鲁国的法律规定，如果鲁国人把在其他诸侯国中沦为奴隶的同胞赎出来，让这些奴隶恢复自由之身，那么就能从官府之中领取赏金。这个法令是为了鼓励路过人赎回同胞，帮助这些人恢复自由，返回祖国。孔子有一名学生，复姓端木，名赐，字子贡，非常善于经商，被誉为儒商鼻祖，很有钱。他积极响应这条法令，赎回了在其他诸侯国的奴隶，却不肯接受官府的赏金。在世人眼中，这是助人为乐，轻财好义，肯定是积善行德的好事，那么孔子会如何看待此事呢？

孔子听说子贡赎回奴隶之后不肯接受官府的奖金，非常不高兴，很不赞同子贡的这种做法，并说"赐失之矣"。"赐"就是子贡的名字。孔子认为赎人不受金这件事子贡做错了，不仅没有表扬他，反而批评了他的这种行为。

孔子之所以这样说，是因为他超越了一个人的道德修养，站在整个社会的高度上去看待这件事的利弊得失。"夫圣人举事，可以移风易俗，而教道可施于百姓"，圣人为人处世，总是着眼于整个社会，他做的事能够为整个社会树立榜样，能为社会风俗的良性发展做贡献，并且这种风俗道德必须在百姓的接受范围内，能够真正起到引导百姓、教化百姓的作用。"非独适己之行也"，圣人为人处世，总是从整个社会的层面上考虑问题，而不是从个人角度考虑。站在个体的角度，子贡赎人不要受金，的确是好事，是善事，值得称赞；但是站在整个社会的角度，情况就完全不一样了。"今鲁国富者寡而贫者众"，因为就当时的鲁国而言，社会上的富人是少数，穷人是大多数，赎人得赎金本来是对赎人者、被赎者和国家都有利的事。一旦子贡因赎人不要赏金的行为得到称赞和表扬，甚至被树为榜样的话，其他的人再去要赎金，就会被定义为贪财，会背负上道德的枷锁。大家既不敢背负贪财之名，那么赎人的热情便会消退，到最后，就不会再有人积极响应、落实赎人的法令了，最终，这个三方共赢的法令就会成为一纸空文。子贡的行为在无形之中把众人都能达到的道德标准拔高到了常人难以企及的高度，若鼓励这样的个人私德，并将个人私德转化为社会公德，只会得不偿失，适得其反，"自今以后，不复赎人于诸侯矣"。

原文

> 子路①拯人于溺，其人谢之以牛，子路受之。孔子喜曰："自今鲁国多拯人于溺矣。"
>
> 自俗眼观之，子贡不受金为优，子路之受牛为劣；孔子则取由而黜②赐焉。乃知人之为善，不论现行而论流弊③；不论一时而论久远；不论一身而论天下。现行虽善，而其流足以害人，则似善而实非也；现行虽不善，而其流足以济人，则非善而实是也。然此就一节论之耳。他如非义之义，非礼之礼，非信之信，非慈之慈，皆当决择。

注释

①子路：仲由（前542—前480年），字子路，又字季路。春秋末鲁国人，孔子得意门生。
②黜：罢免；革除；贬低。
③流弊：指某事引起的坏作用，也指相沿下来的弊端。

译文

子路救了一个掉入水里的人，那人送了头牛来答谢子路，子路接受了。孔子知道后很欣慰地说："从今以后，鲁国会有很多人主动救溺水的人了。"

在世俗人的眼中，子贡赎人，不接受官府赏金是好的；子路救溺水之人，接受牛是不好的，然而孔子却称赞子路而责备子贡。如此可知，一个人做善事不能只看眼前的效果，而要看是不是会产生流传后世的弊端；不能只论一时的影响，而要讲究长远的影响；不能只论个人的得失，而要讲究它对天下大众的影响。现在的所作所为，看起来虽然是善的，但是如果流传下去，其影响却对人有害，那这就是似善而非善了；现在的所作所为，看起来虽然是不善的，但如果流传下去，却对后世的帮助很大，这就是虽似不善而实为善。这只不过是拿一件事情来举例讲讲罢了，其他的其实还有很多。例如：不应做的事情你做了，看起来好像也很合理，但是做不如没做的好，这叫"非义之义"；超过尺度的礼数，看起来非常谦卑，但太过分了就成了讨好对方，这样有礼也就形同没有礼，这叫"非礼之礼"；不必拘泥的信约，固执的人看起来必须遵守，但有时会为了"小信"而误了大事，变成"顾此失彼"，这就导致守信还不如不守的好，这就叫"非信之信"；不该滥用的慈悲，用得不当便会变成姑息、纵容，看起来是很慈爱，但是这种慈爱却变成了纵容小人，以致惹出大问题，这还不如不慈悲的好，这就叫"非慈之慈"。这些问题，都应该细细地加以判断，分辨清楚。

解读

说完子贡赎人的典故，这里又讲了孔子的另一个弟子子路救人的典故。仲由，字子路，又字季路，鲁国人。子路是"孔门十哲"之一、"二十四孝"之一、"孔门七十二贤"之一，受儒家祭祀。子路性情刚直，好勇尚武，曾凌暴孔子，孔子对他启发诱导，设礼

以教，子路接受孔子的劝导，请为弟子，跟随孔子周游列国，做孔子的侍卫。后做卫国大夫孔悝的蒲邑宰，以政事见称。

第一段是说，有一次子路见到一个人溺水，便将其救了出来。那个人为了感谢他的救命之恩就牵了一头牛给他，子路没有推却，欣然接受。孔子听说后非常高兴，非常支持、欣赏子路受牛的行为，他认为这就是一种榜样，因为这件事，自此之后鲁国人会更愿意见义勇为，会有更多人对他人伸以援手。因为一个人做了好事，那个被救之人对其心存感激，送以财物表示感谢，鲁国百姓见状，就会深受鼓舞，愿意救人。

讲完典故之后，第二段开始讲孔子赞同子路的行为，不赞同子贡的行为的原因。按照世人的见解，做好事不求回报，救人不要赏金，是一种高尚的行为；而救人之后欣然接受对方送来的牛，虽然也是救人，但是似乎不若前者高尚。这是世人站在个人角度，对二者行为作出的评判。

"孔子则取由而黜赐焉"，这是孔子站在群体以及整个社会和国家的角度对二者行为作出的评判。在孔子看来，就整个社会而言，子由受牛的行为比子贡赎人不受金的行为更值得鼓励和赞扬。

"乃知人之为善，不论现行而论流弊；不论一时而论久远；不论一身而论天下。"这是孔子"取由而黜赐"的原因：善之是非的界限，不在于一个人的行为，而在于这个行为流传开来所带来的好处和弊端；不在于一时一刻的眼前，而在于长久的影响；不在于一个人自己的荣辱得失，而在于这个行为对整个社会所带来的影响。这就是圣贤与世人的不同，所看角度不同，所站高度不同，得出的结论自然不一样。圣人的眼光总是能够超脱眼前，放眼万世；超脱个体，心系社会；超脱表象，直达本质。

提出善之是非的三个界限、标准之后，了凡又对这三个标准进行了具体的分析，来论述何为真善，何为非善。

辨别善之是非，首先要区分现行和流弊。现行就是一个人的行为本身，这是站在现在、个体的角度而言的；流弊就是一个人行为的影响，这是站在未来、群体的角度而言的。如果一个人的行为本身从表面来看是善的，但是从长远来看、从群体角度来看，会产生不良影响，那么这个行为就是"似善而实非"的，是不值得鼓励的，甚至是应当杜绝的。子贡赎人而不受金，就属此类。

与之相对，如果一个人的行为本身从表面来看是非善的，但是从长远来看、从群体角度来看，会带来非常好的影响，有益于社会风气，那么这个行为就是"非善而实是"的，是值得鼓励和大力提倡的。子路救人而受牛，就属此类。

与"非善而实是"相似的，还有"非义之义""非礼之礼""非信之信""非慈之慈"，都需要细细辨别。譬如，家长教训孩子，因为孩子有不良行为而让其面壁思过，或者看着他哭闹而置之不理，单就行为本身而言这是"非慈"，从长远来看，却是有益于孩子的行为养成和品格塑造的，这就是"非慈之慈"。

原文

何谓偏正？昔吕文懿公①，初辞相位，归故里，海内仰之，如泰山北斗②。有一乡人，醉而詈之，吕公不动，谓其仆曰："醉者勿与较也。"闭门谢之。逾年，其人犯死刑入狱。吕公始悔之曰："使当时稍与计较，送公家③责治，可以小惩而大戒；吾当时只欲存心于厚，不谓养成其恶，以至于此。"此以善心而行恶事者也。

注释

①吕文懿公：吕原（1418—1462年），字逢原，号介庵，秀水（今浙江嘉兴）人，正统七年（1462年）进士，曾入内阁，四十五岁卒，谥"文懿"。
②泰山北斗：泰山，即东岳，在山东省泰安市。北斗，北斗星。比喻道德高、名望重或有卓越成就为众人所敬仰的人。
③公家：指官府。

译文

什么叫作偏正呢？从前明朝的宰相吕文懿公，刚辞掉宰相的官位回到家乡，因为他做官清廉、公正，全国的人都敬佩他，就像是群山拱卫着泰山，众星环绕着北斗星一样。独独有一个乡下人，喝醉酒后便骂吕公。吕公并没有因为被他骂而生气，而是对自己的用人说："这个人喝醉了，不要和他计较。"于是吕公便关了门，不理睬他。过了一年，这个人因犯死罪而进了监狱。吕公听闻后懊悔地说："假使当时同他计较，将他送到官府治罪，可以借此小惩罚而收到大警诫的效果，他就不至于犯下死罪了。我当时只想着心地厚道些，就没有与他计较，哪知反而养成了他天不怕地不怕的亡命之徒的恶性，而导致如此结果啊。"这就是存善心，反倒做了恶事的一个例子。

解读

本段开始辨析善之偏正，也就是什么是偏善，什么是正善。在辨析时，了凡还提出了正中偏、偏中正的概念。辨析善之偏正时，了凡并未开宗明义，为善之偏正下定义，而是通过一个小故事，让读者自行体会。

这个故事的主人公是明朝的一位高官，他的名字叫吕原。吕原，字逢原，号介庵，秀水人，也就是现在的浙江嘉兴人。吕原是正统七年，也就是公元1442年的进士，任翰林院编修，历官翰林学士、右春坊大学士等职，并入内阁。因为他曾是内阁成员，虽无宰相之名，却相当于宰相，因此文中说他告老还乡是"初辞相位"。"文懿"是他去世后，朝廷追封的谥号。

吕原因其德望功勋，深受世人爱戴和景仰，犹如泰山北斗一般。告老还乡之后的某天，有一个老乡喝醉了，便出言不逊，借酒发疯地骂了吕原。一般人碰到这种情况，肯定是要骂回去的，甚至可能会产生肢体冲突。不过，吕原修养很好，且宅心仁厚，能做

到"无故加之而不怒"，所以他不为所动，并对仆人说："不要和喝醉之人计较。"于是闭门谢客，置之不理。

次年，这个人竟然犯了死罪，被关狱中。"吕公始悔之"，吕原听说后，非常后悔，认为自己上次不该对这个人置之不理，任由他发展下去，导致小错成了大错，如今性命不保。他说："使当时稍与计较，送公家责治，可以小惩而大戒。"他后悔的是，没有及时制止此人的小错，没有起到小惩大诫的作用。反省自己的行为，吕原认为自己"当时只欲存心于厚，不谓养成其恶，以至于此"，也就是说，吕原觉得这个人被判死刑，自己是有责任的。

总结起来，这就是一个"以善心而行恶事"的案例。好心办坏事的例子，在生活中也是屡见不鲜的，尤其是涉及教育问题，千万不能一时心慈手软，未来后悔万千。

原文

又有以恶心而行善事者。如某家大富，值岁荒①，穷民白昼抢粟于市；告之县，县不理，穷民愈肆②，遂私执③而困辱之，众始定；不然，几乱矣。故善者为正，恶者为偏，人皆知之；其以善心行恶事者，正中偏也；以恶心而行善事者，偏中正也，不可不知。

注释

①岁荒：指荒年，收成不好。

②肆：放纵，放肆。

③执：抓，捉拿。

译文

也有存了恶心，却反而做了善事的例子。像有个大富人家，碰到荒年，一些穷人大白天在市场上抢米，这个大富人家便告到县官那里，可县官偏偏又不受理，穷人的胆子因此变得更大，也更加放肆横行了。于是这个大富人家就私底下把抢米的人捉住关押起来，并侮辱他们。这样，剩下的那些抢米的人害怕也被这大富人家抓起来侮辱，就安定下来，不再抢了。如果不是因为这样，市面上几乎大乱了。所以善行是正，恶行是偏，这是大家都知道的。但是也有存善心而做了恶事的，这是存心正而结果变成了偏，可称之为正中的偏，也有存恶心却做了善事的，这是存心偏而结果却成了正，可称之为偏中的正。这种道理大家不可不知。

解读

有好心办坏事的，也有"以恶心而行善事者"。了凡先生又讲了一个故事：

这年年景不好，很多田地没有收成。一些穷人青天白日的就在大街上抢夺富户的粟米粮食，这个富户就到县衙去告状，县里没有受理此案，所以那些穷人便更加猖狂了，抢夺之风愈演愈烈。富户没有办法，只能动用私刑，把这些来抢夺粮食的穷人关了起来，穷人见状，怕被关押，便收敛了，不敢再乱来。否则的话，怕是这些地方就要发生动乱，以致无法收场了。

富人关押穷人，是为了惩戒他们，并非为了帮其改错。不过，虽然富户并非出于好心，但是客观上却起到了预防动乱的效果，这便是坏心办好事。

故事讲完，了凡开始引导读者思考何为正，何为偏。仅就概念而言，必然是"善者为正，恶者为偏"，这是举世皆知的道理，毋庸置疑。不过，善恶有动机的善恶，也有结果的善恶。所以细分下来，像吕原一样好心办坏事的，是动机本善结果却恶，了凡称之为"正中偏"；像富户一样坏心办好事的，虽然动机是恶但结果却是善，了凡称之为"偏中正"。这就是善之偏正的概念和分别。

原文

何谓半、满？易曰："善不积，不足以成名；恶不积，不足以灭身①。"书②曰："商罪贯盈③。"如贮物于器，勤而积之，则满；懈而不积，则不满。此一说也。

注释

①灭身：指杀身之祸，死亡。
②书：指《尚书》。
③贯盈：贯，钱串。盈，满。以绳穿钱，穿满了一贯。多形容罪大恶极。

译文

怎样叫作半善、满善呢？《易经》上说："一个人不积善，不会成就好的名誉；不积恶，则不会有杀身的大祸。"《尚书》中记载："商朝的罪孽，像穿的一串钱那么满。"这就是说好比在一个容器里收藏东西一样，如果你很勤奋，天天去储积，那么终有一天会积满；如果你很懒惰，不积极去收藏积存，那么就很难装满。这是关于半善满善的一种说法。

解读

本段开始辨析善之半满，半即部分、不圆满，满即完全、圆满，本段开始讲何为圆满之善，何为不圆满之善。为了更好地辨析善之半满，了凡引用了《易经》和《尚书》的原文。《易经》有云："善不积，不足以成名；恶不积，不足以灭身。"即无论是善还是恶，都不是一蹴而就的，都是需要一个积累的过程的。《尚书》有云："商罪贯盈。"殷商的罪恶，恶贯满盈，若把殷商比作一个器物，把恶比作东西，那么殷商这个器物中装满了恶这种东西。

了凡以《易经》《尚书》的原文为基础，向读者描述了辨别圆满之善和不圆满之善的第一个角度。了凡认为，如果一个人勤奋努力，天天往器物中存东西，那么天长日久，这个器物便会被装满，这就是"满"；如果一个人懒惰懈怠，半途而废，不能日复一日地往器物中装东西，那么这个器物就不会被装满，这就是"不满"。这个角度，主要说明了积累和坚持的重要性，积善如此，积恶亦如此。

原文

> 　　昔有某氏女入寺，欲施而无财，止有钱二文，捐而与之，主席①者亲为忏悔；及后入宫富贵，携数千金入寺舍之，主僧②惟令其徒回向而已。
>
> 　　因问曰："吾前施钱二文，师亲为忏悔；今施数千金，而师不回向，何也？"
>
> 　　曰："前者物虽薄，而施心甚真，非老僧亲忏，不足报德；今物虽厚，而施心不若前日之切③，令人代忏足矣。"此千金为半，而二文为满也。

注释

①主席：此指寺观的住持。
②主僧：佛寺的住持。
③切：切实，真诚。

译文

　　从前，有一户人家的女子到佛寺里去，想要送些钱财给寺里，可惜身上没有多的钱，只有两文钱，就拿来布施给了和尚。没想到寺里的住持和尚，竟然亲自替她在佛前回向，求忏悔灭罪。后来这位女子进了皇宫做了贵妃，富贵之后，便带了几千两的银子来寺里布施。但此时这位住持和尚，却只是叫他的徒弟替那个女子回向罢了。

　　那位女子就问住持和尚："我从前不过布施两文钱，师父就亲自替我忏悔；现在我布施了几千两银子，而师父却不替我回向，不知这是为什么？"

　　住持和尚回答她说："从前你布施的银子虽然少，但是你布施的心却很真切虔诚，所以非我老和尚亲自替你忏悔，便不足以报答你布施的功德；现在你布施的钱虽然多，但是你布施的心却不像从前那样真切，所以叫人代为忏悔，也就够了。"这就是几千两银子的布施，只算是半善；而两文钱的布施，却算是满善。道理就在此。

解读

　　引用经典，从积累和坚持的角度阐述何为"满"，何为"不满"之后，了凡又举了一个例子来论证善之半满。

　　这个案例是一宗佛家公案，讲的是布施之事。从前有一女子来到寺中，想要布施却钱财不够，全身上下只有两文钱。这名女子布施之心甚诚，就把身上仅有的两文钱全部布施给了寺庙。"主席者亲为忏悔"，"主席"即寺庙的住持、方丈，方丈亲自出来为她忏悔、替她祈福，这个规格是很高的。后来，这名女子竟然入了宫，成了皇妃。飞黄腾达之后，她带着数千两银子，再次来到寺中布施。这次，住持却没有亲自出面为她忏悔、祈福，只派了自己的徒弟来为她回向。所谓回向，是指回转自己所修之功德而趋向于所期。这位女子感到非常奇怪，从前自己只布施了两文钱，住持就亲自为自己回向；如今布施了数千两白银，住持却只派了徒弟为自己回向，她百思不得其解，便向住持说出了心中的疑惑。

住持答道："前者物虽薄，而施心甚真，非老僧亲忏，不足报德；今物虽厚，而施心不若前日之切，令人代忏足矣。"由此可见，做善事，不仅要看这件善事的大小，更要看善心真切与否。此前此女虽然只布施二文，却是全心全意、倾其所有，虽然所捐数目很小，但是有一片真诚之心，住持便亲自为之回向。如今，此女虽然布施数千两之多，然却没有前番之情真意切，所以住持只派了徒弟为之回向。

从这个故事可以看出，善之大小并非以其所施之多寡为绝对指标，更重要的是善心真诚与否。善心至真至诚，虽布施二文，却是圆满之善；善心不真不诚，便布施千金，也是不圆满之善。"千金为半，而二文为满"即指此理。

原文

钟离①授丹于吕祖②，点铁为金③，可以济世。

吕问曰："终变否？"

曰："五百年后，当复本质。"

吕曰："如此则害五百年后人矣，吾不愿为也。"

曰："修仙要积三千功行④，汝此一言，三千功行已满矣。"

此又一说也。

注释

①钟离：指汉钟离，传说中的八仙之一。相传姓钟离名权，受铁拐李的点化，上山学道。下山后又飞剑斩虎、点金济众。最后与兄简同日升天，度吕纯阳而去。

②吕祖：指吕洞宾，传说中的八仙之一。相传为唐京兆人，一说关西人，名岩（一作嵒），号纯阳子。游江湖间，遇钟离权授以丹诀而成仙。宋代封为纯阳演政警化尊佑帝君，通称吕祖。

③点铁为金：原指用手指一点使铁变成金的法术。比喻修改文章时稍稍改动原来的文字，就使它变得很出色。

④功行：功绩和德行。

译文

钟离权曾把他炼丹的方法传给吕洞宾，并说用这丹点在铁上就能把铁变成黄金，可拿来救济世上的穷人。

吕洞宾便问钟离："这变的黄金，最后会不会再变回铁呢？"

钟离回答说："五百年以后，这黄金仍旧会变回原来的铁。"

吕洞宾听了便说道："如果这样，就会害了五百年以后的人。我不愿意做这样的事情。"

钟离听了吕洞宾的回答，高兴地对他说："修仙要积满三千件功德才行。你刚才这一句话，便让你的三千件功德已经做圆满了。"

这是半善满善的又一种讲法。

解读

为全面阐述善之半满，了凡又讲述了第二个案例，这个案例的主人公是八仙中的钟离权和吕洞宾。

钟离权为了试探吕洞宾，就说要传授给他一种法术，这种法术能够点铁成金，如此便能救济穷人，积善行德。旁人若能学此法术必然是求之不得，可吕洞宾则不然，他最先关注的一个问题是，这种变化是否能够长久，因此问出了"终变否"三字。也就是说，点铁成金之后，金子是否会再次变回成铁？钟离权说，会变回铁的，五百年后就会再次由金变成铁。吕洞宾于是拒绝了学习这个法术，因为这个法术虽然能够救济当世之人，却会遗祸于五百年后之人，所以他不愿意学这种法术。

《触龙说赵太后》中写道："父母之爱子，则为之计深远。"从这个小故事中则能看出，善心之真之切，不仅顾眼前，而且计深远。真正的善良，不应只见眼前之利，而忘长远之义，否则便非圆满之善。

吕洞宾善心真诚，得到了钟离权的肯定，于是钟离权说道："修仙要积三千功行，汝此一言，三千功行已满矣。"想要修仙、成仙，需要做三千件善事，积三千件功德。吕洞宾善心真诚，能舍眼前之利，而计长久之义，因此，仅凭一句话，便修满了三千功德。吕洞宾不会为了济一人而损一人，也就是在他心中没有一丝一毫的害人之心。即使这个人是五百年后的人，是与他素昧平生之人，他也不会为了积自己的善而损其一分一毫。这是真正的善，有这种善心、善念，便是从心而修，一言而三千功满。

原文

又为善而心不着①善，则随所成就，皆得圆满。心着于善，虽终身勤励②，止于半善而已。譬如以财济人，内不见己，外不见人，中不见所施之物，是谓三轮体空③，是谓一心清净。则斗粟可以种无涯④之福，一文可以消千劫⑤之罪。倘此心未忘，虽黄金万镒⑥，福不满也。此又一说也。

注释

①着：执着。

②勤励：也作"勤厉"。勤劳奋勉。

③三轮体空：佛教语。又称三事皆空、三轮清净。指布施时住于空观，不执着能施、所施及施物三轮。

④无涯：没有边际。

⑤劫：道教和佛教中的用语，意思是无限长。有大劫、中劫、小劫之分。从人的寿命十岁算起，每遇百年加一岁，直加到人命八万四千岁；到八万四千岁，每过百年，再减一岁，一直减到十岁。像这样一个伸缩时间单位，叫一小劫，总数是一千六百八十万年。二十小劫为一中劫，八十中劫为一大劫。

⑥镒：古代的重量单位，二十两为一镒（一说二十四两为一镒）。

译文

一个人做了善事，如果内心能不执着于所做的善事，那么随便他所做的任何善事，都能够成功而且圆满。若是做了件善事，内心就牢记着这件善事，那么即使他一生都很勤勉地做善事，也只不过是半善而已。譬如拿钱去救济人，要内不见布施的"我"，外不见受布施的人，中不见布施的钱，这才叫作三轮体空，也叫作一心清净。如果能够像这样布施，纵使布施不过一斗米，也可以种下无边无涯的福；即使布施一文钱，也可以消除一千劫所造的罪。如果心中不能够忘掉所做的善事，即使用了万镒黄金去救济别人，能够得到的福也是不圆满的。这又是一种说法。

解读

除上述两个角度外，圆满之善和不圆满之善还有一个重要区别，那就是清净心。圆满之善必然起于清净之心，杂念太多，往往不能圆满。

"为善而心不着善，则随所成就，皆得圆满"，行善之时，内心不能执着于行善这件事，不能为了做善事而行善，应该是顺其自然，善心自然流露，自然去做，这样的善是圆满之善，因为行善之时没有分别、没有执着，物我两忘，发乎自然。"心着于善，虽终身勤励，止于半善而已"，如果行善之时，内心时刻记挂着自己在行善、做善事，始终牢记着自己在做多了不得的善事，那么就是杂念夹杂，杂念夹杂之下善心便不纯净。如此行善，就算是一辈子勤勉行善，也无法圆满，只能"止于半善"。

"譬如以财济人"，这是用舍财布施来举例。舍财布施之时，若要修善圆满，就应当做到内心清净，具体来说就是要做到"内不见己，外不见人，中不见所施之物"。"内不见己"，不执着于行善舍财布施之人是自己，要做到忘我，要有平常心，不把这件事当作多了不起的事，也不把自己看得多高。"外不见人"，不执着于行善舍财布施的对象，要做到忘人，但行好事，不执着于受众，不执着于他知道你的好、回报你的好。"中不见所施之物"，不执着于行善舍财布施所施之物，要做到忘物，不因布施多而沾沾自喜、自以为有功；也不因布施少而懊恼后悔，平和自然，真诚布施，不去计较，也就是没有分别心。"是谓三轮体空，是谓一心清净"，这样做，就达到了三轮体空、心地清净的境界。"斗粟可以种无涯之福，一文可以消千劫之罪"便是在这种境界下可以取得的效验。若真能达到三轮体空、物我两忘的高妙境界，那么就算只施舍一斗粟米，也可以积下无穷无尽的福报；就算只布施一文钱，也能够消解千劫的罪过。说到底，还是要心真诚、心清净、无杂念，从心而修。

"此心未忘"，即不能做到三轮体空，一心清净，也就是说心中仍有杂念，那么"虽黄金万镒，福不满也"。"镒"是古代的重量单位，一镒相当于现在的二十两；"黄金万镒"即二十万两黄金，极言布施之多。如果心不清净，就算布施二十万两黄金，福报仍然无法圆满。从正反两个方面，说明了清净心对于修得圆满福报所起的关键作用。

原文

何谓大小？昔卫仲达为馆职①，被摄②至冥司③，主者命吏呈善恶二录。比至，则恶录盈庭，其善录一轴，仅如箸而已。索秤称之，则盈庭者反轻，而如箸者反重。

仲达曰："某年未四十，安得过恶如是多乎？"

曰："一念不正即是，不待犯也。"

因问轴中所书何事。

曰："朝廷尝兴大工，修三山④石桥，君上疏谏之，此疏稿也。"

仲达曰："某虽言，朝廷不从，于事无补，而能有如是之力。"

曰："朝廷虽不从，君之一念，已在万民；向使听从，善力更大矣。"

故志在天下国家，则善虽少而大；苟⑤在一身，虽多亦小。

注释

①馆职：翰林院的官员。

②摄：捕捉。

③冥司：地府、阴间。

④三山：福州城中有三座山，东面的叫九仙山，西面的叫闽山，北边的叫越王山，统称三山。所以有人称福州为"三山"。

⑤苟：如果。

译文

怎么叫作大善小善呢？从前有一个叫作卫仲达的人，在翰林院里做官。有一次，他的魂被鬼卒抓到了阴间。阴间的主审判官吩咐手下的小吏，把他在阳间所做的善事、恶事两种册子送上来。等册子送到一看，他做恶事的册子，多得竟摊满了一院子；而做善事的册子，只不过像一支筷子那样小罢了。主审判官又吩咐拿秤来称称看，那摊满院子的记录恶事的册子反而比较轻，而像一支筷子那样小卷的记录善事的册子反而比较重。

卫仲达就问说："我年纪还不到四十岁，所犯的过失罪恶怎么会这么多呢？"

主审判官说："只要一个念头不正，就是罪恶，不必等到你去犯。"

因此，卫仲达就问这善册子里记的是什么。

主审判官说："皇帝有一次曾想要兴建大工程，修三山地方的石桥。你上奏劝皇帝不要修，免得劳民伤财，这就是你的奏章底稿。"

卫仲达说："我虽然讲过，但是皇帝不听，还是动工了，对那件事情毫无补益。这份疏表怎么还能有这样大的力量呢？"

主审判官说："虽然皇帝没有听你的建议，但是你这个念头，目的是要使千万百姓免去劳役。倘使皇帝听你的，那善的力量就更大了。"

所以，立志做善事，如果目的在于使天下国家百姓受益，那么善事纵然小，功德也会很大；假使只是为了使自己获益，那么善事即使很多，功德也会很小。

解读

本段开始辨析善之大小，这个大小主要指福报之大小。了凡阐述善之大小，仍是从一个小故事入手。

这个故事的主人公名为卫仲达，他曾经"为馆职"，即在翰林院中任职。"被摄至冥司"，"冥司"即地狱、阎罗殿，某天卫仲达被带到了阎罗殿之中。"主者命吏呈善恶二录"，审判官就令书吏拿出记录卫仲达善行和恶行的两本册子。"比至，则恶录盈庭，其善录一轴，仅如箸而已"，这个对比是很强烈的，记载卫仲达恶行的册子，堆满庭院；记录他善行的册子，卷起来的卷轴，只有一根筷子那么细。非常直观地描述了卫仲达作恶之多，为善之少。"索秤称之，则盈庭者反轻，而如箸者反重"，不过幸亏，阎罗殿中并非仅以善恶记录之多少来评定一人之善恶，也要看其重量——即善恶之大小来对人进行评判。审判官又令人拿秤来称，没想到，记录恶行的册子虽然多，但是重量却很轻；记录善行的册子虽然少，但是重量却很重。这种前后的对比，非常引人深思：作恶之多少和作恶之大小是不同的，为善之多少和为善之大小也是不同的。

这个时候，卫仲达也有些大惑不解，于是问道："某年未四十，安得过恶如是多乎？"我还不到四十岁，怎么会有如此多的过恶呢？他不觉得自己有如此多的过恶，根本不敢相信这盈庭的恶录。审判官回答道："一念不正即是，不待犯也。"

原来这恶录上，不仅记录着一个人做过的恶事，而且记录着一个人的邪思妄念，只要一动恶念就会被记录在册。这就再次说明了慎独的重要性。

关注完自己的盈庭恶录，卫仲达又问及自己的一轴善录，于是问道善录中记载了何事。审判官回答道："朝廷尝兴大工，修三山石桥，君上疏谏之，此疏稿也。"原来这善录是一份给皇帝上奏的疏稿，疏稿的内容是劝阻皇帝大兴土木、修建三山石桥。卫仲达做此事，是从百姓的角度出发，一片拳拳为公之心，毫无私利私情，因此是大善。不过，他的这份奏疏并未得到皇帝的采纳，于是他再次心生疑惑，问道："某虽言，朝廷不从，于事无补，而能有如是之力。"即："虽然我上了这样一份奏疏，但是并未被采纳。对事情毫无补益，这样算是行善吗？就算是行善，这样一份未能实现之善为何竟比盈庭之恶的重量还大？"这是卫仲达的疑惑，想必也是读者心中的疑惑。

了凡借由审判官之口道出了其中缘由："朝廷虽不从，君之一念，已在万民；向使听从，善力更大矣。"虽然朝廷未能采用卫仲达的奏疏，不过卫仲达写这份奏疏，完完全全是站在万千百姓的角度，想要为国家节约开支，减轻百姓的劳役税赋负担，虽然未被采纳，仍是大善。若是被采纳了，那么善便更大了！

总而言之，"志在天下国家，则善虽少而大；苟在一身，虽多亦小"。善行之大小主要看动机，看出发点，一个为百姓考虑，胸怀天下之人，就算他只做了很少的善事，这个善事的功德也是圆满的，这就是大善；一个人只考虑自己，心中只有私情私利，那么就算他做了很多善事，这个善事的功德也不够圆满，这就是小善。

了凡四训

原文

何谓难易？先儒①谓克②己须从难克处克将去。夫子论为仁，亦曰先难③。必如江西舒翁，舍二年仅得之束脩④，代偿官银⑤，而全人夫妇；与邯郸张翁，舍十年所积之钱，代完赎银⑥，而活人妻子。皆所谓难舍处能舍也。如镇江靳翁，虽年老无子，不忍以幼女为妾，而还之邻，此难忍处能忍也，故天降之福亦厚。凡有财有势者，其立德皆易，易而不为，是为自暴。贫贱作福皆难，难而能为，斯可贵耳。

注释

①先儒：先世儒者，已去世的儒者。泛指古代儒者。

②克：战胜，改正。

③夫子论为仁，亦曰先难：见《论语·雍也》篇。樊迟问仁，曰："仁者先难而后获！"

④束脩：古代学生与教师初见面时，为表示敬意向老师奉赠的礼物，相当于现在的学费。

⑤官银：古代词汇，即官府的银钱。民间或官员不能使用，是用来入库的。也就是每个省的税收，财政收入。

⑥赎银：用以赎罪的银钱。

译文

什么叫作难行、易行的善呢？从前有学问的读书人都说，克制自己的私欲，必须要从难克制处做起。孔子的弟子樊迟，问孔子什么叫作仁。孔子回答时也说，为仁要先从难的地方下功夫。一定要像江西的一位舒老先生，他在别人家教书，用两年所仅得的薪水，帮助一穷人家还了他们所欠官府的钱，因而免除了他们夫妇被拆散的悲剧。又像河北邯郸的张老先生，他舍弃了自己十年的积蓄，帮助一穷人交了赎金，使其妻子、儿女活命。这都是在难舍的地方而能舍，是别人难以做到的。又像江苏镇江的一位靳老先生，老年了仍没有儿子，他的穷邻居愿意把自己一个年轻的女儿给他做妾，希望能为他生一个儿子。但是这位靳老先生不忍心误了她的青春，还是拒绝了，把这女子送还给了邻居。这又是难忍处而能够忍的事。所以上天赐给他们这几位老先生的福，也特别丰厚。凡是有财有势的人要建立功德，都比平常人来得容易，但是容易做，却不肯做，这就叫作自暴自弃了。那些没钱没势的穷人，要积些福，会有很大的困难，难做到而能做到，这才可贵啊！

解读

本段开始辨析善的第八组相对概念，也是最后一组相对概念——善之难易，即难行之善和易行之善。为了更好地阐述善之难易，了凡借用儒家"克己须从难克处克将去"的修身方法。修身时，要克制私欲杂念，须得从难处下手。孔子论及如何为仁时，也提到要从难处着手。仁是善的重要组成部分，因此为善亦是如此。

接着举例说明，怎样做可称之为"先难"，可算得上"从难克处克将去"。

所谓先难，"必如江西舒翁"，"必"即一定、必然，先难必然是像江西的舒老先生一样。"舍二年仅得之束脩"，"舍"即拿出来交给别人，"束脩"的本义是指咸猪肉，古代学生与教师初见面时，为表敬意需要奉赠礼物，名曰"束脩"，后来引申为学费之意。江西的舒老先生应该是个教书先生，他把自己两年时间挣得的那点学费、仅有的一点积蓄，都拿出来帮人了，"代偿官银，而全人夫妇"。舒老先生为了避免一对夫妻分离，能够拿出自己的全部积蓄，为这对夫妻偿还欠公家的钱，十分难得。

第二个例子，主人公是邯郸的张老先生。张老先生把自己十年的积蓄拿出来，帮人缴了赎银，人犯了罪或者欠了公款就要缴纳赎银。邯郸的张老先生为了让一家人团圆，能够拿出自己十年的积蓄，可见其心肠之善，胸怀之广。

江西的舒老先生和邯郸的张老先生有一个共同特点，就是能做到"舍"。为人舍财，这是非常难得的，因为人活于世，是离不开钱财的，但是这两个人为了救别人，一个舍了自己两年的收入，一个舍了自己十年的积蓄，真正做到了"难舍处处舍"。"从难舍处舍"是"从难克处克"的一种表现，这两个人做到了，便是先难，克己，便是仁善。

讲完"舍"之后，了凡又讲了"忍"。俗话说，忍字心头一把刀，可见忍是很难的，没有真功夫是做不到忍的。了凡讲述了一个在"难忍处能忍"的例子。

江苏镇江有一位靳老先生，这位靳老先生年纪很大了也没有儿子。封建社会讲究"不孝有三，无后为大"，因此靳老先生必定是对生儿子传宗接代抱有巨大的期许的，也为没有儿子承担着巨大的舆论和道德压力。可是，在无限期许和重大压力之下，靳老先生还是忍住了欲望、顶住了压力，以善心为先，"不忍以幼女为妾，而还之邻"，这便是"难忍处能忍"，亦是"从难克处克"的一种克己的表现。

对于不同的人来说，立德行善的难易程度是不同的。"凡有财有势者，其立德皆易"，有钱有势的人，是有立德行善的便利条件和物质基础的，因此立德行善对于这些人来说，是容易的事。譬如一个人为官，出台或者实施一项减租的政策，便能有利万民，造福一方，一举而积大善、得厚报。"易而不为，是为自暴"，这些人立德行善十分容易，但若他们连这么容易的事情都不愿意去做，那就是没有善心，就是自暴自弃。

"贫贱作福皆难"，贫穷低贱的人想要立德行善是一件很难的事情，因为他们一无财力布施，二无权势和影响力，甚至自顾不暇，所以很少有机会，也几乎没有条件去立德行善。"难而能为，斯可贵耳"，若是在这样艰难的条件之下，贫贱之人还能够克服困难、立德行善，那么就是难能可贵的，往往会有大的福报。

原文

　　随缘①济众，其类至繁②，约③言其纲，大约有十：第一，与人为善；第二，爱敬存心；第三，成人之美；第四，劝人为善；第五，救人危急；第六，兴建大利；第七，舍财作福；第八，护持④正法⑤；第九，敬重尊长；第十，爱惜物命。

注释

①随缘：宗教术语。指顺应机缘，顺其自然。缘，指身心对外界的感触。

②至繁：特别繁杂。

③约：简单，简要。

④护持：保护维持。

⑤正法：各种宗教的教法，别于邪道的法而言。也指正确、真实的道理。

译文

　　我们为人处事，应该随缘去做救济众人的事，不过要去救济众人也不是容易之事。其种类特别繁多，简单地说，其重要项目大约有十种：

　　第一，是与人为善。看到别人有一点善心，我就帮他，使他善心增长；别人做善事，力量不够，做不成功，我就帮他，使他做成功。

　　第二，是爱敬存心。就是对比我学问好、年纪大、辈分高的人，都应该心存敬重；对比我年纪小、辈分低、景况穷的人，都要心存爱护。

第三，是成人之美。如一个人想做件好事，尚未决定，那么我们就应该劝他尽心尽力去做；别人做善事时遇到了阻碍，不能成功，我们就应想方设法去指引他，劝导他，使得他成功，而不是生嫉妒心去阻碍他。

第四，是劝人为善。碰到作恶的人，要劝他作恶绝对有苦报，恶事万万做不得；碰到不肯为善，或只肯做些小善的人，就要劝他行善绝对有好报，善事不但要做，而且要做得多，做得大。

第五，是救人危急。一般人大多喜欢锦上添花，而缺乏雪中送炭的精神；而在他人最危险、最困难的关头，能及时拉他一把，帮他走出危急困境，就可以说是功德无量了，但是不可以引以为傲！

第六，是兴建大利。有大利益的事情，自然要有大力量的人，才能做到。一个人既然有大力量，自然应该做些有大利益的事情，使广大的人群受益。例如，修筑水利系统、救济大灾害等等。即使没有大力量，也可以积极参与。

第七，是舍财作福。俗语说"人为财死"，世人总爱钱财，求财都来不及，还愿意去舍财济助他人吗？因此，能舍财去消除别人的灾难，解决他人的危急，对一个常人而言，已不简单；对穷人来说，就更了不起了。如按因果来讲，舍得，只有舍了才有得；舍不得，不舍就不会得。做一分善事就会有一分福报，所以不必担忧我们会因为舍财救人，而使自己的生活陷于绝境。

第八，是护持正法。这种法，就是指各种宗教的法。宗教有正，有邪；法也有正，有邪。邪教的邪法最害人心，自然应该禁止。而具有正知正见的法，导人向善的法，一定要用全力保护维持，不可让它受到破坏。

第九，是敬重尊长。凡是学问深、见识好、职位高、辈分大、年纪老的人，都称为尊长，自己都应该敬重，不可看轻他们。

第十，是爱惜物命。所有的生命都是有知觉的，都会知道痛苦，也会贪生怕死。我们应该哀怜它们，不可以乱杀乱吃。有人说，这些东西本来就是要给人吃的。这话是不对的，往往都是贪吃的人所编造出来的话。

解读

本段，了凡开始讲如何在日常生活中积善行德。随机缘做善事、济世助人，能做的事情非常多，了凡将其概括为十种。

第一种是与人为善。与人为善出自《孟子》一书，原文是："取诸人以为善，是与人为善者也。故君子莫大乎与人为善。"意思是说，学习他人的优点来完善自己、让自己变得更好，这就是和别人一起做善事。因此君子最看重的事情就是与人为善。与人为善的前提就是能够发现他人的优点，然后向其学习，完善自己。是一种虚心谦逊的态度。

第二种是爱敬存心。对师长要敬重、爱戴；对后辈要疼爱、爱护。

第三种是成人之美。成人之美语出《论语》，原文是："君子成人之美，不成人之恶。

小人反是。"也就是说，方正的君子能够成全别人的好事，而不会促成别人的坏事，小人与之刚好相反。

第四种是劝人为善。这就比与人为善更进了一步，不仅自己学习他人优点完善自己，而且兼顾他人，劝导他人取长补短进行自我修正和完善，引导他人做好事。

第五种是救人危急。看到别人身处危急之中，首先要做到不趁火打劫，其次要能够伸以援手，雪中送炭。

第六种是兴建大利。也就是做那些利于万民的事情，当然，做这种善事是有一定门槛的，不像前五种，是所有普通人都有机会能够做到的。

第七种是舍财作福。能够拿出自己的财物，救济别人，积善行德。

第八种是护持正法。也就是维护人间正道，坚持做人底线，这在当代社会是难能可贵的。

第九种是敬重尊长。这是做人的基本要求，也是待人的基本态度，对于长辈和老师，或者自己的上司，一定要心中有敬意，待之讲礼仪。

第十种是爱惜物命。无论是人还是其他生物，就算是一只小蚂蚁，都有自己的世界，都有自己的感觉，因此为善之人应当爱惜物命，不给其他生物施加痛苦。

原文

何谓与人为善①？昔舜②在雷泽③，见渔者皆取深潭厚泽，而老弱则渔于急流浅滩之中，恻然④哀之，往而渔⑤焉；见争者皆匿其过而不谈，见有让者，则揄扬⑥而取法⑦之。期年⑧，皆以深潭厚泽相让矣。夫以舜之明哲⑨，岂不能出一言教众人哉？乃不以言教而以身转之，此良工苦心⑩也。

注释

①与人为善：指赞成人学好。现指善意帮助人。与，赞许，赞助。为，做。善，好事。

②舜：中国上古三皇五帝中的五帝之一。姓姚名重华，字都君。在尧之后，受禅于尧，国号"有虞"。帝舜、大舜、虞帝舜、舜帝皆虞舜之帝号，故后世以舜简称之。后禅位于禹。

③雷泽：古代大泽名，又称雷夏泽、龙泽，故址在今河南省范县东南接山东省菏泽市界。

④恻然：哀怜、悲伤的样子。

⑤渔：捕鱼，捕捞。

⑥揄扬：称誉；赞扬。

⑦取法：取以为法则；效法。

⑧期年：一年。

⑨明哲：聪明睿智。

⑩良工苦心：形容优秀的工匠在创作的过程中费尽心思。泛指用心良苦。

译文

什么叫作与人为善呢？过去舜在他还没有做君主之前，在雷泽湖边看人捕鱼。他发现年轻力壮的渔夫，都选择到湖水深处去抓鱼（鱼多）；而那些年老体弱的渔夫，都在水流得急而且水较浅的地方抓鱼（鱼少）。舜见到这种情形，心里哀怜这些年老体弱的渔夫。后来他就想了一个方法，自己也去捕鱼。捕鱼时，他见到那些喜欢抢夺的人，也不说他们的过失，而且也不对外讲；见到那些比较谦让的渔夫，便到处称赞他们，拿他们做榜样，并且学习他们谦让的精神。就这样，舜捕了一年的鱼，这些捕鱼的人就都把水深鱼多的地方让出来了。那么，像舜那样聪明睿智的圣人，为什么不说几句中肯的话来教化众人，而是一定要自己亲自参与呢？要知道舜不用言语来教化众人，而是以身作则，树立典范，让那些人感觉惭愧而改变自己的自私心理。他真的是用心良苦啊！

解读

自本段起，了凡开始对上述十类行善积德、随缘济众之事进行详细阐述。本段阐述的是第一种——与人为善。为此，了凡引用了舜的典故。

舜是"三皇五帝"中的五帝之一，不过他出身贫苦，这个典故就是讲的他做君主之前的故事。从前，舜曾经在雷泽一带生活，他看到那些"深潭厚泽"，也就是鱼多虾众的捕鱼宝地全都被年轻力壮的渔者占领了；那些老弱的渔者无奈之下，只能在"急流浅滩"之中捕鱼。水流急的地方，鱼不好停留，捕鱼难度大；浅滩之处水少，鱼无法隐藏，因此鱼也少。

舜见到这种情况之后，"恻然哀之"。"恻然"指悲伤的样子、哀怜的样子。舜非常伤心，既为老弱之人打不到鱼伤心，又为年轻力壮的渔者不知谦让而伤心。但是，他并没有责备那些年轻力壮的渔者。而是加入了捕鱼的队伍，看到那些争抢地盘的年轻力壮的渔者，"皆匿其过而不谈"，他没有指责那些争抢地盘的渔者，而是为他们遮掩，不对别人说起。"见有让者，则揄扬而取法之"，看到谦让的渔者，他就会宣扬这些渔者的事迹，并且以他们为榜样，效法他们。舜到雷泽，其实不是为了捕鱼，而是为了改变这里的风气。他这样坚持了一年之后，"皆以深潭厚泽相让矣"，雷泽这个地方已然谦让成风，渔者再也不争抢地盘了，而是互相谦让着，把那些鱼多的地方让出来。

舜以孝闻名天下，品德高尚，民望很高。他隐恶扬善，重塑了雷泽的风气。以舜的名声威望，想必只要他出口相劝，那些人就能听从，但是他没有，他没有选择言传，而是选择了身教，用榜样来感染人、改变人。言语有时会显得单薄、苍白，实实在在的行动却拥有更加厚重的生命力，更加深远的影响力。

原文

吾辈处末世[1]，勿以己之长而盖[2]人，勿以己之善而形[3]人，勿以己之多能而困人。收敛才智，若无若虚。见人过失，且涵容[4]而掩覆[5]之。一则令

其可改，一则令其有所顾忌而不敢纵。见人有微长可取，小善可录，翻然⑥舍己而从之，且为艳称⑦而广述之。凡日用间，发一言，行一事，全不为自己起念，全是为物⑧立则⑨，此大人⑩天下为公之度也。

注释

①末世：指一个衰亡的时代。

②盖：遮蔽，掩盖。

③形：比。以己之长，较人之短，以突显自己了不起。

④涵容：宽容；包涵。

⑤掩覆：掩藏，掩饰。

⑥翻然：形容改变得很快而彻底。

⑦艳称：赞扬，赞美。

⑧物：社会大众。

⑨立则：建立规则，树立榜样。

⑩大人：指道德至高、至于圣贤地位的人。

译文

我们处在这个人心不古、风俗败坏的末世时代，做人很不容易。因此，别人有不如自己的地方，我们不可以拿自己的长处去盖过他；别人有不善的事情，我们不可以把自己的善去和别人比较；别人能力不及我，我们不可以拿自己的长处，来为难别人，压制别人；自己如真的有了不起的才华，也要收敛起来，不要招摇；要做到看起来好像非常平凡、空虚的样子；见到别人犯了过失，要放大心量，来为他隐蔽、掩藏，不要到处宣扬。像这样，一方面可以使他有改过自新的机会，另一方面可以使他有所顾忌而不敢放肆。如果撕破脸皮，他就没有顾忌了。见到别人有一点点长处可供学习，或者一点微小的善行可以作为自己的榜样，我们就应该果断放弃自己的主观成见，去效法别人，并且为他们赞叹，广泛地向大家传扬。一个人在平常生活中，不论是每讲一句话或是做一件事，都不能只为自己，生出自私自利的念头，而要全部为了整个社会着想，为经世成物建立规则，使大众可以通用并遵守，这才是一位伟大的人物以天下为公应有的度量啊！

解读

举例之后开始总结说理，本段主要阐述了做到与人为善的关键在于正确地看待自己的长处、善心、能力以及宽容地对待他人的过失。对待他人要做到"勿以己之长而盖人，勿以己之善而形人，勿以己之多能而困人"，不能因为自己的长处而一味出风头、想要盖过别人；不能因为自己有善心，就和别人比较，认为别人不如自己；不能因为自己能力强，就为难别人。这些长处、善意和能力应当用来济世，而不是成为炫耀的资本和沾沾自喜的工具。一个与人为善的人，必然是内敛的、稳重的，而不是锋芒毕露，棱角分明。他们心胸宽阔，包容大气，对于别人的过失，与人为善之人能够代而掩，而非张扬得人尽皆知。

对别人的过失"涵容而掩覆之"并不是终点和目的，而是一种暂时性的策略，最终要达到的效果可以总结为两个方面：一则令其可改，一则令其有所顾忌而不敢纵。"令其可改"即让过失之人改正自己的过失，这样一来，过失人就会实现自我的进步和完善，改过是为善的根本之法，为他掩盖过失的用意就在于给他机会改过。就算这样不能让犯错之人改过，也可以让其有所顾忌，心生惭愧，收敛自己的行为，就像那些把"深潭厚泽"让出来的雷泽的年轻力壮的渔者一样。

以上是对待他人过失的态度，那么对待他人的长处呢？"见人有微长可取，小善可录"，"微长可取"即稍微有一点点长处，"小善可录"即稍微有一点点善意，那么就要"翻然舍己而从之"，就要去学习他的长处、效仿他的善举。不仅如此，还要"艳称而广述之"，即称赞他的长处和善行，让大家都知道并且效仿之。这样做，一来可以鼓励此人继续发掘长处，积善行德；二来能够引导更多的人加入这个正能量的队伍，久而久之就会形成一股磅礴的向善之力。

本段讲与人为善之人在日常生活中为人处世的立场和出发点。"凡日用间，发一言，行一事，全不为自己起念"，与人为善的人，在日常生活中，所说的每一句话，所做的每一件事，都不是站在自己的立场，也不是以自己的私欲为出发点，而"全是为物立则"。"则"，即准则，榜样；他们说的每一句话、做的每一件事都是在为大众建立规则、树立榜样。这样的人，可以称之为"大人"；这样处事，可以称之为"天下为公"。

原文

何谓爱敬存心^①？君子与小人，就形迹^②观，常易相混，惟一点存心处，则善恶悬绝^③，判然^④如黑白之相反。故曰："君子所以异于人者，以其存心也。"君子所存之心，只是爱人敬人之心。盖^⑤人有亲疏贵贱，有智愚贤不肖；万品不齐，皆吾同胞，皆吾一体，孰非当敬爱者？爱敬众人，即是爱敬圣贤；能通众人之志，即是通圣贤之志。何者？圣贤之志，本欲斯^⑥世斯人，各得其所。吾合^⑦爱合敬，而安一世^⑧之人，即是为圣贤而安之也。

注释

①存心：用心，存在的念头。

②形迹：人的言行和神色。

③悬绝：指相差悬殊，相差极远。

④判然：形容差别特别分明。

⑤盖：发语词，用于句首，表示要发表议论。

⑥斯：指示代词，这。

⑦合：全部，所有的。

⑧一世：整个世界。

译文

　　什么叫作爱敬存心呢？君子与小人，从外表来看，常常容易混淆，只是这一点存心，使得君子之善与小人之恶，相去很远，他们的分别就像是黑白两种颜色，截然不同。之所以孟子说："君子之所以与常人不同，就在于他们的存心啊！"君子所存的心，只是爱人敬人的心。人有亲近的，有疏远的，有尊贵的，有低微的，有聪明的，有愚笨的，有贤良的，有下流的，千千万万不同的种类，都是我们的同胞，都和我们一样有生命，有血有肉，有感情，和我们是一体的，哪一个是不该爱敬的呢？爱敬众人，就是爱敬圣贤人；能够明白众人的意思，就是明白圣贤人的意思。为什么呢？因为圣贤人本来的愿望，就是希望世界上的人都能安居乐业，过着幸福美满的生活。所以，我们能够处处爱人，处处敬人，并且存着使天下人都能安居乐业的意愿，那就是替古代圣贤，来使这个世界安定和乐了。

解读

自本段起，了凡开始阐述行善积德、随缘济众之事的第二个类别——爱敬存心。了凡指出，评价人是否爱敬存心时，往往存在一个误区，即"就形迹观"。单单从外表来看、从外在行为上观察，往往无法准确辨别谁为君子，谁是小人，常常会把二者搞错、混淆。这就提示我们，通过外表和行为去评判一个人所得出的结论，往往是不准确的，甚至是颠倒的。

既然从外表和行为上去评判人往往会得出错误结论，那么应当秉持何种标准呢？了凡认为，唯一的评判标准是人的内心、心地。从心地上去评判，君子、小人善恶分明，截然不同，他们的区别就像是白和黑一样迥然相异、天差地别，一看便知。

"君子所以异于人者，以其存心也"出自《孟子·离娄下》，原文是："君子所以异于人者，以其存心也。君子以仁存心，以礼存心。仁者爱人，有礼者敬人。爱人者，人恒爱之；敬人，人恒敬之。"这和了凡提出的存爱敬之心是高度契合的。君子和常人不同，是众人仰慕的对象，效仿的榜样，那么君子和普通人的区别到底在哪里呢？孟子只用了五个字概括，那就是"以其存心也"，君子和普通人的区别就在于他们心中的思想不同：君子的心中是仁、是礼，他们以仁为自己的思想内核，以礼为自己的行为准则，这样的人能做到由己及人、友善待人，总是对他人礼敬有加。爱人的君子，就会得到他人的爱；尊敬他人的君子，也会得到他人的礼敬。这便是了凡提出爱敬存心的思想源头。

君子和普通人在外表和行为上并没有显著区别，他们的区别在于思想的不同。君子以仁为思想内核，以礼为行为准则，因此君子的心是平等心，而非分别心。人之不同各如其面，从关系上来说，人有亲疏远近的区别；从地位上看，人有高低贵贱的不同；从能力上说，人有智慧愚笨的区别；从品质上看，人有贤良不肖的不同……种种不同，各个不一，但是这些人都是人，都是我们的同胞，没有谁是不应当被敬爱的。对待别人时，要尊重他们客观上的差别，但是在思想上，不能因为这些差别而产生分别心，这才是爱敬存心的君子所为。

了凡说："爱敬众人，即是爱敬圣贤。"在前文的很多叙述中，似乎总是把众人和圣贤做对比，譬如普通人无法区分善之真假，但圣贤可以，等等，那为何此处又如此说呢？圣贤是众人的榜样，是众人的模范，古语有云"见贤思齐"，即指以圣贤为榜样，进行自我反省、自我修正和自我完善。儒家讲究修身齐家治国平天下，众人能够安居乐业，便是圣贤的追求；圣贤想要的是"安得广厦千万间，大庇天下寒士俱欢颜"，圣贤心中所纳的是众生的幸福。因此众人受到爱敬就是圣贤受到爱敬，爱敬众人就是爱敬圣贤。"能通众人之志，即是通圣贤之志"亦是此理，圣贤是为众人谋福利，众人想要安居乐业、生活幸福，他们的目标是一致的，所以众人的追求和志向就是圣贤的追求和志向。

本段末尾对上文提到的"爱敬众人，即是爱敬圣贤；能通众人之志，即是通圣贤之志"进行了解释。圣贤的志向和追求，就是要让世人都能够安居乐业、各得其所。因此，如果每个人都存爱敬之心，友善待人、尊敬他人，那么人人都能安居乐业，世界也会一片和乐。百姓安康，社会安定，这就是圣贤之志，这就是圣贤所追求的心安。

原文

何谓成人之美^①？玉之在石，抵掷^②则瓦砾^③，追琢^④则圭璋^⑤；故凡见人行一善事，或其人志可取而资可进，皆须诱掖^⑥而成就之。或为之奖借^⑦，或为之维持，或为白^⑧其诬^⑨而分其谤，务使成立而后已。

注释

①成人之美：成全别人的好事。也指帮助别人实现其美好的愿望。成，成全，帮助。美，好事。

②抵掷：扔，投掷。

③瓦砾：指破碎的砖瓦。也有小石子、碎石头的意思。

④追琢：雕琢，雕刻。追，通"雕"。

⑤圭璋：古代礼玉的一种，为瑞信之器。圭，是古时君王的饰物，国家大典时佩带，上小下方，大小不一。璋，是将圭切成对半，通常祭祀时佩用。

⑥诱掖：引导和扶持。

⑦奖借：称赞推许。

⑧白：表明；辩白；得昭雪。

⑨诬：诬陷、冤枉。

译文

什么是成人之美呢？比如，一块玉藏在石头里面，如果把它当作石块乱抛，那么这块玉石也只不过是和瓦片碎石一样，一文不值；如果把它好好地加以雕刻琢磨，那么它便成了圭璋美玉，非常珍贵。人也是如此。所以凡是看到别人做一件善事，或者是一个人立志向上，而其资质又足以造就，都应该好好地引导他，提拔他，使他成为社会的有用之才。或是去赞美他，激励他；或是设法帮助他；或是在有人冤枉他时，替他辩解冤屈，替他分担无端的恶意毁谤。总之，务必使他能够立足于社会为止。

解读

自本段起，了凡开始阐述行善积德、随缘济众之事的第三个类别——成人之美。成人之美出自《论语》，孔子说："君子成人之美，不成人之恶。小人反是。"成人之美是君子所为，有肚量和心胸去成全别人的好事，是一种美德。

了凡举了一个例子来更好地说明何为成人之美。他说，那些内有美玉的石头，如果你不能欣赏它，不能看出其中的美玉，随随便便地就把它丢在一旁，那么这块玉石就和其他一文不值的瓦砾碎石没什么两样；如果你能够欣赏它，看出其中的美玉，并且下功夫琢磨，那么这块石头就会成为圭璋之类的美玉。圭上圆（或剑头形）下方，是古代帝王或诸侯在举行典礼时拿的一种玉器；璋也是古代的一种玉器，形状像半个圭。用以祝贺喜添男丁的成语"弄璋之喜"，其中的"璋"字就是指璋这种玉器。

总而言之，成人之美首先要发现他人的"美"，其次要成全他人的"美"。

接着，了凡由物及人，详细论述了成人之美的具体做法。

成人之美说难也难，说简单也简单。首先，需要一双慧眼，能够看到一个人的优点，需要在茫茫人海中发现那些做好事的善人，或者发现一个有美好的志向并且有一定潜质的可塑之才。其次，就是尽己所能地引导他们、帮助他们、成就他们。通过夸奖、激励或者扶持的方式，让他们健康成长，真正成为造福苍生、有益社会之人。

每个人的成长过程都不是一帆风顺的，总会遇到点风雨，遭遇些挫折。这些可塑之才也难免会遭受诬陷、诽谤。这时，他们需要的是一个引路人，在他迷茫时为他指明方向，在他遭受诬陷时替他辩白、还他清白，在他遭人诽谤时为他分辩，减轻加在他身上的压力，让他健康成长、顺利成材。千万不能置之不理，以致一个能够造福社会的可塑之才，被诽谤和诬陷而湮灭。要竭尽全力地帮助他们在社会上立足，使他们能够为社会贡献自己的聪明才智，这就是成人之美，这就是尽己心力。毕竟，世有伯乐，然后有千里马。

春秋五霸之一的齐桓公即位后，急需找到有才干的人来辅佐自己，因此就准备请鲍叔牙出来任齐相。但鲍叔牙称自己的才能不如管仲，若要使齐国称霸，必要用管仲为相。管仲曾为齐桓公的兄弟公子纠效力，属于齐桓公即位前的敌对势力。鲍叔牙深知管仲之才，竭尽所能地向齐桓公举荐管仲为相，齐桓公最终接受了鲍叔牙的建议，以非常隆重的礼节，亲自迎接管仲，以此来表示对管仲的重视和信任。齐桓公的贤达大度也因此为天下人所知。若没有鲍叔牙的维护和举荐，那么历史上就不会留下管鲍之交的佳话，或许齐桓公的春秋霸主之位也不会存在。

原文

大抵①人各恶其非类②，乡人之善者少，不善者多。善人在俗，亦难自立。且豪杰铮铮③，不甚修形迹④，多易指摘⑤，故善事常易败，而善人常得谤。惟仁人长者，匡直⑥而辅翼⑦之，其功德最宏。

注释

①大抵：大概。

②非类：与自己思想、意见、党派不同的人。

③铮铮：金属撞击的声音。引申为刚正不阿的样子。

④形迹：此指人外在的仪容。

⑤指摘：指责。

⑥匡直：犹匡正，纠正。

⑦辅翼：辅助，帮助。

译文

大概，人们对那些与自己不同类型的人，都不免有厌恶感。在同一个乡里，通常是善人少，而不善的人多。正因为不善的人很多，善的人少，所以善人处在世俗里，常常被恶人欺负，很难立得住脚。况且豪杰的性情大多数是刚正不阿的，又不注意修饰外表；而世俗之人往往只看外表，所以他们常常就会成为被人指责批评的对象。所以，做善事常常容易失败，善人也常常被人毁谤。碰到这种情形，只有依靠仁人长者，才能不断匡正那些邪恶不善之人，辅助和引导他们，使他们改邪归正，同时保护和帮助善人，使他们得以成长。像这样辟邪显正的功德，实在是最大的。

解读

为什么可塑之才需要一个人来帮助他、维护他、替他辩白诬陷、为他减少诽谤呢？这还得从"人各恶其非类"说起。化学中有一个原理叫作"相似相容"，其实人也是这样。俗话说"物以类聚，人以群分"，相同点或者相似之处会给人一种天然的亲切感，而不同则会给人一种疏离感。人们往往比较容易和自己有相似之处的人建立友谊、打成一片，也往往会疏远甚至厌恶那些和自己不一样的人。这就是了凡所说的"大抵人各恶其非类"。

在"大抵人各恶其非类"这个前提下，本段内容就十分容易理解了。在一个地方，如果把善作为标准对人进行分类，那么善人就会被归为一类，不善之人就会被归为另一类。不论哪里，往往是善人少，不善的人多，所以善人活于世间，往往会遭受很多挫折，可能会遭受诽谤诬陷，被恶人欺辱。如果恶势力猖獗，那么善人便无立锥之地了。可是社会需要善人，因此就需要有人站出来维护善人，护他们周全，让他们成材，为社会做出更大的贡献。

除去善人势单力孤，恶人人多势众这个因素之外，豪杰善人的行为方式或者行为特点也是他们需要人来维护的原因之一。

"豪杰铮铮，不甚修形迹"，那些聪明才智超出常人的豪杰，往往是堂堂正正、刚直不阿之人，一般情况下，他们不是很注意细节，也不注重修饰外表，他们只有一颗贡献社会的心。这样的人"多易指摘"，很容易得罪人，也很容易被人拿住缺点做文章。这样就出现了一种有点反常但是频率却很高的情况，那就是"善事常易败，而善人常得谤"，好事、善事很难做成功，好人、善人很容易遭人诽谤。此情此景，成人之美的美德就显得十分可贵、十分必要了。这些铮铮豪杰需要"仁人长者"来维护他们，那些诽谤善人的恶人也需要"仁人长者"来引导他们改邪归正。

总而言之，成人之美，功德无量。

原文

何谓劝人为善？生为人类，孰无良心？世路①役役②，最易没溺③。凡与人相处，当方便提撕④，开其迷惑。譬犹长夜大梦，而令之一觉；譬犹久陷烦恼，而拔⑤之清凉，为惠最溥⑥。韩愈云："一时劝人以口，百世劝人以书。"较之与人为善，虽有形迹，然对证⑦发药，时有奇效，不可废也；失言失人，当反吾智。

注释

①世路：犹世道，指社会状况。

②役役：劳苦不息的样子。

③没溺：沉没。

④提撕：拉扯；提携。

⑤拔：改变。

⑥溥（pǔ）：广大。

⑦证：同"症"。症状。

译文

什么叫作劝人为善呢？我们知道，作为一个活在这世上且有血有肉的人，谁没有一点良心呢？只是大家整天在社会上忙忙碌碌，很容易陷入名利追逐的迷阵，以致忘掉天地良心这回事。在尔虞我诈的环境中，人很容易便沉沦陷落了。因此，在与人相处时，我们要随时随地地提示他，警告他，不要让他掉入名利的陷阱；要时时暗示和提醒他，不要对某事执迷不悟。就仿佛他在长夜里，做一次浑浑噩噩的大梦，一定要叫醒他，让他恢复清醒；又譬如他长久地陷在苦恼里，一定要拉他一把，使他头脑转为清凉。像这样以恩惠待人，所得功德最为广大。韩愈说过："用口来劝人，只在一时，事情过了，也就

忘了，并且别处的人也无法听到；以书来劝人，可以流传到百世，并且能传遍世界。"这种"劝人为善"与"与人为善"比起来，虽然痕迹较重，但是这种对症下药的事，时常会有特殊的效果。这种方法，也是不可放弃的。并且劝人也须劝得得当，譬如这个人太倔强，不可以用话来劝，你若是用话去劝了，不但是白劝，所劝的话，也成了废话，这叫作"失言"。你应该劝一个人为善但没有去劝导他，那便白白失掉一个"劝人为善"的机会，这叫作"失人"。失言失人，都是自己智慧不够，我们应该自我反省检讨，活用自己的智慧！

解读

自本段起，了凡开始阐述行善积德、随缘济众之事的第四个类别——劝人为善。人活于世，不仅要做个善人，与人为善，还可以在此基础上再进一步，劝人为善。为什么要劝人为善呢？因为善是人的本性，每个人都有良心，就像《三字经》中所写的："人之初，性本善。"可是，这个世界诱惑很多，构成也很复杂，人们每天忙忙碌碌的，在纷扰之中，为了名利而奔波，难免掩盖了本性，消磨了善心。这就需要一个人在旁边提点，帮助迷失的人找回本性。也就是了凡所说的"凡与人相处，当方便提撕，开其迷惑"。在跟人交往、相处的过程中，一定要心怀善意，看到那些在迷茫中挣扎或者渐行渐远迷失本性的人，要随时随地地提醒一下、警醒一下，让他寻回本性，走出迷惑。

"譬犹长夜大梦，而令之一觉"，这是举例说明劝人为善的具体操作：如果看到一个人晚上睡觉做了噩梦，我们就应该叫醒他，让他清醒过来。"譬犹久陷烦恼，而拔之清凉"，如果看到一个人陷在烦恼的泥潭中无法走出，就应该拉他一把，把他拽出泥潭。"为惠最溥"，"惠"即恩惠，指带给人的好处，也指自己修下的福德；"溥"是广大的意思；这种劝人为善的行为带给人的恩惠最大，为自己修下的福德也最多。

韩愈是唐代杰出的文学家、思想家、哲学家、政治家，是唐代古文运动的倡导者，被后人尊为"唐宋八大家"之首，与柳宗元并称"韩柳"，有"文章巨公"和"百代文宗"之名。后人将其与柳宗元、欧阳修和苏轼合称为"千古文章四大家"。他提出的"文道合一""气盛言宜""务去陈言""文从字顺"等散文写作理论，具有很强的指导意义。

了凡借韩愈之言，道出了劝人为善时应当采用的形式，即"一时劝人以口，百世劝人以书"。"时"指一时、短期、当时，"口"即口头说明，"书"指著书立说。也就是说，要想一时劝人为善，那么可以采用口头相劝的方式来警诫别人，这样的劝说，局限性较大，一般只能影响听到劝诫的人，且影响的时间较短。要想长久地劝人为善，或者说要想让自己劝人为善的效果长久，甚至千百年后仍有警诫意义，那么应当选择著书立说的形式来劝人。书可以流传，不受时空的限制，所以影响力更为深远。

就像《了凡四训》这本书，本来只是一本写给儿子袁天启的《训子文》，可是因其教育意义，就流传至今，为后世很多人带来了巨大的好处。若了凡只是对儿子进行口头教导，而没有采用写书的形式教导儿子，那么我们就无缘得见此书，此书也不会产生如此深远的影响。

劝人向善和与人为善相比是有差别的。与人为善重在向内修正、完善自身，那么善意自然流露，就能与人为善了；劝人向善则不同，劝人向善的外在痕迹较重，它不是润物细无声的，而是一定要通过语言或者书作的形式表现出来才能达到效果。劝人向善最重要的是找到症结，然后对症下药，只有这样才能起到效果。

劝人向善时有两个忌讳：一是失言，二是失人。"失言"，就是说了不该说的话，也就是没有找准症结、对症下药。"失人"，就是劝了不该劝的人，或者没有劝导该劝的人。人的资质性情各有不同，若对象选错了，就会"对牛弹琴"，无所收获。总的来说，失言是劝的内容或者方向出现了偏差，失人是劝说的对象出现了错误。

原文

何谓救人危急？患难颠沛①，人所时有。偶一遇之，当如恫瘝②在身，速为解救。或以一言伸其屈抑③，或以多方济其颠连④。崔子⑤曰："惠不在大，赴人之急可也。"盖仁人之言哉。

注释

①颠沛：指生活困顿，不稳定，或遇挫折。

②恫瘝（tōng guān）：疾苦，病痛。恫，哀痛，痛苦。瘝，病，痛苦。

③屈抑：枉屈，压抑。

④颠连：困顿不堪；困苦。

⑤崔子：崔铣（1478—1541年），字子钟，号后渠，安阳人。明孝宗弘治十八年（1505年）进

士，学宗朱程。

译文

　　什么叫作救人危急呢？患难颠沛的事情，在人的一生当中，都是常有的。假如偶然碰到了这样的人，就应该将他的痛苦当作是发生在自己身上一样，赶快设法去解救；或是用话语帮助他申辩明白他所受的冤屈和压迫，或是用各种方法去救济他的困苦。明朝的崔铣说过："恩惠不在乎大小，只要在别人危急的时候，能帮他一把就可以了。"这句话真正是仁者所说的话呀！

解读

　　本段了凡阐述了行善积德、随缘济众之事的第五个类别——救人危急。救人危急很容易理解，就是看到人陷入危险或者紧急事项，要伸以援手。为什么要救人危急呢？因为人在一生中，不可能一帆风顺，常常会陷入颠沛流离或者危难忧患之中，就连孔子周游列国之时，都曾经"累累若丧家之犬"。既然每个人都可能陷入这种窘境，那么我们遇人危急时，就应当感同身受，就应该伸以援手，救人危急。

　　救人危急具体应该如何操作呢？了凡提供了两种方法，"或以一言伸其屈抑；或以多方济其颠连"。若人有冤屈压抑之事，那么为他申冤辩白就是救人危急；若人颠沛流离、漂泊无依，那么通过各种方法来救济他，就是救人危急。

　　崔子曰："惠不在大，赴人之急可也。"恩惠不在大小，救急最为要紧。就如见到涸辙之鱼，不需要非得把它放生到大海之中，只需拿一个盆接点水，这些鱼就能活命。所以说，救急是仁者所为，崔子之语乃仁人之言。

原文

何谓兴建大利①？小而一乡之内，大而一邑之中，凡有利益，最宜兴建。或开渠导水；或筑堤防患；或修桥梁，以便行旅②；或施茶饭，以济饥渴。随缘劝导，协力兴修，勿避嫌疑，勿辞劳怨③。

注释

①大利：此指有利于社会，有利于人民大众的事。

②行旅：行人，过往的旅客。

③劳怨：劳累与抱怨。

译文

什么叫作兴建大利呢？小可以从一个乡来讲，大可以从一个县来说，凡是有益于公众的事，就应该发起兴建。或是开辟水渠，来灌溉农田；或是建筑堤岸，来预防水灾；或是修筑桥梁，使过往行旅交通方便；或是施送茶饭，救济饥饿口渴的人。这些事，我们应该随缘而行，只要一遇到机会，就应当劝导大家，同心协力，出钱出力来兴办。纵然有别人毁谤、中伤你，也不要为了避嫌疑就不去做；也不要怕辛苦，或担心别人嫉妒怨恨而推托不做。

解读

本段起，了凡开始阐述行善积德、随缘济众之事的第六个类别——兴建大利。了凡首先解释了什么叫作兴建大利，那就是"小而一乡之内，大而一邑之中，凡有利益，最宜兴建"。兴建大利没有区域范围的限制，"乡"即乡村，"邑"即城镇、城邑，小到乡村之内，大到城邑之中，只要是有利于百姓生产、生活的事，都可以做，做了就是兴建大利。

兴建大利的出发点是为整个乡里或者城邑谋福利，是为了造福百姓，没有一丝一毫的私利私心，因此是真正的善事。

本段详细列举了兴建大利的具体做法，第一种做法是"开渠导水"。我国是农业大国，开渠导水，兴修水利工程是保证粮食产量、应对雨水较少年景的有力措施。普遍存在于我国新疆吐鲁番市的坎儿井，就是截取地下水用于农田灌溉和居民用水的水利工程。第二种做法是"筑堤防患"。农业国度，既怕雨水不足，又怕洪水泛滥，因此开渠导水和筑堤防患就成了关乎国家安危的重要事项。位于四川成都的都江堰，两千多年来一直发挥着防洪灌溉的作用，使成都平原成为水旱从人、沃野千里的"天府之国"，负责修建都江堰的李冰父子也因都江堰流芳百世。第三项做法是"修桥梁，以便行旅"，铺路架桥可以为百姓出行带来巨大的便利。第四项做法是"施茶饭，以济饥渴"，布施茶饭，可以为行人滋润口舌、填饱肚子。

总而言之，兴建大利的具体做法有很多，要遵循的总原则是：随缘劝导，协力兴修，勿避嫌疑，勿辞劳怨。一心为公、毫无偏私的人必然能够做到这十六个字，造福百姓。

原文

何谓舍财作福？释门①万行，以布施为先。所谓布施者，只是舍之一字耳。达者②内舍六根③，外舍六尘④，一切所有，无不舍者。苟非能然，先从财上布施。世人以衣食为命，故财为最重。吾从而舍之，内以破吾之悭⑤，外以济人之急。始而勉强，终则泰然⑥，最可以荡涤⑦私情⑧，祛除⑨执吝⑩。

注释

①释门：佛门。释，指释迦牟尼。佛门出家人，自东晋道安法师以来，皆从释姓，故佛门亦称释门，或释氏。

②达者：指智慧通达的人。

③六根：亦称六情。指眼、耳、鼻、舌、身、意六种感觉器官或认识能力。

④六尘：佛教用语，是由六根所产生的作用，即色、声、香、味、触、法，六种对环境的感受。这六种感受会使人产生错觉，令人陷于生命不净的境地，所以叫尘。

⑤悭：小气，吝啬。

⑥泰然：神色安定，自然、从容的样子。

⑦荡涤：清洗，洗除。

⑧私情：自己自私的心念。

⑨祛除：去除。

⑩执吝：指悭吝不化的念头、思想。

译文

什么叫作舍财作福呢？佛门里的万种善行，以布施为最重要。所谓布施，讲的就是一个"舍"字。真正智慧通达、明白道理的人，什么都能舍，身内如自己身上的眼睛、耳朵、鼻子、舌头、身体、念头，都可以舍；身外的色、声、香、味、触、法，也都可以舍。人所拥有的一切，没有一样是不可以舍弃的。如果不能做到什么都舍，那就先从钱财上着手布施吧。世间人都把衣食住行看得像生命一样重要，因此钱财的布施也就最为重要。如果我们顺从其意，能够痛痛快快地施舍钱财，对内而言，可以破除我们小气的习性；对外而言，则可救济别人的急难。不过看破钱财是很不容易的事，最初做起来，可能会有一些勉强，但只要舍惯了，心中自然安逸，也就没有什么舍不得了。这最容易消除我们内心的贪念私心，也可以除掉我们对钱财的执着与吝啬。

解读

本段起，了凡开始阐述行善积德、随缘济众之事的第七个类别——舍财作福。了凡首先解释了何为舍财作福。所谓舍财作福就是"释门万行，以布施为先"。"释"即释迦牟尼，他创造了佛教，所以佛教也被称为"释门"。"释门万行"，佛家的修行方法很多，譬如戒色、戒肉、戒酒等等，但是种种的修行方法中有一个是最先要学习的，也是最重要的，那就是布施。布施就是给予，从行为上来说，是把自己的东西或者自己本身交给别人；从内心来说，就是舍。

境界高妙的修行者，譬如佛陀、菩萨，他们什么都能舍，甚至自己的生命都能舍弃。佛祖已然到了"一切所有，无不舍者"的高妙境界，所以他能够坦然地以身饲虎、割肉喂鹰。普通的修行者很难达到这样的高妙境界，那就需要由易到难，由外而内，循序渐进地进行修行，也就是"先从财上布施"。舍财是布施的开始，也是作福的开端。

首先讲"先从财上布施"的原因。人活于世，需要饭食果腹，需要衣衫蔽体，没有食物人就无法存活，没有衣衫人就很难在社会上行走，所以世人都把衣食看得和生命一样重要，甚至把生活所依赖的人称为"衣食父母"。衣服、饭食都需要钱财来买，钱财的重要性便凸显出来。既然世人把衣食钱财看得像生命一样重要，实际上它又不是生命本身，那么从钱财上开始布施，然后再由外而内地修行，就很符合逻辑了。

其次讲"先从财上布施"的好处。如果人能够舍弃自己看得很重的钱财的话，那么这个行为本身就说明他已经在一定程度上战胜了自己的悭吝、小气，此即"内以破吾之悭"。除此之外，舍出去的财并没有凭空消失，而是去到了更需要它的人手中，去到了更需要它的地方，它发挥了更大的作用，救济了他人的危急，此即"外以济人之急"。刚开始布施钱财的时候，都是勉勉强强、万分不舍，这是很正常的。但只要坚持下去，最终便能处之泰然、心中安逸，不舍的执念就被慢慢放下了。坚持从财上布施最大的好处就是，"可以荡涤私情，祛除执吝"。坚持舍财，私心杂念会越来越少，心地会越来越纯净，放下了对钱财的执着心，纠正了悭吝小气的坏毛病，这就是最大的福报。

所以说，舍财就是作福。

原文

　　何谓护持正法？法者，万世生灵之眼目也。不有正法，何以参赞①天地？何以裁成②万物？何以脱尘离缚③？何以经世④出世⑤？故凡见圣贤庙貌、经书典籍，皆当敬重⑥而修饬⑦之。至于举扬正法，上报佛恩，尤当勉励。

注释

①参赞：指人与天地自然间的参与和调节。

②裁成：筹谋而成就之。

③脱尘离缚：指脱离凡尘世俗的约束。

④经世：指治理国事，经历世事。

⑤出世：对世俗之事不关注，摆脱世俗的束缚。

⑥敬重：恭敬尊重。

⑦修饬：整治；整修。

译文

什么叫作护持正法呢？法，是千万年来所有生灵的眼目，也是真理的准绳。但是法有正有邪，如果没有正法，如何能够参与帮助天地造化之功呢？怎么能够使得世间万物都像裁布成衣那样的成功呢？怎么可以脱离尘世的种种迷惑与种种束缚呢？怎么能够治理与经历世上的一切事情，以及逃离这个污秽的世界与生死轮回的苦海呢？所以，凡是看到圣贤的寺庙、图像、经典、遗训，都要加以敬重；至于有破损不完全的，都应该要修补，整理。至于讲到佛门正法，尤其应该敬重地加以传播、宣扬，使大家都重视，以此来上报佛的恩德，这些都是尤其应该加以全力实践的。

解读

本段起，了凡开始阐述行善积德、随缘济众之事的第八个类别——护持正法。

法是标准和规范，是道理和准则，是千百年来，万世生灵在实践中不断探索出来的真理。法有正邪之分，错误的、片面的、不符合自然规律的，就是邪；正确的、全面的、尊重自然规律的就是正。修善积德需要分辨法之正邪，然后才能护持正法。只有不断地维护正法，宣传正法，践行正法，才能达到以正御邪的效果，才能让邪法无处遁形。

正法十分重要，它的作用主要体现在参赞天地、裁成万物、脱尘离缚、经世出世四个方面。正法的第一个作用是参赞天地，"参"即参与，"赞"即帮助，中国自古以来的自然观就是人法地，地法天，天法道，道法自然。人和自然是在不断互动之中共同发展的。古人敬畏自然、感谢自然，因为是大自然为人类提供了赖以生存的物质基础和美学享受。正法必然是尊重自然，必然是强调人和自然和谐相处的。所以，护持正法的第一大作用就体现在参赞天地上。正法的第二个作用是裁成万物，即全心全意地帮助、成全世间众生，引导他们弃恶扬善，修正自我，恢复本性。正法的第三个作用是脱尘离缚，正法能够帮助人脱离烦恼、增长智慧、开阔眼界、远离束缚。一个人最大的自由是心的自由，护持正法就是解放心灵。正法的第四个作用是经世出世，儒家经典皆为经世之学，在这些经典的指导下，一个人可以修身齐家治国平天下，为百姓谋福利，为社会做贡献。但是，他这么做，并非为了一己之名利，因为正法已然给了他一副清净心肠，所以他能够做到淡泊名利、宁静致远。

接着讲护持正法的具体做法。"故凡见圣贤庙貌、经书典籍，皆当敬重而修饬之"，护持正法在内心要做到敬重圣贤的寺庙、图像、经书和典籍，在行为上要做到该为之修补的为之修补，该为之整理的为之整理。这里的修补主要指寺庙和图像，为之整理的主要是经书和典籍。

现在很多圣贤的出生地和活动地都成了旅游景点，譬如五台山、孔庙等等。一些游客参观寺庙的时候，对这些场所和场所中悬挂的圣贤图像、放置的圣贤雕像缺乏最基本的敬重之情。有些乘客衣衫不整，有些乘客踩踏门槛，有些甚至会在佛像、雕塑上刻字，且不论其是否达到了破坏文物、违反法律的程度，单单这种态度就是极其不可取的，这种种行为都对护持正法无益。经书典籍承载了圣贤的智慧和理念，它们在悠悠千年岁月之中，经过无数人的默默奉献与传承才能流传至今，我们更应当对这些经典珍而重之，见到破损或者残缺，要尽己所能地修补、整理。

护持正法就要去传播正法、发扬正法，让越来越多的人了解正法、学习正法、遵从正法，最终让其加入护持正法的队伍中来。这样做，才能够为护持正法带来源源不断的活力和能量，才是真正地报答佛的恩德。"尤当勉励"是说举扬正法，上报佛恩的做法十分重要，必须全力以赴，不能有一丝一毫的懈怠。为什么这样说呢？因为"见圣贤庙貌、经书典籍，皆当敬重而修饬之"的做法虽然重要，但是其影响力毕竟有限，也许我们去了十座寺庙，为整修寺庙布施了十次，也许我们整理了十本经典书籍，这的确是护持正法，但这种做法只为十座寺庙、十本经典提供了服务。"举扬正法"则不然，一个人可以影响十个人，这十个人可以影响一百个人，这一百个人可以影响一万个人……这种影响力是十分惊人和巨大的，倘若这些人都投入到护持正法的队伍中来，那该是多么磅礴的一股力量呢？所以了凡才会特意强调，尤其要在举扬正法上勉励。

原文

何谓敬重尊长？家之父兄，国之君长，与凡年高、德高、位高、识高者，皆当加意①奉事②。在家而奉侍父母，使深爱婉容③，柔声下气，习以成性，便是和气格天④之本。出而事君，行一事，毋谓君不知而自恣⑤也；刑一人，毋谓君不知而作威⑥也。事君如天，古人格论⑦，此等处最关阴德。试看忠孝之家，子孙未有不绵远⑧而昌盛者，切须慎之。

注释

①加意：注重，特别注意，特别用心。

②奉事：侍候；侍奉。

③婉容：和顺的仪容。

④格天：感通上天。

⑤自恣：放纵自己，不受约束。

⑥作威：谓利用威权滥施刑罚。

⑦格论：精当的言论，至理名言。

⑧绵远：久远。

译文

什么是敬重尊长呢？家里的父亲、兄长，国家的君王、长官，以及凡是年岁大、道德高、职位高、见识高的人，都应该特别用心去敬重、侍奉他们。在家里侍奉父母，要有深爱父母的心与委婉和顺的仪容；对他们声音要柔和，心气要平顺。这样长期不断地熏染，使之成为习惯，自然会养成好的性情，这就是和气可以感动上天的根本。出门在外侍奉君王，不论什么事都应该依照国法去做，不可以为君王不知道而放纵自己随意乱为！审判一个人，不论他的罪轻或重都要仔细审问，公平执法，不可以为君王不知道而利用威权滥施刑罚，冤枉他人！服事君王，要像面对上天一样的恭敬，这是古人所定的规范，这对个人阴德的影响最大。试看凡是忠孝的人家，他们的子孙，没有不绵延久远而且前途兴旺的。所以，对这些，我们一定要小心谨慎地对待。

解读

本段起，了凡开始阐述行善积德、随缘济众之事的第九个类别——敬重尊长。

首先，说明了应当敬重的尊长的范围，"家之父兄，国之君长，与凡年高、德高、位

高、识高者，皆当加意奉事"。从内和外来说，在家要敬重自己的父亲和兄长，也就是长辈；在外要敬重国家的君主和长官。从更广的范围来说，只要是比自己年龄大的、德行高的、职位高的或者见识高的人，都要敬重。儒家强调"君君臣臣、父父子子"，要求以孝事亲，以忠事君。社会的运行自有一套秩序和规范，这种秩序和规范虽然不像法律一样具有强制约束力，但是天长日久的遵循和践行，早就外化为了行为上的礼，内化为了道德上的仁和善。

其次，详细说明了在家中侍奉父母时的态度，也就是如何做到孝。"在家而奉侍父母，使深爱婉容，柔声下气，习以成性，便是和气格天之本"。什么是孝呢？孝就是能够和颜悦色地对待父母，见到父母的时候表情要温婉和顺，语气要平和柔顺。长期以这样的态度对待父母，久而久之就会形成习惯，把这种习惯内化为自己的性格。这种温和平顺的态度、性格就是感动天地的根本所在。

再次，详细说明了在外事君时应有的原则和态度，也就是如何做到忠。"出而事君，行一事，毋谓君不知而自恣也；刑一人，毋谓君不知而作威也"，也就是说，在外为君王效力，一定要做到自律，无论做什么事，都不能因为君主不知道，就肆意妄为、任性胡来；要给一个罪犯定罪，无论他的罪行轻重，都要实事求是、尊重事实，不能因为君王不知情就作威作福、冤枉好人。这是为君王效力必须遵循的基本原则，也是敬重尊长的具体表现。"事君如天，古人格论，此等处最关阴德"，古时称君王为天子，君王是上天的代言人，所以侍奉君王要像侍奉上苍一样，怀有敬重、敬畏之心，这是最关乎阴德的事。

最后，了凡强调了忠孝的重要意义。"试看忠孝之家，子孙未有不绵远而昌盛者"，能做到事亲以孝、事君以忠的人，往往整个家族都是忠孝的，这样的家庭教育的子孙后代往往也是忠孝的。这样的家族往往兴旺发达、延绵不绝、前程远大，这就是忠孝的意义，或者说忠孝带来的好处。

原文

何谓爱惜物命？凡人之所以为人者，惟此恻隐之心①而已，求仁者求此，积德者积此。周礼②"孟春之月③，牺牲④毋用牝⑤"，孟子谓君子远庖厨⑥，所以全吾恻隐之心也。故前辈有四不食之戒，谓闻杀不食，见杀不食，自养者不食，专为我杀者不食。学者未能断肉，且当从此戒之。

注释

①恻隐之心：对别人的不幸表示同情的心情。形容对人寄予同情。
②周礼：周朝时周公所订的礼仪，包括一切典章制度。
③孟春之月：阴历春季的首月。
④牺牲：此指古时祭祀或祭拜时用的牲畜。

⑤牝：雌性的鸟或兽，与"牡"相对。

⑥庖厨：厨房。

译文

什么叫作爱惜物命呢？一个人之所以能够成为人，只在于他有一颗同情他人的恻隐之心罢了。那些求仁的人，求的就是这一片恻隐之心；那些行善积德的人，积的也就是这一片恻隐之心。有恻隐之心，就是仁，就是德；没有恻隐之心，就是无仁心，无道德。《周礼》上曾说："每年正月的时候，正是牲畜最容易怀孕的时候，这时的祭品勿用母的。"孟子也说："君子远离宰杀牲畜的厨房。"这就是告诉我们要保全自己的恻隐之心。所以，古人有四种肉不吃的禁忌：听到动物被杀时的哀鸣声的肉，不吃；看见动物被杀过程的肉，不吃；自己养大的动物的肉，不吃；专门为自己杀的动物的肉，不吃。后辈的人，若想学习前辈的仁慈心，一下子做不到断食荤腥的，也应该从前辈的四不食之戒做起，禁戒少吃，甚至不吃。

解读

本段起，了凡开始阐述行善积德、随缘济众之事的第十个，也是最后一个类别——爱惜物命。

了凡首先阐述了爱惜物命的人性基础。他说"凡人之所以为人者，惟此恻隐之心而已"，人之所以被称为人，人和其他物种的区别，关键就在于人有恻隐之心。恻隐之心就是对别人的不幸表示同情，是一种同理心，也代表了一个人感同身受的能力。看到动物被虐待，心里感到很不是滋味；看到老人提着重物，就有点心疼，赶紧上去帮忙；看到受灾的人，能体会到他们的无助，并伸以援手……这些都是恻隐之心。孟子曰："恻隐之心，仁之端也。"孟子认为恻隐之心是仁爱、仁善这种品质的开端，也就是仁这种品质是由同情和感同身受发展起来的。

"求仁者求此，积德者积此"，这是了凡对于孟子提出的"恻隐之心，仁之端也"这一观点的进一步分析阐述。那些想要养成仁爱、仁善品质的人，就是从恻隐之心开始培养的，就是在不断的同情和感同身受中，一个人成长为了仁者。积累福德就是在不断积累恻隐之心，心越来越善，越来越软，由恻隐而悲悯而爱众生，德行自然日益高尚，福报也会越来越深厚。

《周礼》是儒家经典，十三经之一。《周礼》《仪礼》和《礼记》合称"三礼"，"三礼"对礼法、礼义作了最权威的记载和解释，是古代华夏礼乐文化的理论形态，对历朝历代的礼制都产生了深远且重大的影响。《周礼》一书记载了先秦时期的社会政治、经济、文化、风俗、礼法制度等，内容丰富，包罗万象，堪称中国文化史之宝库。

"孟春"是春天的第一个月，也就是初春。"牺牲"是古代祭祀时使用的牲畜，一般大规模的祭祀典礼会选用牛、羊、猪三种牲畜作为祭品，称为三牲。"牝"与"牡"相对，是指雌性的兽或鸟；"牡"指雄性的兽或鸟。"孟春之月，牺牲毋用牝"，即初春时节祭祀选择祭品时，不要使用雌性的兽类。春天是万物复苏的季节，很多动物会在这个时节繁衍后代，如果用雌性牲畜祭祀，很可能会因其有孕而杀害两条生命，影响动物的生息繁衍。所以说，《周礼》中的这句话，体现了古人爱惜物命的理念。

孟子是儒家学派的代表人物之一，他把"仁"由个人道德范畴扩展到政治教化范畴，宣扬"仁政"，最早提出了"民贵君轻"的思想，被韩愈列为先秦儒家继承孔子"道统"的人物，和孔子并称"孔孟"，元朝时被追封为"亚圣"。

"君子远庖厨"出自《孟子·梁惠王上》，是孟子劝诫齐宣王实行仁术时所说。当时齐宣王问政于孟子，孟子说："如果齐王的一切统治都以老百姓的利益为出发点，以老百姓安居乐业为落脚点，那就没人能阻挡这样的君王统一天下了。"宣王问道："你看我是这样的人吗？"孟子说："我看是。"宣王又问："何以见得呀？"孟子答道："我听说，某天大王您正坐殿中，见有人牵牛而过，便问来人牵牛做什么。那人说，准备杀牛祭祀。你就下令放了牛，说自己不忍心看到牛瑟瑟发抖的害怕模样，不忍看它毫无罪过却如被判死刑一般。牵牛人问你祭品怎么办。您指示用羊代替牛来充当祭品。不知是否确有此事？"齐宣王说："确有此事。"孟子说："此事说明了大王的仁心，有此仁心何愁不能一统天下呢？百姓都说您以羊替牛是因为小气吝啬，我却知道您这样做不是因为小气，而是因为于心不忍。"接下来孟子说道："百姓只知道牛和羊都无罪，但羊却被杀，因此得出了大王吝啬的结论。而我却认为这种不忍心正是大王仁慈的表现，因为您只看到了瑟瑟发抖的牛，却没有见到活生生的羊。君子对于飞禽走兽，见到它们活蹦乱跳，便不忍心见其死去；听到它们哀叫，便不忍心吃其肉。因此，君子总是远离厨房。"

从这个故事可知，君子远庖厨，是为了不触发自己的恻隐之心，这本身就是仁慈的一种体现。

原文

渐渐增进，慈心愈长，不特杀生当戒，蠢动含灵①，皆为物命②。求丝煮茧，锄地杀虫，念衣食之由来，皆杀彼以自活。故暴殄③之孽，当与杀生等。至于手所误伤、足所误践④者，不知其几，皆当委曲防之。古诗云："爱鼠常留饭，怜蛾不点灯⑤。"何其仁也！

善行无穷，不能殚述⑥；由此十事而推广之，则万德可备矣。

注释

①蠢动含灵：犹言一切众生。蠢动，泛指动物。含灵，内蕴灵性。

②物命：有生命的物类。

③暴殄：任意浪费，糟蹋。

④践：踩踏。

⑤爱鼠常留饭，怜蛾不点灯：语出苏轼《次韵定慧钦长老见寄八首（其一）》，原句为"为鼠常留

饭，怜蛾不点灯"。意为担心家里的老鼠没有东西吃，时常为它们留一点饭菜；爱惜飞蛾的生命，夜里不点灯。

⑥殚述：详尽叙述。多用于否定式。

译文

对于食肉而言，虽一时做不到，也要渐渐地增进断绝荤腥的次数，这样时间长了，慈悲心就会慢慢增加。不仅杀生应当戒除，哪怕就是那些极小极小的，不论是愚蠢的或是有灵性的，都是有生命的物类。人类为了做衣服，要用蚕丝，就把蚕茧放在水里蒸煮，不知要杀死多少蚕蛹；农夫耕地种田，用药杀虫，不知要杀害多少昆虫的性命。因此，我们要体会衣食的来处，是经过多少生命换来的，牺牲它们的生命才换来我们的活命。所以糟蹋粮食、浪费东西的罪孽，应该与杀生的罪孽相等。至于随手误伤的生命，脚下误踏而死的生命，又不知道有多少，这些都应该小心设法防止。苏东坡有首诗说："爱鼠常留饭，怜蛾不点灯。"这话是多么的仁厚慈悲呀！

善事无穷无尽，哪能说得完；只要把上边说的十件事，加以推广发扬，那么无数的功德，就都完备了。

解读

本段主要讲物命的范畴，了凡将物命的范畴做了大范围的扩展。

"渐渐增进，慈心愈长"，注重日常生活中的细节，不断地发现自己的恻隐之心、同情之心，随着心越来越软，心也会越来越善，慈悲心就会越来越多。"不特杀生当戒"，不仅应当戒除一般意义上的杀生。"蠢动含灵，皆为物命"，要知道，那些能够活动的、有灵气的生物都是有生命的，都是需要爱惜的。接下来了凡举了两个例子，即"求丝煮茧，锄地杀虫"。我们都知道，丝绸是用丝织成的，取丝的时候需要把蚕茧扔进水中煮，这个时候包裹在蚕茧之内的蚕宝宝也就死掉了，一个好好的生命就这样没有了。因此，心慈之人一般不穿丝制衣服，就跟不穿皮毛制品一个道理。土壤之中同样生活着许多生物，锄地的时候一般没有人会小心翼翼地去注意地里的虫子，所以锄地时往往会杀死很多虫子。人活于世，需要食来果腹，需要衣来蔽体，丝和土地是衣和食的直接来源，可以说，人类的生存是以牺牲其他物命为代价的，也就是了凡所说的"皆杀彼以自活"。满足基本的生活需求尚且需要牺牲其他物命，那么

铺张浪费、暴殄天物的种种恶习，简直与杀生无异！因此，人活于世，积善行德不一定非要布施，勤俭节约也是一种积善行德的方式。

上文提到人类维持基本生活不得不牺牲其他物命，因此一定要勤俭节约，杜绝铺张浪费。后文继续分析阐述了人伤及物命的其他情况。"至于手所误伤、足所误践者，不知其几"，在生活中不小心误伤的物命、不小心误踏的物命，不知道还有多少。因此，"皆当委曲防之"，为了减少误伤误踏的情况发生，生活中应当小心谨慎地设法防止。

古诗云："爱鼠常留饭，怜蛾不点灯。"这是苏轼的诗。"过街老鼠，人人喊打"，现代社会几乎没有人对老鼠有好感，见了往往避之不急、赶之不急，可是苏轼偏偏说"爱鼠常留饭"，为了让老鼠好好生活，避免老鼠饿死，特意给老鼠留些饭食。飞蛾扑火是天性，因为光明对飞蛾有致命的吸引力，为了保护飞蛾的生命，避免飞蛾烫死，竟然不忍心点灯。这两种行为可以说是仁慈的极致，极致的仁慈！

至此，了凡将行善积德、随缘济众的十种类型一一阐述完毕。不过，善行是多种多样的，善事是无穷无尽的，善举是无法用语言说完的。只要心真善，行真善，就是功德无量。

本书的第三部分——积善之方，到此结束；接下来是本书的第四部分，也是最后一部分——谦德之效。

第四篇 谦德之效

原文

易曰："天道^①亏盈而益谦，地道^②变盈而流谦^③，鬼神害盈^④而福谦^⑤，人道恶盈而好谦。"是故谦之一卦^⑥，六爻^⑦皆吉。书曰："满招损，谦受益。"予屡同诸公应试^⑧，每见寒士^⑨将达^⑩，必有一段谦光^⑪可掬。

注释

①天道：天理，天意。

②地道：地的规律。

③流谦：流向谦下的。

④害盈：使骄傲自满者受祸害。

⑤福谦：使谦虚者得福。

⑥谦之一卦：谦卦。《易经》六十四卦之第十五卦。卦体中上卦为坤为地，下卦为艮为山。表示谦虚的人像山一样，从不炫耀自己的秀丽，也从不掩饰自己的秃石和断崖。

⑦六爻：《易经》中的卦画称为爻。六十四卦中，每卦六画，故称。

⑧应试：应考；参加考试。

⑨寒士：指出身低微的读书人。

⑩达：发达。

⑪谦光：谦虚的神采。

译文

《易经·谦卦》上说："天理，不论什么，对于骄傲自满的便会使他亏损，而谦虚的就让他得到益处。地道，不论什么，凡是骄傲自满的，也要使他改变，不能让他永远满足；而谦虚的要使他滋润不枯，就像低的地方，流水经过，必定会填充了它的缺陷。鬼神，对于骄傲自满的，便会让他遭受惩罚，谦虚的便使他获得福报。人的规则，都是厌恶骄傲自满的人，而喜欢谦虚的人。"这样看来，天、地、鬼、神、人都看重谦虚的一边。所以，《易经》中的谦卦，每一爻也都是吉祥的。《尚书》中也说道："自满，会使人遭到损害；谦虚，会让人得到益处。"我多次与众多学子一起去参加考试，每次都看到贫寒的读书人，快要发达考中的时候，脸上一定有一片谦和而且安详的光彩散发出来，仿佛可以用手捧住一样。

解读

阐述完立命、改过、积善的方法后，本段开始阐述做人的基本品质——谦虚，并通过引用经典中的观点，列举大量现实案例，来论证谦虚所带来的效验。

"易"即《易经》，"天道亏盈而益谦，地道变盈而流谦，鬼神害盈而福谦，人道恶盈而好谦"是《易经》中解释谦卦卦辞的文字。"天道亏盈而益谦"，"亏"和"益"作动词用，是"使……亏""对……有益"的意思，即，天之道，总是使那些骄傲自满的亏损，总是让那些谦虚谨慎的受益。"地道变盈而流谦"，"变"和"流"同样是动词，即地之道总是改变那些骄傲自满的，总是滋养填充那些谦虚谨慎的。"鬼神害盈而福谦"，"害"和

"福"也是作动词用，即，鬼神行事，总是让那些骄傲自满的受害，让那些谦虚谨慎的享福。"人道恶盈而好谦"，"恶"和"好"亦是作动词用，即，人行事时，总是厌恶那些骄傲自满的人，喜欢那些谦虚谨慎的人。

从这段文字可以看出，无论是天地之道，还是鬼神之道，还是人之道，都是赞赏、接纳、鼓励谦虚谨慎，而厌恶、排斥骄傲自满，所以说谦虚、谦让是人的优良品质，越是位高权重，越要谦虚，否则只会引火烧身、玩火自焚。

《易经》八卦中有两个符号，一个是"—"，另一个是"——"，后人分别将这两个符号称为阳爻和阴爻。六爻，既可以指从下向上排列的六个阴阳符号的组合，也泛指借用这种组合进行占卜的方法。

六个阴阳符号，每个符号有阴阳两种可能，排列组合之下便有六十四种组合方式，即六十四卦。谦卦是六十四卦中的第十五卦。谦卦中的上卦为坤为地，下卦为艮为山。从卦象来看，谦卦艮下坤上，为地下有山之象。山体高大威武，却不显不露，甘愿处于地下，所以引用在人上，就是象征那些德行高远而自觉不显扬之人。

"满招损，谦受益"这句话流传广泛。它和谦卦所代表的内核是一致的，都是教人谦虚谨慎，避免骄傲自满。

晋朝富商石崇，骄傲自满，穷奢极欲，与人斗富，最终家破人亡，人死财散。只懂纸张谈兵的赵括，不能谦虚地接受别人的意见，最终长平惨败，四十万赵国兵士被秦军坑杀。这都是历史上活生生的例子，不能不引以为戒。

引经据典地阐述完谦虚的重要性后，了凡开始列举实例说明谦虚这一品质对人的重要影响。这也是他把《易经》《尚书》所讲的道理，运用于日常生活的一种尝试。

了凡举了他和同伴一起赶赴科考的例子：每每赴考，他都会在一旁认真观察这些赴考学子行为处事的作风和态度，并以此推断哪些学子能够考中，哪些学子无法考中。经过他的观察总结，得出了"每见寒士将达，必有一段谦光可掬"的结论。

原文

辛未①计偕②，我嘉善同袍③凡十人，惟丁敬宇宾④，年最少，极其谦虚。予告费锦坡曰："此兄今年必第⑤。"

费曰："何以见之？"

予曰："惟谦受福。兄看十人中，有恂恂款款⑥，不敢先人，如敬宇者乎？有恭敬顺承，小心谦畏，如敬宇者乎？有受侮不答，闻谤不辩，如敬宇者乎？人能如此，即天地鬼神，犹将佑之，岂有不发⑦者？"

及开榜⑧，丁果中式。

注释

①辛未：指公元1571年。

②计偕：称举人赴京会试。

③同袍：旧时在同一个军队工作的人互称。后泛指朋友、同年、同僚、同学等。

④丁敬宇宾：丁敬宇，名宾，字敬宇，又字礼原，嘉善人，与袁了凡同乡。隆庆五年（1571年）进士，官至南京工部尚书，后累加至太子太保。

⑤第：登第，指考中科举。

⑥恂恂款款：恭谨、温顺而又忠实、诚恳的样子。恂恂，恭谨温顺的样子。款款，忠实，诚恳。

⑦发：发达。

⑧开榜：放榜。指过去科举考试结束后，对外公布张贴成绩榜。

译文

辛未年，我到京城去会试，我的同乡嘉善人一起去参加会试的，大约有十个人。其中丁敬宇，是我们中最年轻的，而且他非常谦虚。

我对同去会试的费锦坡说："这位老兄今年一定考中。"

费锦坡问我说："你怎样看出来的呢？"

我说："只有谦虚的人，可以承受福报。老兄你看我们十人当中，为人诚实厚道，一切事情又都不会抢在人前的，有像敬宇兄的吗？对人恭恭敬敬，对事多肯顺受，小心谦逊的，有像敬宇兄这样的吗？受人侮辱而不回嘴，听到人家毁谤而不去争辩的，有像敬宇兄这样的吗？一个人能够做到这样，就是天地鬼神也都会保佑他，岂有不发达的道理？"

等到放榜后，丁敬宇果然考中了。

解读

本段讲了凡辛未年和嘉善的十个同乡一起赴京参加会试之事。十个同乡中，年纪最小的丁敬宇，为人谦虚谨慎，谦逊有礼。了凡经过一番观察，就对一起赴考的费锦坡说："敬宇今年必定高中。"费锦坡就很好奇，问了凡为何会做如此预测。了凡便向费锦坡阐述了谦德受福之道，并连用三个反问句来描写丁敬宇不同于其他人的特点。

了凡问道："兄看十人中，有恂恂款款，不敢先人，如敬宇者乎？""恂恂"形容恭谨温顺的样子，"款款"形容诚恳忠实，"不敢先人"即谦逊礼让，凡事不争先。恭谨温顺、诚恳忠实、不为人先是敬宇之谦的第一个表现。"有恭敬顺承，小心谦畏，如敬宇者乎？"恭敬顺承，小心谦畏是敬宇之谦第二个表现。"有受侮不答，闻谤不辩，如敬宇者乎？"这一句了不得，"受侮不答，闻谤不辩"不是一般人能做到的，偏偏敬宇能做到，这足以说明他的胸怀之广、肚量之大，这也是敬宇之谦的第三个表现。由此，了凡得出了敬宇必将受天地鬼神保佑、发达中第的结论。事情也果如了凡所料，此次会试敬宇果然榜上有名。

原文

丁丑①在京，与冯开之②同处，见其虚己敛容③，大变其幼年之习。李霁岩④直谅⑤益友，时面攻⑥其非，但见其平怀顺受，未尝有一言相报。予告之曰："福有福始⑦，祸有祸先，此心果谦，天必相之，兄今年决第矣。"已而果然。

注释

①丁丑：指公元1577年。

②冯开之：冯梦桢（1548—1605年），字开之，秀水（今浙江嘉兴）人。万历五年（1577年）进士，官编修、迁国子祭酒，因伤于流言蜚语辞官而归。

③虚己敛容：指为人谦虚，面容收敛和顺。

④李霁岩：嘉兴人。具体生平不详。

⑤直谅：正直诚信。

⑥攻：指责。

⑦始：起始，开头，根源。

译文

丁丑年，我在京城里，与冯开之住在一起，看见他为人总是非常谦虚，面容和顺，一点也不骄傲，大大改变了他小时候的那些不良习气。李霁岩，是他的一位正直又诚实的朋友，时常当面指责他的不是之处，但见他平心静气地接受了朋友的责备，从来没有过一句反驳的话。我告诉他说："一个人如果有福，一定会有福的根苗；如果有祸，也一定会有祸的预兆。只要他的心真是谦虚的，上天一定会帮助他。老兄你今年必定能够登第！"后来冯开之果然考中了。

解读

这是另一则真实案例，讲的是丁丑年发生的故事。丁丑年时，了凡在京城，与冯开之同处，"见其虚己敛容，大变其幼年之习"。冯开之现在非常谦虚，面容也很和顺，一点儿也不张扬，和幼年比变化特别大。由此可知，一个人的性情是可以改变的，只需找对方法，勤于修行，改过并非难事。

冯开之的谦逊表现在何处呢？表现在他对朋友、对错误的态度上。李霁岩是冯开之的好友，而且是"直谅益友"，即正直诚信的益友。李霁岩"时面攻其非"，"其"指冯开之，李霁岩这个正直诚信的益友常常当面指出冯开之的错误。冯开之每次都能"平怀顺受"，平心静气地接受朋友的批评，"未尝有一言相报"，一句话都不辩解，不为自己的错误找理由，每次都平静地接受批评，然后改正。这是多么难得的品质呀！若不是谦逊到一定程度的人，身为成年人，如何能够这样对待别人的直言批评？这一点是现代人普遍缺失的，应当好好学习。

了凡观察到冯开之谦逊的态度之后，就对冯开之说，所有的福祸都有缘由，不是平白无故产生的。福有福的根由，祸有祸的原因。你如此谦逊——这是通过一个人的行为看出他的品行——老天肯定会保佑你、帮助你的。现实再一次证明了了凡看人之准，以及谦逊给人带来的福报，这一年，冯开之果然中了举。

原文

赵裕峰光远①，山东冠县人，童年举于乡，久不第。其父为嘉善三尹②，随之任，慕钱明吾③，而执文见之。明吾悉④抹⑤其文，赵不惟不怒，且心服而速改焉。明年，遂登第。

注释

①赵裕峰光远：赵光远，字裕峰，具体生平不详。
②三尹：过去一县的知县称大尹，县丞（像秘书、局长）为二尹，科长、科员之类称三尹，亦称少尹。
③钱明吾：嘉善县名士，具体生平不详。
④悉：全部。
⑤抹：涂抹。

译文

赵光远，字裕峰，是山东冠县人。他不满二十岁的时候，就中了举人，后来又参加会试，却多次不中。他的父亲当时是嘉善县的三尹，裕峰随同他父亲上任。裕峰非常羡慕嘉善县名士钱明吾的学问，就拿着自己的文章去见他，哪知道这位钱明吾先生，竟然拿起笔来把他的文章都涂掉了。赵裕峰不但没有发火，而且心服口服，赶紧把自己文章的缺失改了。到了第二年，赵裕峰终于考中了。

解读

这是了凡讲述的关于谦德之效的第三个案例。这个案例的主角名为赵光远，字裕峰，是山东冠县人。他年轻的时候就中了举，而后参加会试，却屡屡没有考中。这个时候，赵裕峰的父亲将要到嘉善上任，裕峰便随父上任去了。

赵裕峰非常仰慕钱明吾先生，来到嘉善之后，便拿着自己写的文章去向钱明吾请教。钱明吾看了他的文章，竟然拿起笔来，"悉抹其文"。"悉"本义为全部，这里指大范围，改得很多；"抹"是除去之意。也就是说，钱明吾对赵裕峰的文章进行了大范围的修改。平常人遇到这种事情，就算不生气，也会心中不悦。可是裕峰没有，他不仅没有生气，而且心悦诚服，知道自己文章写得不好，拿回去之后，虚心接受钱明吾的指正，认认真真地去修改。得益于这种谦虚谨慎的作风，他的学问必定会日益精进，且谦虚本就有福报，第二年，赵裕峰便考中了。

原文

壬辰岁①，予入觐②，晤③夏建所④，见其人气虚意下，谦光逼人，归而告友人曰："凡天将发斯人也，未发其福，先发其慧；此慧一发，则浮者自实，肆者自敛。建所温良若此，天启之矣。"及开榜，果中式。

注释

①壬辰岁：指公元1592年。

②入觐：指过去的地方官员入朝进见帝王。

③晤：见面，遇见。
④夏建所：人名，生平不详。

译文

壬辰年，我入京觐见皇上，遇到了一位叫夏建所的读书人，看到他的气质，虚怀若谷，处处不为人先，没有一点骄傲的神气，而且他那谦虚的光彩，仿佛迫面照人。我回来后，便对朋友说："凡是上天要使这个人发达，在没有给他福分时，一定会先启发他的智慧。这种智慧一发，那么浮滑的人自然会变得诚实，放肆的人也自然会变得收敛。夏建所如此温和善良，一定是上天启发他了。"等到放榜的时候，夏建所果然考中了。

解读

这是了凡讲述的关于谦德之效的第四个案例。壬辰年，了凡"入觐"，即进京觐见，碰到了夏建所。了凡用"气虚意下，谦光逼人"八个字，高度评价夏建所，这个人虚怀若谷、谦逊有礼，毫无骄矜之色，满身上下都显露着谦虚的光彩。

返回之后，了凡对朋友讲起这件事，说，如果老天要使一人发达，在给他福报之前，会先启发他的智慧；启发智慧后，浮躁之人会变得诚实，放肆之人会变得收敛。建所已然温和贤良到了如此地步，看来是上天已经启发了他的智慧了！

事实再一次证明了了凡的识人之明，果如了凡所言，夏建所当年便中了榜。

原文

江阴张畏岩，积学①工文，有声艺林②。甲午③，南京乡试，寓④一寺中，揭晓无名，大骂试官，以为眯目⑤。时有一道者⑥，在傍微笑，张遽移怒道者。道者曰："相公文必不佳。"

张益怒曰："汝不见我文，乌知不佳？"

道者曰："闻作文，贵心气和平，今听公骂詈⑦，不平甚矣，文安得工？"

张不觉屈服，因就而请教焉。

道者曰："中全要命，命不该中，文虽工，无益也。须自己做个转变。"

张曰："既是命，如何转变？"

道者曰："造命者天，立命者我；力行善事，广积阴德，何福不可求哉？"

张曰："我贫士，何能为？"

道者曰："善事阴功，皆由心造，常存此心，功德无量。且如谦虚一节，并不费钱，你如何不自反而骂试官乎？"

注释

①积学：积累学问。

②艺林：犹艺苑。旧时指文艺界或收藏汇集典籍图书的地方。此指读书人群体。

③甲午：此指公元1594年。

④寓：住宿。

⑤眊目：小眼睛，意指眼瞎了。

⑥道者：道士。

⑦骂詈（lì）：骂，斥骂。

译文

　　江阴有一位名叫张畏岩的读书人，学问积得很深，文章也做得很好，在众多的读书人当中，颇有名声。甲午年时他参加南京乡试，借住在一处寺院里。等到放榜时，他发现榜上没有自己的名字，便很不服气，因而大骂考官瞎了眼，不识好文章。当时，有一个道士在他旁边，听了他的话不觉笑了，张畏岩便把怒火发在了这道士身上。那道士说："你的文章一定写得不好。"

张畏岩更加愤怒，对道士说道："你又没有看到过我的文章，怎么知道我写得不好呢？"

道士说："我常听人说，写文章最要紧的是要心平气和。现在听到你大骂考官，表示你的心非常不平，气也太暴了，你的文章怎么会写得好呢？"

张畏岩听了道士的话，不自觉地屈服了。于是，他便向道士请教。

道士说："要想考中功名，全要靠命。命里不该中时，你文章写得再好也没用，仍然不会考中。要想考中，你必须对自己有所改变。"

张畏岩问道："既然是命中注定的，又要如何去改变呢？"

道士说："造命的权利虽然在于天，但立命的权利却还是在于自己。只要你肯尽力去做善事，多积阴德，又有什么福是不可求得的呢？"

张畏岩道："我只是一个穷读书人，又能做什么善事呢？"

道士说道："行善事，积阴德，都是由你的心决定的。只要你心中常常存着做善事、积阴德的念头，功德自然会无量无边。就拿谦虚来说，这又不要花钱，你为什么不自我反省是自己德行太浅，不能谦虚，反而去骂考官对你不公平呢？"

解读

前文列举的四个案例，主角都有谦逊之德，因此都收获了谦德之效，榜上有名。接下来的这个案例则与前文不同，主角开始并非谦德之人，而是怨天尤人，那么他的结局如何呢？

这个人名张畏岩，是江阴人，他的才学不错，"积学工文，有声艺林"，学问深文章好，在学子中颇有名气。甲午年时，张畏岩曾到南京参加乡试，暂居寺庙，等待发榜。然而，发榜之时，张畏岩榜上无名。他没有反思自己有何疏漏，而是"大骂试官，以为眯目"。"眯"的本义是眼皮微微合拢，在这里指主考官有眼无珠，没有识人之明。言外之意就是认为自己考得很好，文章写得很好，没上榜都是因为主考官瞎了眼、不识货！张畏岩不知自省，怨天尤人，竟然到了此种地步，不由让人替他捏一把汗。

张畏岩大骂主考官的时候，旁边刚好有一位老道。他骂人的话老道都听在了耳中，但并未吭声，只是在一旁微笑。老道这一微笑不要紧，竟然引火烧身了！张畏岩盛怒之下，看人在旁微笑，就认定老道是嘲笑自己，便将怒火转移到了老道的身上。老道见状并没有怨气，而是平心静气地替他分析原因，试图引导他从愤怒中走出来，反思自身的问题，所以老道说了一句："肯定是你的文章写得不够好。"

张畏岩本就觉得考官有眼无珠，不能欣赏自己的才学，听老道如此说，便怒上加怒地反击道："你都没看过我的文章，怎么能断定我的文章写得不好呢？"这说明，此时，张畏岩尚未意识到自身的问题，而是一味地在别人身上找原因。

老道就等他问这句话，好向他说明其中的道理。张畏岩既然问了，老道便继续耐心地引导他、启发他。老道说："我听人说啊，写文章最重要的一点就是写作之人要心平气和。可我在大街上听到你骂骂咧咧，怨怼考官。你脾气如此暴躁，心气如此不平和，怎

么可能写好文章呢？"这是老道在启发张畏岩，老道知道直接指出他的错误他很难接受，便非常委婉地、循循善诱地引导着他进行自我反思。

张畏岩是读书人，必然是懂得事理的，他大骂考官想必也是一时被愤怒冲昏了头脑。此刻，在老道的循循善诱之下，他意识到了自己的错误，也意识到了眼前的老道不同寻常。于是便开始向老道请教。张畏岩虽然急躁些，但是知错能改，知错即改，也算难能可贵。因为这可贵的品质，他得到了高人的指点。

老道乃知命之人，便向他解释了其中缘由。"中全要命"，这是说命中的定数，能不能中举，是命中注定的。"命不该中，文虽工，无益也"，如果命中没有中举的定数，就算文章写得好，也没有用，也中不了。那是不是意味着人只能顺天安命，沿着命中的定数像机器一样机械地走下去呢？我们读过前文就知道，不是的，人是可以改变命运的。老道也懂这个道理，因此说道："须自己做个转变。"即，需要通过自己的行动去改变自己的命运，别无他法。

张畏岩心下不解，既然中与不中都为命中注定，那么自己又如何转变呢？如果我们没有读过立命之学，也会认为既然一切都是命运安排好的，那么自己再努力又有何益呢？如果一个人连命运可以自己把握、改变的意识都没有，又如何知道该怎样改变命运呢？所以他就向老道说出了自己心中的疑惑。

老道见孺子可教，便将其中深意告知了张畏岩。他说："造命者天，立命者我。"诚然，上天是造物主，创造了人，也决定了人的命运；但是这并不意味着人只能被动地接受上天安排的一切，因为人是有主观能动性的，是可以自我立命的。

接着，老道又将自我立命应当遵循的总体原则告知了张畏岩，即"力行善事，广积阴德"。只要尽心尽力地行善，尽己所能地积德，终会得到福报，改变命运。这和了凡在立命之学部分阐述的内容是一致的。

张畏岩并未能即刻了解行善积德的真正含义，就像大多数人认为的那样，张畏岩也非常狭隘地认为行善积德就是拿钱拿物、捐款布施。所以他才产生了新的顾虑，对老道说："我一介穷书生，又能做什么善事呢？"

老道的话和立命之学与积善之方部分遥相呼应，他说："善事阴功，皆由心造，常存此心，功德无量。"这是在强调心的重要性，也就是说积善要看行，但更要看心；就如改错从心而改是根本之法一样，积善从心而积才能功德无量。

如果说上文是普罗大众都能适用的积善之原则的话，那么下文就是专门为张畏岩开出的药方。经过前面的铺垫，老道直指张畏岩的过错，并引导他改过、积善。老道说："且如谦虚一节，并不费钱。"即，张畏岩一直在强调自己是寒士，缺乏行善的物质条件。老道指出从心积善后，就指明了张畏岩最大的缺点是不够谦虚，并告诉他谦虚也是积善，改掉妄自尊大的毛病，养成谦虚谨慎的作风并不费钱。"你如何不自反而骂试官乎？"这是在告诉张畏岩凡事应当从自身找原因，不断自省，而不能怨天尤人，谩骂考官。

原文

> 　　张由此折节①自持②，善日加修，德日加厚。丁酉③，梦至一高房，得试录④一册，中多缺行。问旁人，曰："此今科试录。"
>
> 　　问："何多缺名？"
>
> 　　曰："科第阴间三年一考较⑤，须积德无咎者，方有名。如前所缺，皆系旧该中式，因新有薄行⑥而去之者也。"
>
> 　　后指一行云："汝三年来，持身颇慎，或当补此，幸⑦自爱。"是科果中一百五名。

注释

①折节：降低自己身份或改变平时的志趣行为。

②自持：自我克制。

③丁酉：此指公元1597年。

④试录：明清时，将乡试、会试中试的举子姓名籍贯名次及其文章汇集刊刻成册，名曰试录。

⑤考较：考查。较，同"校"。

⑥薄行：轻薄的行为。说明品行不端。

⑦幸：希望。

译文

　　张畏岩听了道士的话，从此以后一改自己以前心中的傲气，处处自我克制，时刻留意把持自己，不让自己走错了路。因此，他天天下功夫修善，天天下功夫去积德。丁酉年的一天，他做了个梦，梦见自己来到了一处很高的房屋，在屋里看到了一本考试录取的名册，名册中间有许多的缺行。他看不懂，就问旁边的人："这是怎么回事？"那个人说："这是今年考试录取的名册。"

　　张畏岩便又问："那为什么名册内有这么多的缺行？"

　　那个人回答他说："阴间对那些考试的人，每三年会考查一次，一定要积有功德，没有过失的，这册里才会有他的名字。像这名册前面的缺额，都是从前本该考中，但又因为他们最近犯了过失，所以便把他们的名字去掉了。"

　　那个人随后又指着一缺行的地方说："你这三年来，处处自我克制，时刻留意把持自己，没有犯过罪过，或许可以补上这个空缺了。希望你珍重自爱，勿犯过失！"果然，在这次的会考中，张畏岩就考中了第一百零五名。

解读

　　张畏岩常读圣贤书，又经老道点播，从此以后"折节自持，善日加修"。"折节"是强自克制，改变平素志行的意思，"自持"即自我克制，用信念约束自己的行为；二者一个

侧重内心，一个侧重行为。他每日约束自己、克制自己、断恶修善，因此"德日加厚"。

到丁酉年时，就有了效验，这效验是梦。这个梦透露了两大信息：第一，确有命运之事，也就是说，每个人的命中的确有定数——阴间有中榜学子名册。第二，命运不是一成不变的，它与人的信念和行为息息相关，一个原本榜上有名的人，若他不知自我克制，不能断恶修善，而是作恶行凶、品行有损，那么是可以被除名的——就如册上的缺行；一个原本榜上无名的人，若他能够谨慎自省、自我约束，坚持断恶修善、行善积德，那么他是可以得到原本命中没有的福报的——就如张畏岩补缺。

这种变化，对于现实生活中想要改变命运的人具有极大的激励作用，对于那些怨怪命运不公的人也有极大的警醒作用。

原文

由此观之，举头三尺，决①有神明；趋吉避凶，断然由我。须使我存心制②行，毫不得罪天地鬼神，而虚心屈己，使天地鬼神，时时怜我，方有受福之基。彼气盈者，必非远器③，纵发亦无受用。稍有识见之士，必不忍自狭④其量，而自拒其福也，况谦则受教有地，而取善无穷，尤修业者所必不可少者也。

注释

①决：一定。

②制：约束。

③远器：远大的器量。

④狭：使狭窄，引申为控制、约束。

译文

由上面所述看来，抬头三尺高，天上一定有神明在监察着我们的行为。因此，对于利人、吉祥的事情，我们都应该赶快去做；对于凶险、损人的事，我们应该避免，不要去做，这是我们可以自己决定的。只要我们心存善念，约束一切不善的行为，丝毫不得罪天地鬼神，而且自己能够虚心不骄傲，处处不居人上，使得天地鬼神能够时时哀怜我，这样才是有福报的根本所在。那些傲气满怀、目空一切，不宽容大度的人，一定不会有远大的根器，纵使能发达，也不会长久地享受福报。稍有见识的人，必定不会把自己弄得肚量狭小，因而拒绝了自己可以得到的福报；况且谦虚的人，他一定还会接受别人的教导，学习别人的好处和善行，那他能被别人取法的地方，也就没有穷尽了。而这种行为，尤其是对一起进德修业的人来说，一定是不可缺少的啊！

解读

本段讲这五则真实案例给世人带来的启发。如果你承认自己略有些见识，那么就一定能够意识到气量狭窄的害处。气量狭窄、骄傲自满、刚愎自用，都是在自损其德、自拒其福。谦虚才能让人不断进步，不断自我完善，不断自我反省，这才是断恶修善应当秉持的态度，才会得到应有的福报。

末尾继续阐述谦德的重要意义，并重点强调了谦德对于修业之人的重要性。谦德对于修业之人来说，是必不可少的。换而言之，如果一个人没有谦逊的态度和品质，就不可能真正做到断恶修善，即使东施效颦般地学着别人断恶修善了，那修的也不是真善，也不会得到福报。谦德是修业的基础，是修业者必备品质。

原文

> 古语云："有志于功名者，必得功名；有志于富贵者，必得富贵。"人之有志，如树之有根。立定此志，须念念①谦虚，尘尘②方便，自然感动天地，而造福由我。今之求登科第者，初未尝有真志，不过一时意兴耳；兴到则求，兴阑③则止。
>
> 孟子曰："王之好乐甚，齐其庶几乎④?"予于科名亦然。

注释

①念念：所有的念头。
②尘尘：所有像尘埃一样的小事。
③阑：残，尽，晚。
④王之好乐甚，齐其庶几乎：出自《孟子·梁惠王下》。意即，大王如果非常喜欢音乐，那齐国也就差不多可以治理好了。庶几，差不多，近似。

译文

古语说："有心求取功名的人，一定可以得到功名；有心求得富贵的人，一定可以获得富贵。"一个人有着理想和志向，就像一棵树有了根一样。人只要立定了这种伟大的志向，那么所有的念头都必须要谦虚，即使碰到像灰尘一样极小的事情，也要给人以方便。如果能够做到这样，自然能够感动天地，而为自己造福，也要全靠自己真心，才能造就。像现在那些求取功名的人，当初哪有什么真心，只不过是一时兴起罢了；兴致来了就去求，兴致退了就停止。

孟子曾对齐宣王说："大王喜好音乐，若是到了极点，那么齐国的国运大概也就可以兴旺了。"我对于追求科第功名的看法，也同孟子一样，要把求科名的心，落实推广到积德行善上；并且要尽心尽力地去做，那么命运与福报，就都能够由自己决定了！

解读

王安石在《游褒禅山记》中写道："世之奇伟、瑰怪，非常之观，常在于险远，而人之所罕至焉，故非有志者不能至也。"其实，追求任何目标，都离不开立志和坚持，无论这目标是一方美景，还是功名富贵。志向是一个人的根基，有了根基之后，所有的行为便都有了动力和营养。然后一步一步，脚踏实地地保持谦逊的态度，常怀为公之心，那就没有什么是做不成的。

而造福全在我自己，自己真心要造，就能够造成。像现在那些求取功名的人，当初哪有什么真心，不过是一时的兴致罢了。兴致来了，就去求；兴致退了，就停止。孟子对齐宣王说："大王喜好音乐，若是到了极点，那么齐国的国运大概可以兴旺了。但是大王喜好音乐，只是个人在追求快乐罢了，若是能把个人追求快乐的心，推广到与民同乐，使百姓都快乐，那么齐国还有不兴旺的吗？"我看求科名，也是这样，要把求科名的心，落实推广到积德行善上；并且要尽心尽力地去做，那么命运与福报，就都能够由自己决定了！

志向亦有真假之分，那些矢志不渝，想方设法克服困难实现目标的，是真有志、有真志；那些兴起立志、浅尝辄止、兴尽则止的，是假有志、有假志。如果一个人真有志，那么没有人能阻挡他的步伐；如果一个人假有志，那么一个沙粒都有可能让他停下脚步。

　　孟子曾经对齐王说，如果大王是真的喜好音乐，并且喜好到了极点，那么齐国的治理便没有问题了，一定会兴旺发达。孟子之所以这样说，是因为礼乐具有教化功能，齐王爱乐可引导百姓爱乐，与民同乐，百姓在礼乐的教化下，快乐地生活，的确没有理由治理不好一个国家。把这个道理迁移到科举上来，若一个人立志科考，并把这种信念贯彻到生活的点点滴滴之中，一则好学，一则行善，那么便没有不成功的。